맛있는 틴커캐드

TINKERCAD RESTAURANT

약력(허유리)

현 초등학교 교사로 재직중입니다. 한국교원대학교 컴퓨터교육과를 졸업하였으며, 동 대학원 초등 과학교육과 석사학위를 받았습니다. 유튜브 '틴커벨_TinkerCad'채널을 운영하고 있으며, 교실에서, 그리고 충북교육연구정보원에서 학생들과 교사들에게 틴커캐드의 매력을 전하는 중입니다.

약력(구본기)

부산교육대학교 초등교육과 미술교육과를 졸업하였으며, 3D게임 캐릭터를 직접 디자인하기 위해 모델링의 세계에 빠진 메이커 선생님입니다. 학교에서는 학생들과 3D모델링과 3D프린팅 활동들을 진행하고 있으며, 입문자에게 최고의 도구인 틴커캐드를 적극적으로 가르치고 있습니다.

맛있는 틴커캐드

발　행 | 2021년 3월 26일

저　자 | 허유리·구본기
발 행 인 | 최영민
발 행 처 | 피앤피북
주　소 | 경기도 파주시 신촌2로 24
전　화 | 031-8071-0088
팩　스 | 031-942-8688
전자우편 | pnpbook@naver.com
출판등록 | 2015년 3월 27일
등록번호 | 제406 - 2015 - 31호

ISBN 979-11-91188-25-7 (13550)

입문편

여기가
틴커캐드
맛집!!

맛있는 틴커캐드

허유리 · 구본기 공저

피앤피북

3D모델링이란 무엇일까요? 2D · 3D라는 말을 많이 들어보셨을 겁니다. 게임이나 영화 애니메이션에도 많이 쓰이는 2D · 3D에서 'D'는 차원을 뜻하는 디멘션(Dimension)의 앞글자입니다. 2D가 '길이'와 '높이'가 존재하는 평면이라면, 3D는 여기에 '깊이'가 더해져 공간을 이루어내는 것입니다. 3D 모델링이란, 이 3D 가상의 환경속에서 어떤 물체, 즉 입체감을 가진 모델을 만들어내는 신기하고 멋진 일입니다.

3D모델링은 게임, 애니메이션은 물론 시뮬레이션 환경 구축, 건축 설계, 디자인 등 다양한 분야에서 활용되고 있습니다. 또한 최근에 3D프린터 활용이 활발해지면서 3D프린터를 이용한 멋진 사례들이 많이 있습니다. 예를 들면, 부러진 새의 부리를 새롭게 모델링하고 출력하여 대체해 준다거나, 믿기 힘든 커다란 집을 출력하기도 합니다.

3D모델링을 지원하는 프로그램들은 굉장히 많이 있습니다. 그중 우리가 사용할 틴커캐드는 어린이부터 성인까지 3D모델링의 세계에 입문하는 모델러에게 최고의 프로그램입니다. 조작이 쉽고, 미리 만들어진 간편한 쉐이프(Shape)들을 제공하며, 웹상에서 작업하기 때문에 어디서나 이어서 만들 수 있고, 서로의 작품을 공유하기도 쉽습니다.

'맛있는 틴커캐드'에서는 틴커캐드를 활용하여 주변에서 쉽게 접할 수 있는 '맛있는 음식'들을 함께 모델링 해 봅니다. 간단한 아이스크림 모델링부터 귀여운 동물요리사 모델링까지 이 책의 내용을 다 보고나면, 자신있게 여러분만의 작품을 만들 수 있을 것입니다. 창의적 아이디어를 구체화하고 디자인 능력을 마음껏 발휘해 볼 수 있는 3D모델링의 세계에 오신 걸 환영합니다.

허유리

3D모델링을 가르치다 보면 가장 많이 받는 질문 중에 하나가 "3D모델링을 하면 어디에 좋나요?"입니다. "추상화 능력이 길러지고, 공간 감각 능력이 생깁니다."라고 대답하지만 사실, **재밌습니다**. 그래서 자꾸자꾸 또 틴커캐드를 하게 됩니다. 미남 공동저자 구본기 선생님, 같이 연구하는 충북 초등컴퓨팅교사협회 SSEMS, 감사합니다. 마지막으로 내 삶의 전부, 나의 가족에게 이 책을 바칩니다.

구본기

학생들과 3D모델링을 하다보면 이런 생각이 자주 들곤 합니다. "재는 나보다 더 잘하는데?"
"저 학생은 저걸 대체 어떻게 만든거지?" 그만큼 여러분의 창의적 아이디어와 잠재력은 자신이 생각하는 것보다도 훨씬 더 대단하다는 것을 꼭 아셨으면 합니다. 끝으로 책을 내는 데 도움 주신 대표저자 허유리 선생님, 격려해준 SW연구회 코알라 회원님들, 힘든 순간마다 저를 더 채찍질해준 수산크루, 묵묵히 응원해주셨을 아버지, 어머니, 형에게 고마움을 전합니다.

'맛있는 틴커캐드' 활용 커리큘럼(18차시)

'맛있는 틴커캐드'는 교육 현장에서 활용할 수 있도록 기초부터 모델링, 출력까지 난이도를 고려한 18차시 프로그램으로 구성하였습니다. 학습자 수준이나 학습 상황을 고려하여 차시를 붙이거나 늘릴 수 있습니다. 단기 체험 프로그램으로 진행 하실 때에는 '추천' 모델링을 위주로 구성하시는 것을 제안합니다.

차시	구분	내용
1차시	기초	틴커캐드 시작하기 / 모델링 시작하기
2차시		화면 다루기 / 쉐이프 다루기
3차시		그 밖의 주요 기능
4차시	모델링	아이스크림
5차시		핫도그
6차시		쿠키
7차시		☆ 추천 햄버거
8차시		콜라
9차시		☆ 추천 카레라이스
10차시		샐러드
11차시		도넛세트
12차시		☆ 추천 피자
13차시		케이크
14차시		토끼 요리사
15차시		테이블
16차시		틴커캐드 파티
17차시	출력	토퍼 모델링 & 출력하기
18차시		스쿱 모델링 & 출력하기

Contents

YouTube 무료 동영상 강의 지원
https://cafe.naver.com/pnpbook
네이버 카페 가입 후 도서 인증하면 무료로 동영상 강의를 보실 수 있습니다.

A. 애피타이저

01. 틴커캐드 시작하기

틴커캐드 프로그램

집에서 장난감을 마음껏 만들어 낼 수 있으면 어떨까요? 원하는 음식을 3D프린터로 출력해서 바로 먹을 수 있다면 어떤 음식을 만들고 싶은가요?

3D프린터는 우리의 상상을 현실의 물건으로 만들어 줍니다. 3D프린터로 원하는 물건을 출력하기 위해서는 3D모델링 파일이 필요합니다. 그럼 3D모델링 파일을 만들기 위해서는 무엇이 필요할까요? 바로 3D모델링 프로그램이 필요합니다.

틴커캐드는 오토데스크사(Autodesk)에서 제공하는 클라우드 기반의 온라인 3D모델링 프로그램입니다. 클라우드 기반이기 때문에 컴퓨터에 따로 프로그램을 설치하지 않고 온라인 로그인을 통해 모델링을 시작하거나 수정할 수 있습니다. 그리고 무료 프로그램입니다.

틴커캐드는 인터페이스 구성이 매우 쉽고, 직관적이어서 사용하기 편리하므로 처음 3D모델링을 접하는 사용자에게 적합합니다.

3D 모델링이란?

틴커캐드는 3D모델링 프로그램이라고 소개했는데, 그럼 3D모델링이란 무엇일까요? 컴퓨터 그래픽을 이용해서 컴퓨터 내부의 가상공간에 3차원 모형을 만들어내는 것을 3D모델링이라고 합니다.

그럼 3차원은 무엇일까요? 좌표축을 1개 갖고 있는 것을 1차원, 좌표축을 2개 갖고 있는 것을 2차원이라고 하지요. 이렇게 좌표축의 개수에 따라 차원을 나눕니다. 그러면 3차원이란? 좌표축을 3개 갖고 있습니다. 우리는 3차원에서 모델링하는 것이므로 3개의 축! 즉, 가로, 세로, 높이의 축을 갖고 모델링을 하게 됩니다.

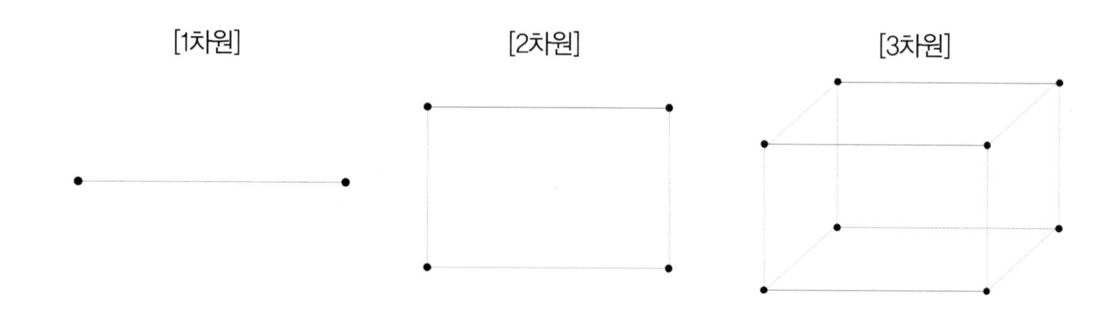

홈페이지 접속하기

틴커캐드는 크롬 브라우저에 최적화 되어 있습니다. 크롬 브라우저를 이용하여 접속해주세요. 컴퓨터에 크롬 브라우저가 설치되어 있지 않다면 다운로드 받아 이용하십시오.

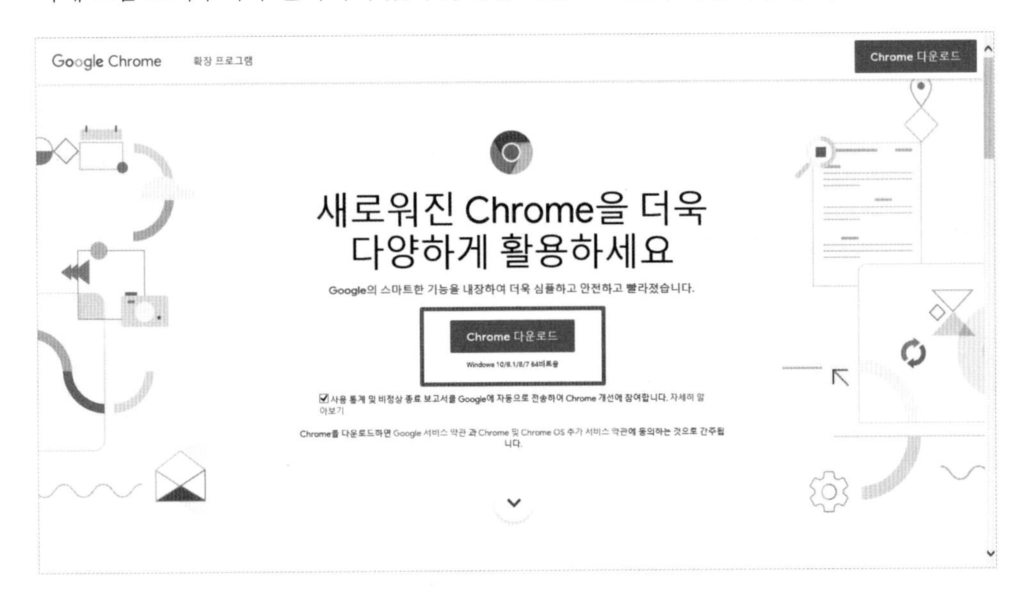

틴커캐드는 컴퓨터에 따로 설치가 필요없습니다. 사이트에 접속하여 웹에서 바로 이용합니다. 주소창에 https://tinkercad.com을 입력하여 접속합니다. 또는 검색창에 '틴커캐드'를 입력하여 검색해서 가장 먼저 나오는 '틴커캐드 Tinkercad'를 클릭하면 틴커캐드 사이트로 이동 하게 됩니다.

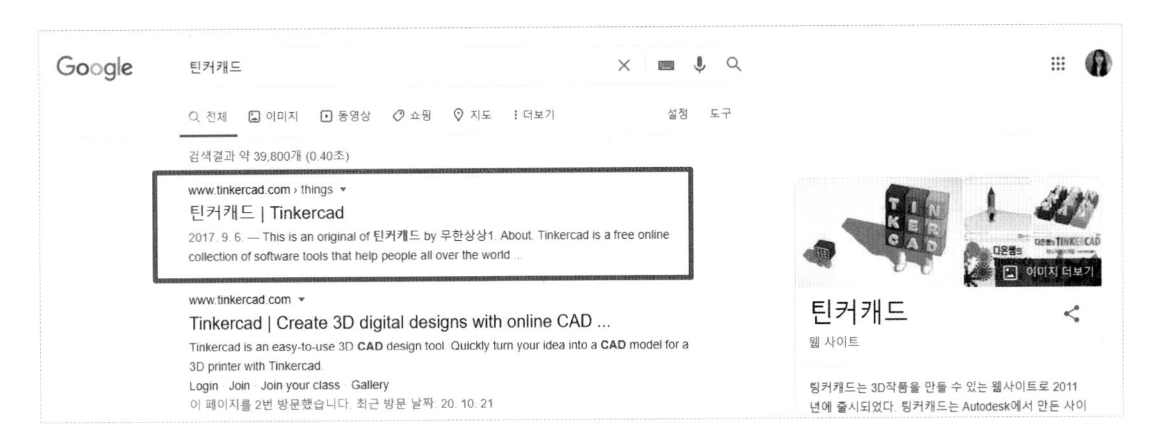

회원가입

틴커캐드를 이용하려면 회원가입을 해야 합니다. 같이 회원가입을 시작해 봅시다. 틴커캐드 사이트에 접속 후 화면의 오른쪽 위에 있는 '지금가입'을 클릭합니다.

'지금가입'을 클릭하면 아래와 같은 화면을 만나게 됩니다. 틴커캐드는 아래의 3가지 방법으로 회원가입 할 수 있습니다.

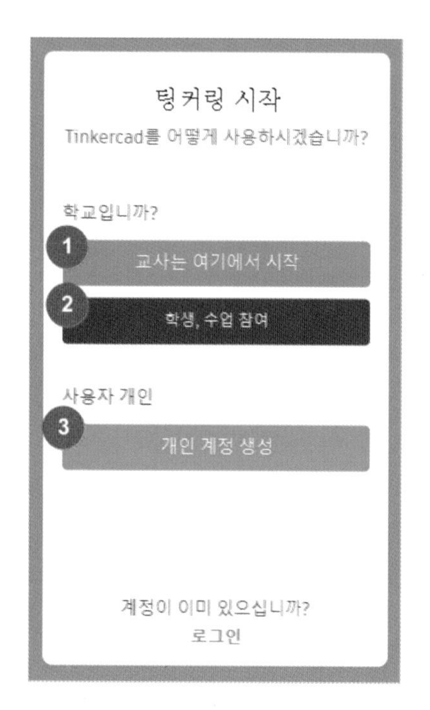

❶ 교사는 여기에서 시작

- 학교나 기관에서 교사/강사가 학생들을 관리하기 위해 사용합니다. 서비스 약관에 따라 강의실을 개설하고, 학생의 작품 등을 관리할 수 있습니다.

❷ 학생, 수업 참여

- 교사/강사가 제공하는 수업 코드와 별칭을 입력하여 참여할 수 있습니다. 별도의 회원가입이 필요 없이 쉽게 시작할 수 있습니다. 하지만 작품공유 불가 등의 사용 제한이 따릅니다.

❸ 개인 계정 생성

- 이메일로 등록, 또는 소셜사이트를 이용하여 틴커캐드의 개인 계정을 생성할 수 있습니다.
- 회원 가입 후에도 역할을 변경할 수 있기 때문에 이 방법을 가장 추천합니다.

회원가입 - 개인 계정 생성하기 (만 13세 이상)

개인 계정 생성에서 만 13세 이상의 가입 방법입니다. ❶ 개인 계정 생성을 클릭하고, ❷ 이메일을 등록 하면 ❸ 계정을 바로 생성할 수 있습니다.

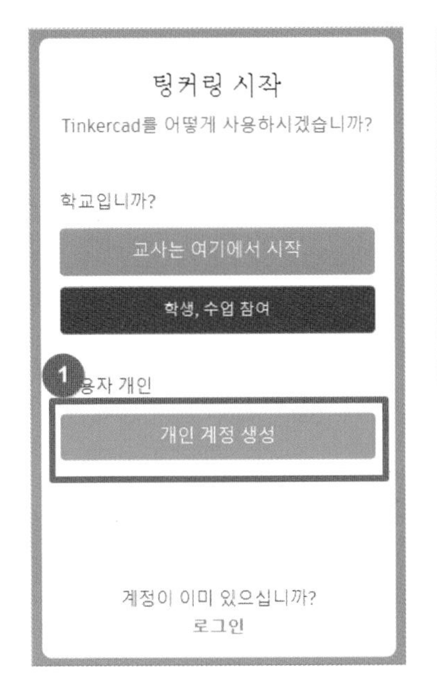

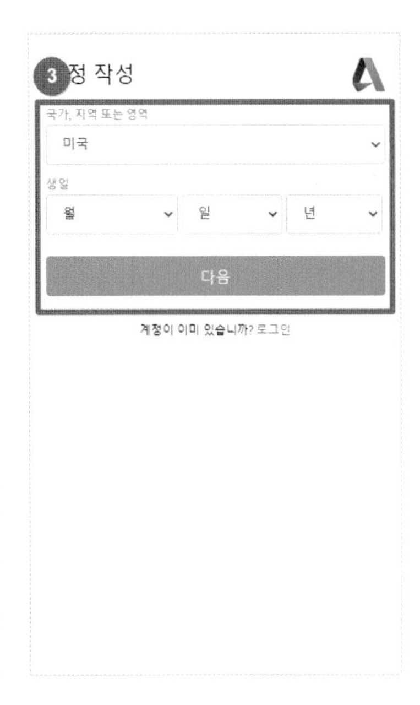

회원가입 - 개인 계정 생성하기 (만 13세 미만)

틴커캐드에서 만 13세 미만의 학생들은 부모님의 전자메일로 확인을 받아야 합니다. Autodesk에서는 미국 COPPA(온라인 아동 사생활 보호법)를 준수하기 위해 13세 미만 아동의 가입을 허용하기 전에 부모의 허가를 얻고 있습니다. 이렇게 부모님의 전자 메일을 입력하면 입력된 부모님의 전자메일로 승인 허가 메일이 전송됩니다. 부모님께서 14일 이내에 승인을 하면 계정 생성이 완료됩니다.

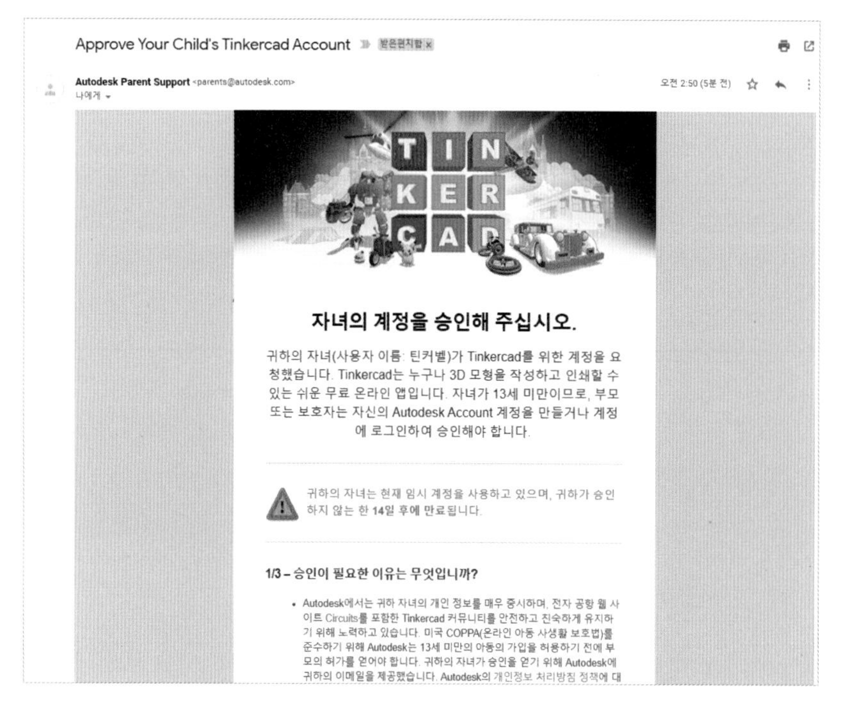

계정 설정 변경

회원가입 후에도 개인 프로파일에서 역할을 변경할 수 있습니다. 계정에 맞는 역할을 학생, 교사, 부모, 사용자 개인 중에 선택할 수 있습니다. 필요에 따라 역할을 달리 사용할 수 있습니다. 그러니, 먼저 편안한 방법으로 회원가입부터 시작해 봅시다!

02. 모델링 시작하기

대시보드 살펴보기

처음은 늘 설레고 떨립니다. 회원가입을 통해 첫 만남을 시작했다면 이제 우리 본격적으로 모델링을 시작해 보도록 하겠습니다. 틴커캐드는 매우 직관적인 프로그램입니다. 즉, 보이는 대로 쉽게 명령을 내릴 수 있는 인터페이스를 갖고 있지요.

그럼, 로그인을 하면 가장 먼저 보이는 첫 화면! 내 디자인 및 사용자 계정 설정을 할 수 있는 대시보드를 살펴보도록 하겠습니다.

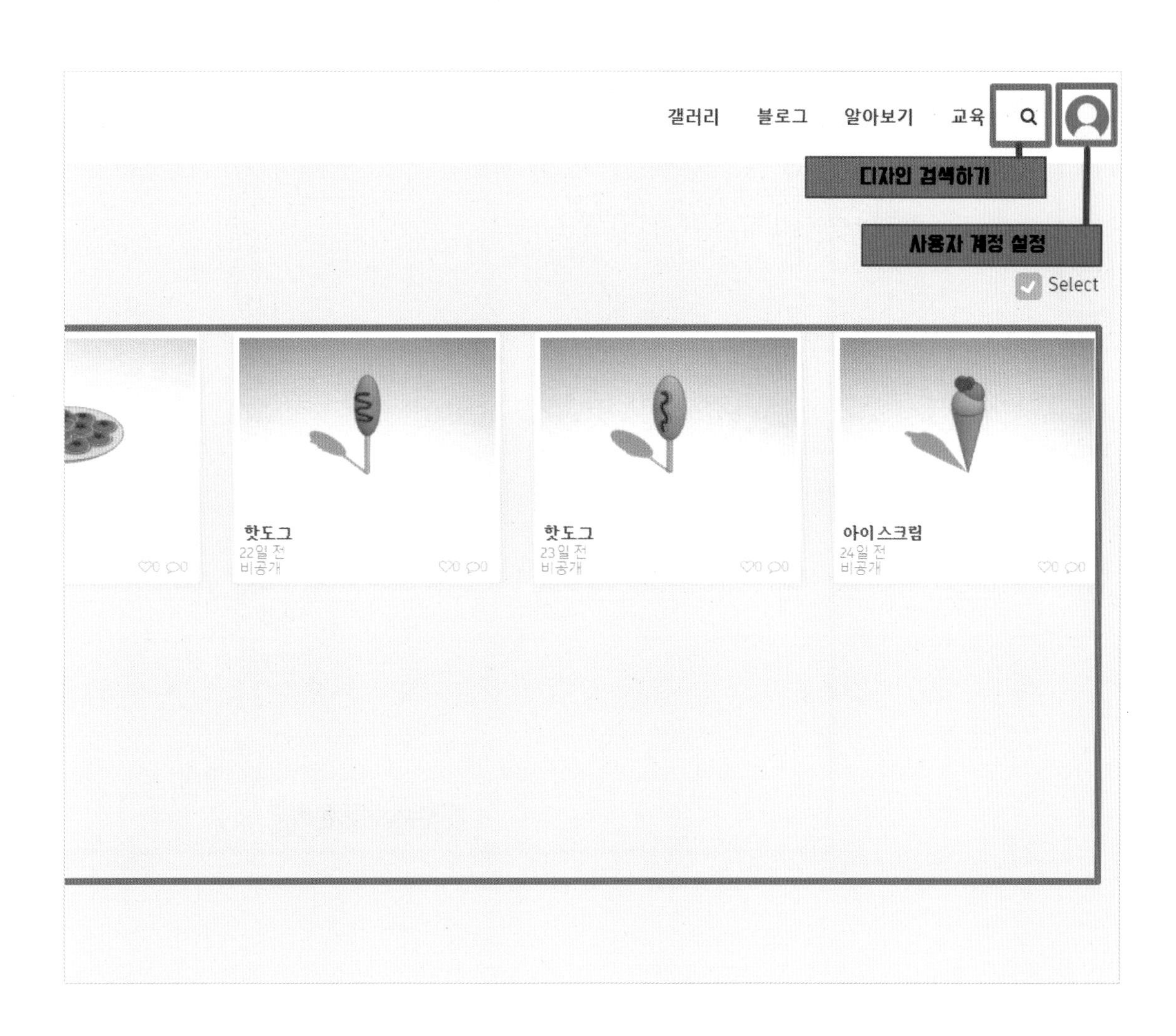
갤러리
블로그
알아보기
교육
디자인 검색하기
사용자 계정 설정
Select
핫도그
22일 전
비공개
핫도그
23일 전
비공개
아이스크림
24일 전
비공개

새 디자인 작성

새 디자인 작성 버튼을 클릭하면 드디어 첫 모델링을 시작할 수 있습니다. 새 디자인 작성을 클릭하고, 처음 만나는 화면을 소개합니다.

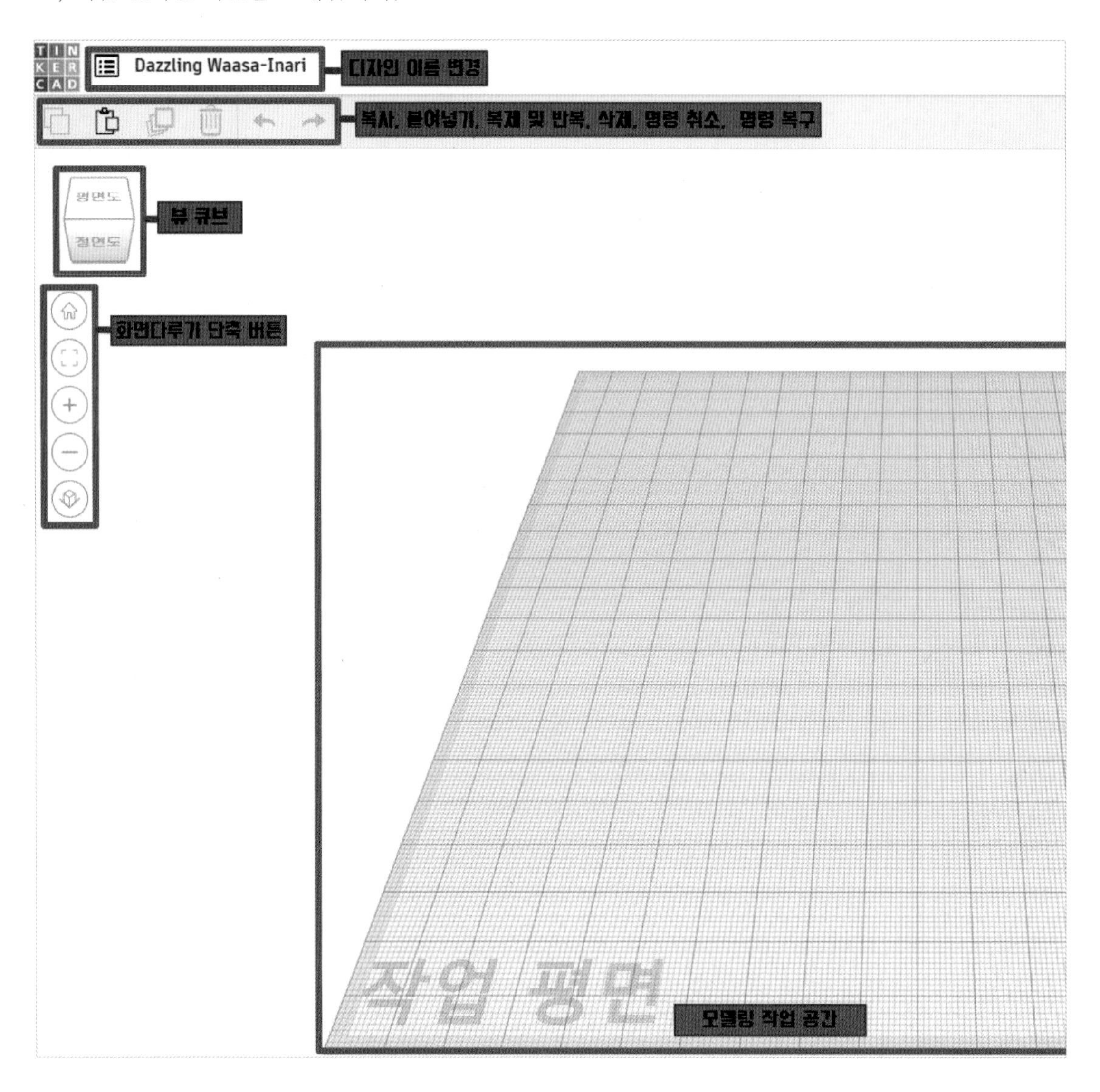

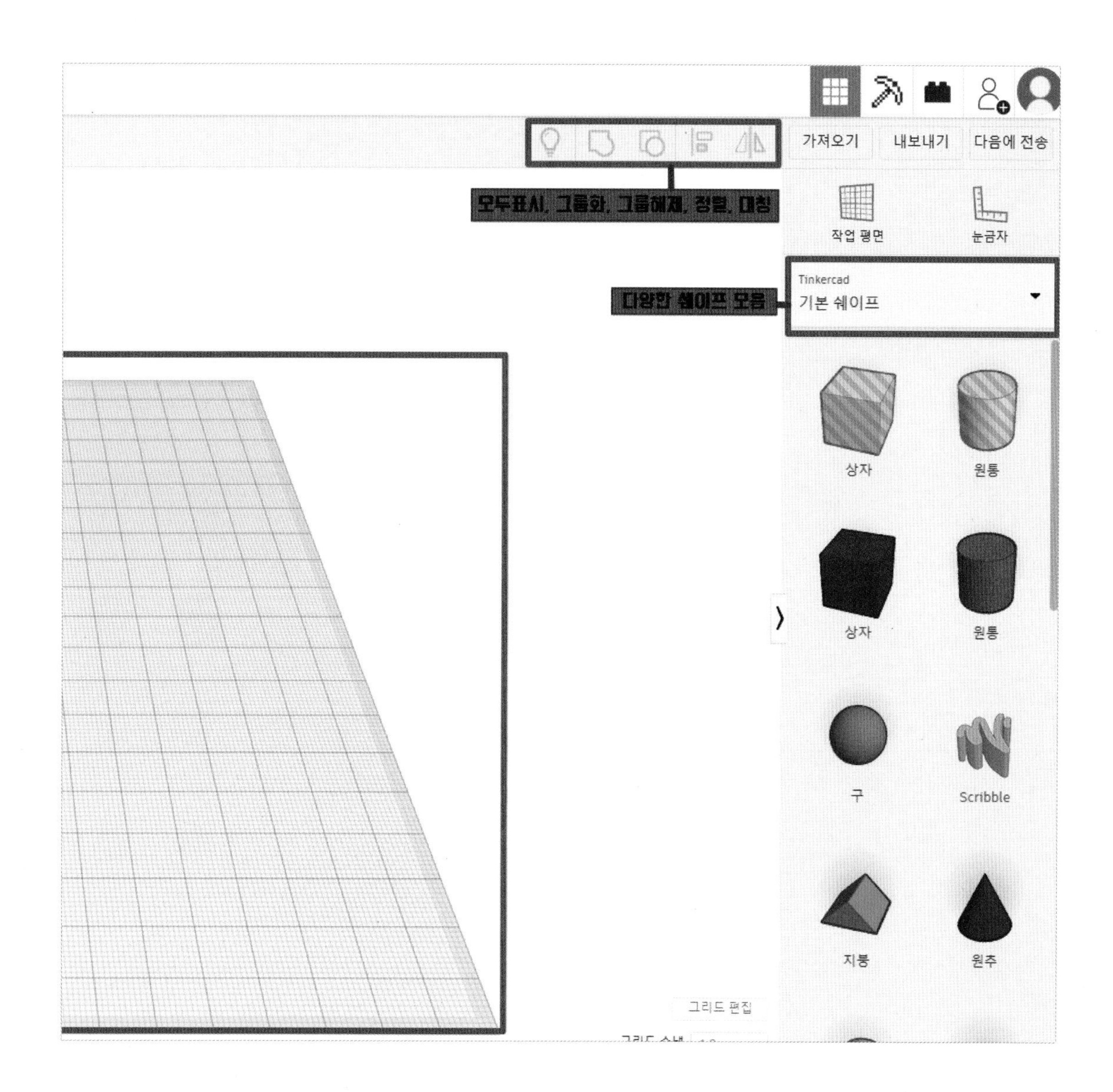
가져오기
내보내기
다음에 전송
모두표시, 그룹화, 그룹해제, 정렬, 대칭
작업 평면
눈금자
다양한 쉐이프 모음
Tinkercad
기본 쉐이프
상자
원통
상자
원통
구
Scribble
지붕
원추
그리드 편집

디자인 이름 변경

새 디자인 작성을 클릭하면 왼쪽 위의 디자인 이름이 영어로 자동 생성됩니다. 이렇게 자동으로 생성된 디자인 이름을 그대로 사용하게 되면 디자인이 하나 둘 씩 늘어날수록 원하는 디자인을 찾기 어려운 경우가 생기게 됩니다. 그래서 우리는 습관처럼 새 디자인 작성을 시작하면 디자인 이름을 변경해주는 것이 좋습니다. 잊지 마세요!

디자인 이름을 변경하는 것은 매우 간단하답니다. 디자인 이름을 콕! 클릭해주면 변경할 수 있는 커서가 생깁니다. 이때 디자인 이름을 입력해주면 됩니다. 영어는 물론 한글로도 쓸 수 있습니다.

우리 그럼 첫 인사를 나눠 볼까요? 디자인 이름을 “Hello, 틴커캐드”로 변경해줍니다.

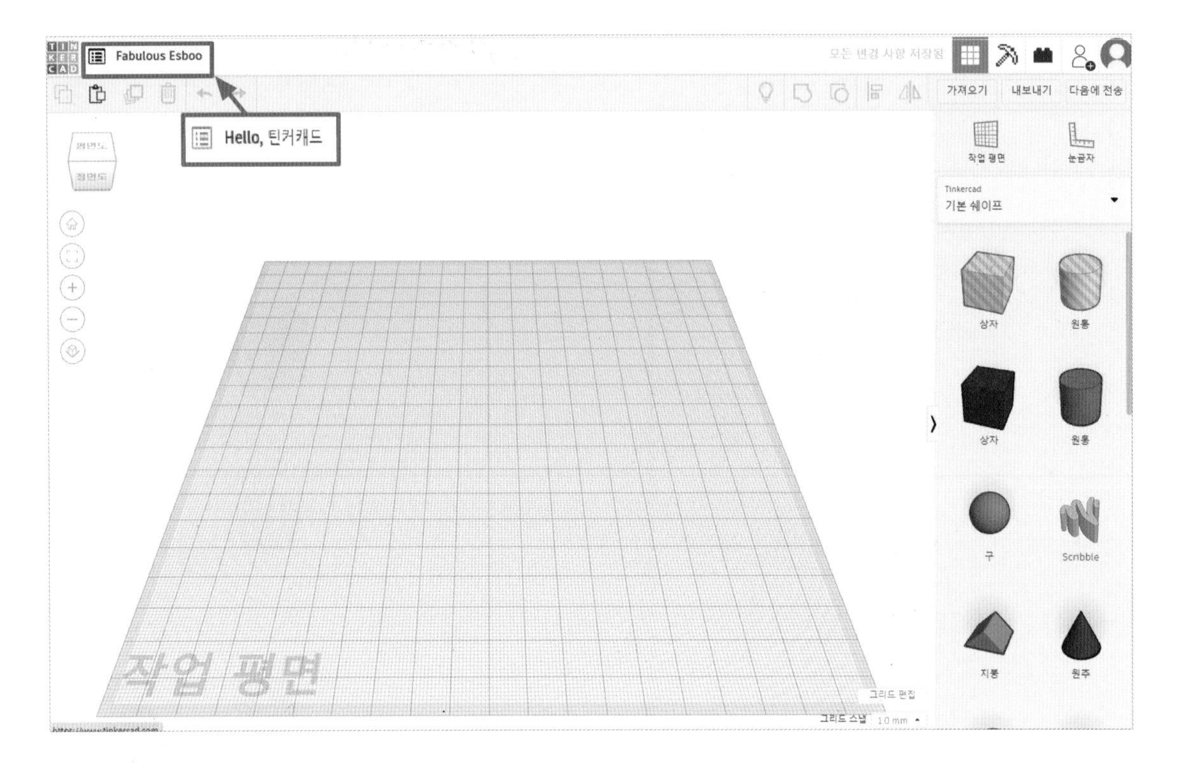

쉐이프 가져오기

아래 그림의 오른쪽에 다양한 모양들이 보이시나요? 우리는 이것을 쉐이프라고 한답니다. 쉐이프가 뭐죠? 맞습니다! 우리 말로 모양이라고 하지요. 다양한 모양을 지니는 쉐이프를 이용해 모델링을 하게 됩니다. 쉐이프 목록에는 틴커캐드에서 제공하는 수 많은 쉐이프들이 있답니다.

이제 우리는 빈 작업평면에 쉐이프를 하나 가져오려고 합니다. 쉐이프는 어떻게 가져올 수 있을까요? 틴커캐드는 매우 직관적인 인터페이스를 갖고 있다고 한 것 기억하시지요? 원하는 쉐이프를 마우스로 선택하고, 끌어서 작업평면 위에 내려 놓는 드래그 앤 드롭 방식으로 쉐이프를 가져올 수 있습니다. 또는 원하는 쉐이프를 클릭! 한 뒤에 작업평면에서 다시 한번 클릭! 해도 된답니다.

두 가지 방법을 모두 사용해 본 후, 여러분이 사용하기 편리한 방식으로 쉐이프를 가져오세요. 저는 끌어오는 방법을 주로 사용합니다.

❶ 오른쪽 목록에서 기본 쉐이프 옆에 작은 화살표를 클릭해 보세요. 더 다양한 쉐이프가 나오지요?

❷ 이 카테고리(묶음) 중에 문자 쉐이프 카테고리를 찾아 클릭합니다.

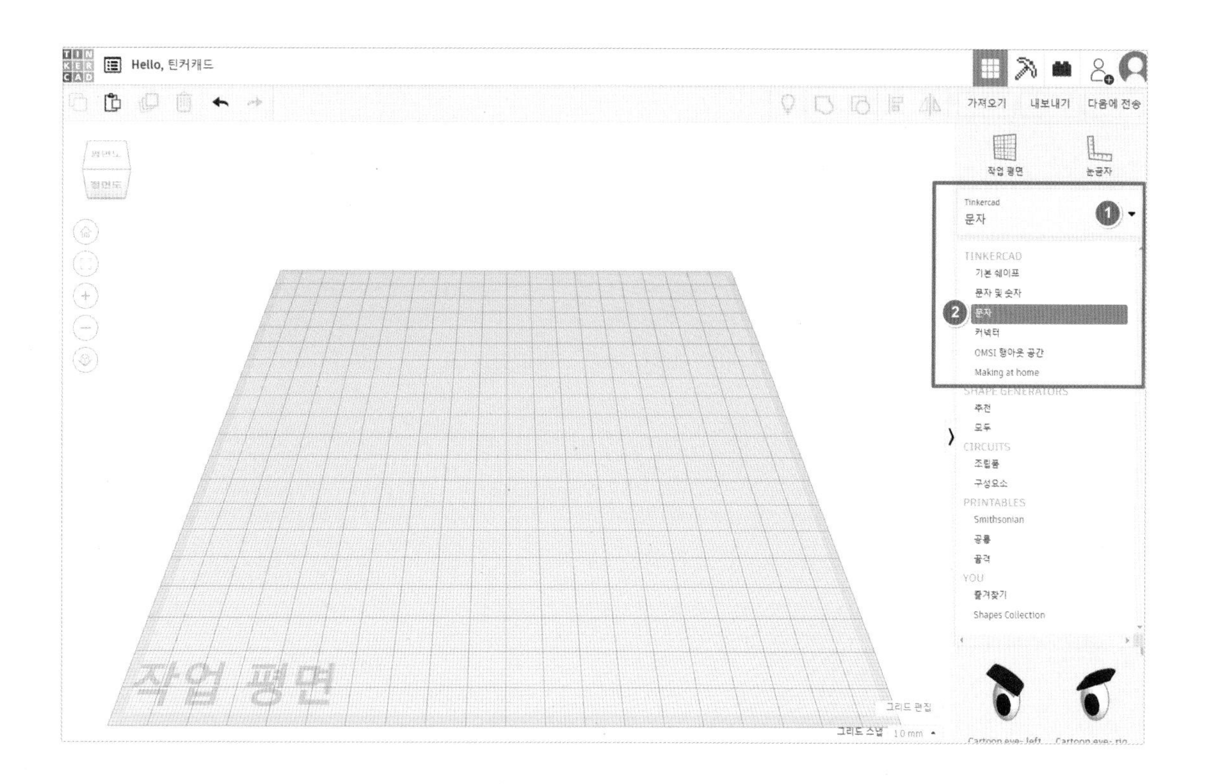

그러면 더 다양한 쉐이프들이 보이지요? 다양한 쉐이프들을 구경해 보세요. 마우스 휠을 아래로 굴리면 더 많은 쉐이프들을 살펴 볼 수 있습니다. 그 중에 귀여운 아스트로봇 쉐이프를 찾아보세요.

이제, 아스트로봇 쉐이프를 아래의 그림처럼 작업평면으로 가져와보세요. 어떻게? 마우스로 끌어서 작업평면에 탁! 하고 놓는! 드래그! 앤 드롭!

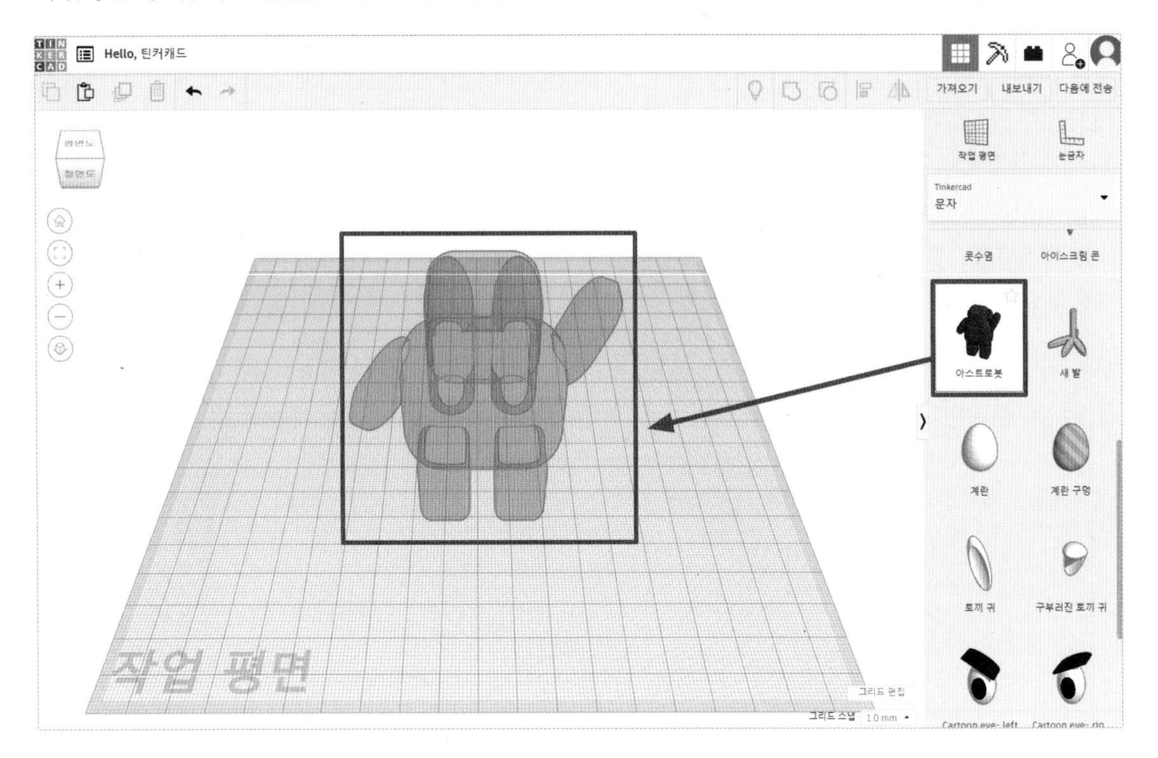

디자인 저장하기

첫 번째 "Hello, 틴커캐드" 디자인이 완성되었습니다. 이제 저장을 해 볼까요? 저장 버튼을 찾아 보아도, 또 찾아 보아도 보이지 않습니다. 틴커캐드에는 별도의 저장 버튼이 없답니다. 틴커캐드는 작업 중간 중간 서버에 자동으로 저장이 됩니다.

저장을 마치고, 새로운 디자인을 작성 하고 싶을 때에는 화면 왼쪽 상단의 틴커캐드 로고가 그려진 홈 버튼를 클릭하면, 대시보드로 이동합니다.

디자인 편집하기

작성한 디자인을 수정하고 싶을 때에는 이 항목 편집을 기억하세요! 대시보드의 내 디자인 목록 중 원하는 디자인 위에 마우스를 올리면 이 항목 편집이라는 버튼이 보입니다.

❶ 이 버튼을 클릭하면 편집할 수 있는 모델링 화면으로 이동할 수 있습니다.

❷ 그림을 클릭하면 팝업 창이 뜨고, 팝업 창에 있는 '이 항목 편집'을 클릭해도 편집 화면으로 이동합니다.

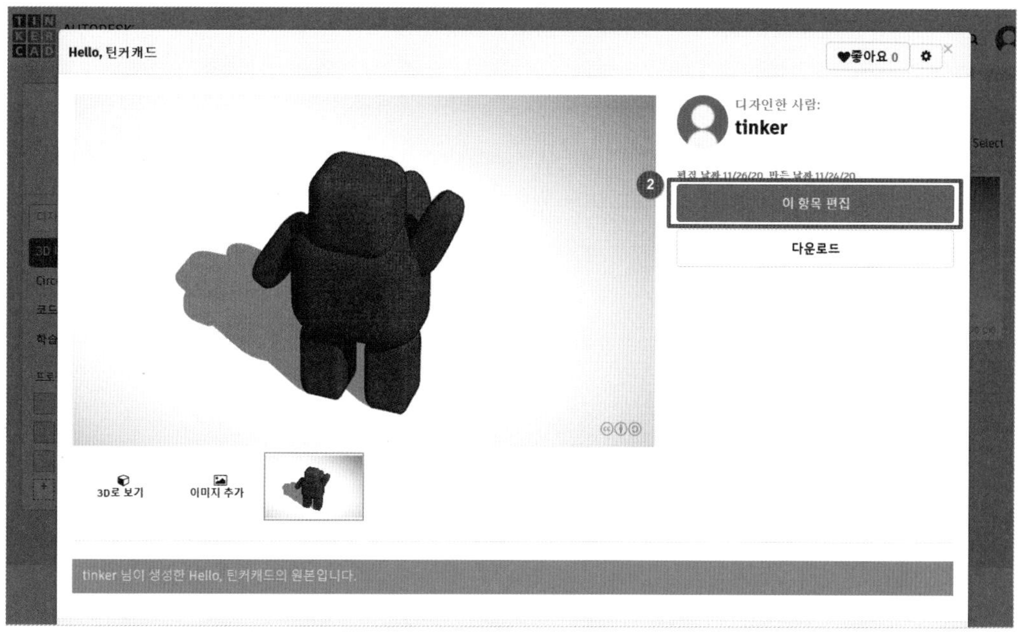

03. 화면 다루기

화면 확대, 축소

모델링을 하다 보면 자세히 보기 위해 화면을 확대하거나, 혹은 전체적인 것을 보기 위해 화면을 축소해야 하는 경우가 매우 자주 발생합니다. 마우스의 휠을 위로 굴려 보세요. 계속 계속 굴려 보세요. 이번에는 마우스의 휠을 아래로 굴려 보세요. 계속 계속 굴려 보세요. 이렇게 마우스 휠을 위 아래로 굴려서 화면을 확대하거나 축소할 수 있습니다.

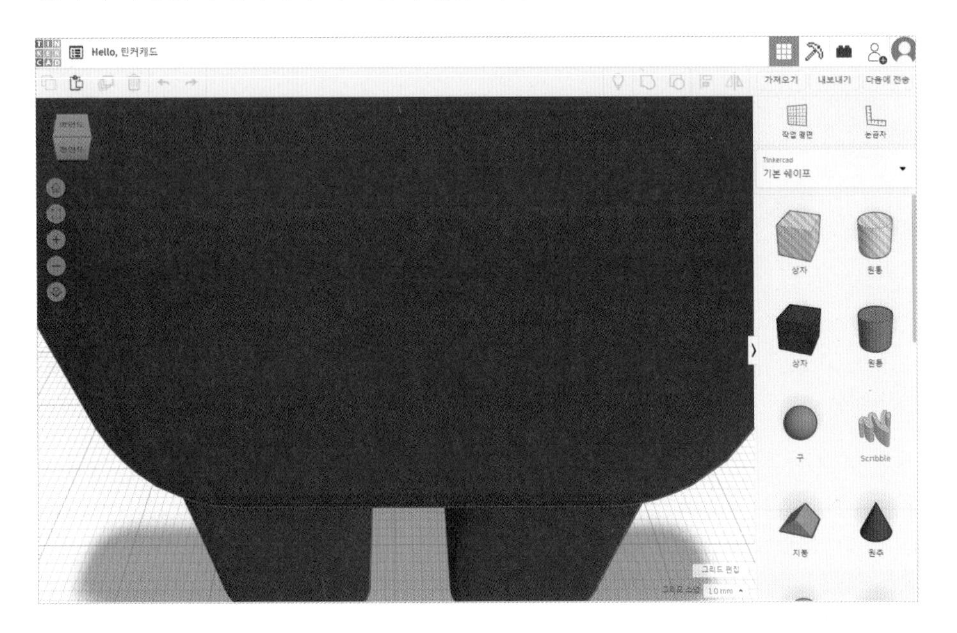

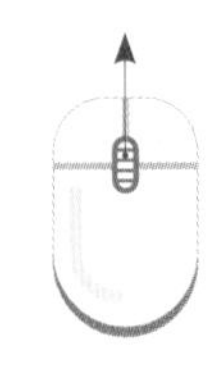

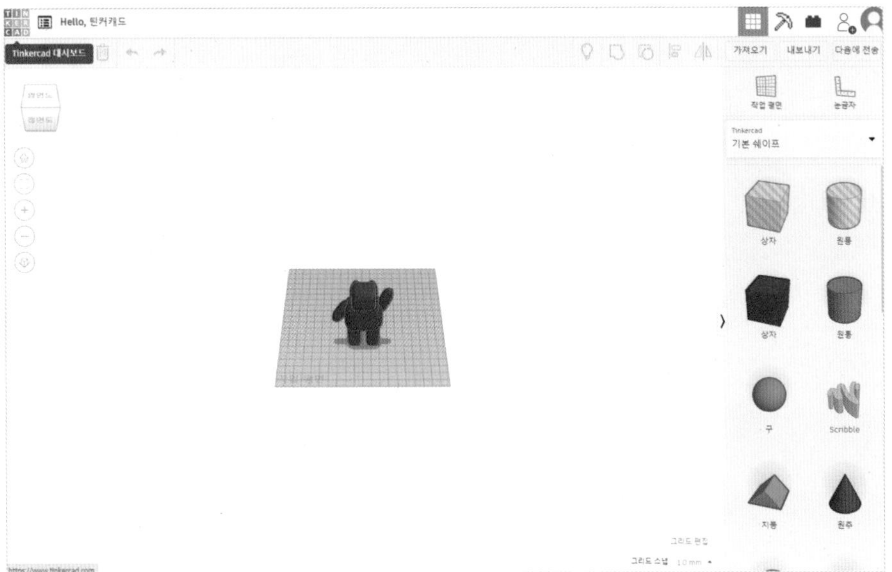

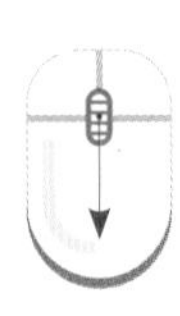

또는 화면의 왼쪽에 있는 단축 버튼을 이용할 수도 있습니다. ❶ 줌 확대 ❷ 줌 축소 버튼을 누르면서 화면을 확대, 축소할 수 있습니다. ❸ 홈 뷰 버튼을 눌러보세요. 홈 뷰 버튼은 처음 작업평면을 열었던 화면과 같이 되돌릴 수 있답니다.

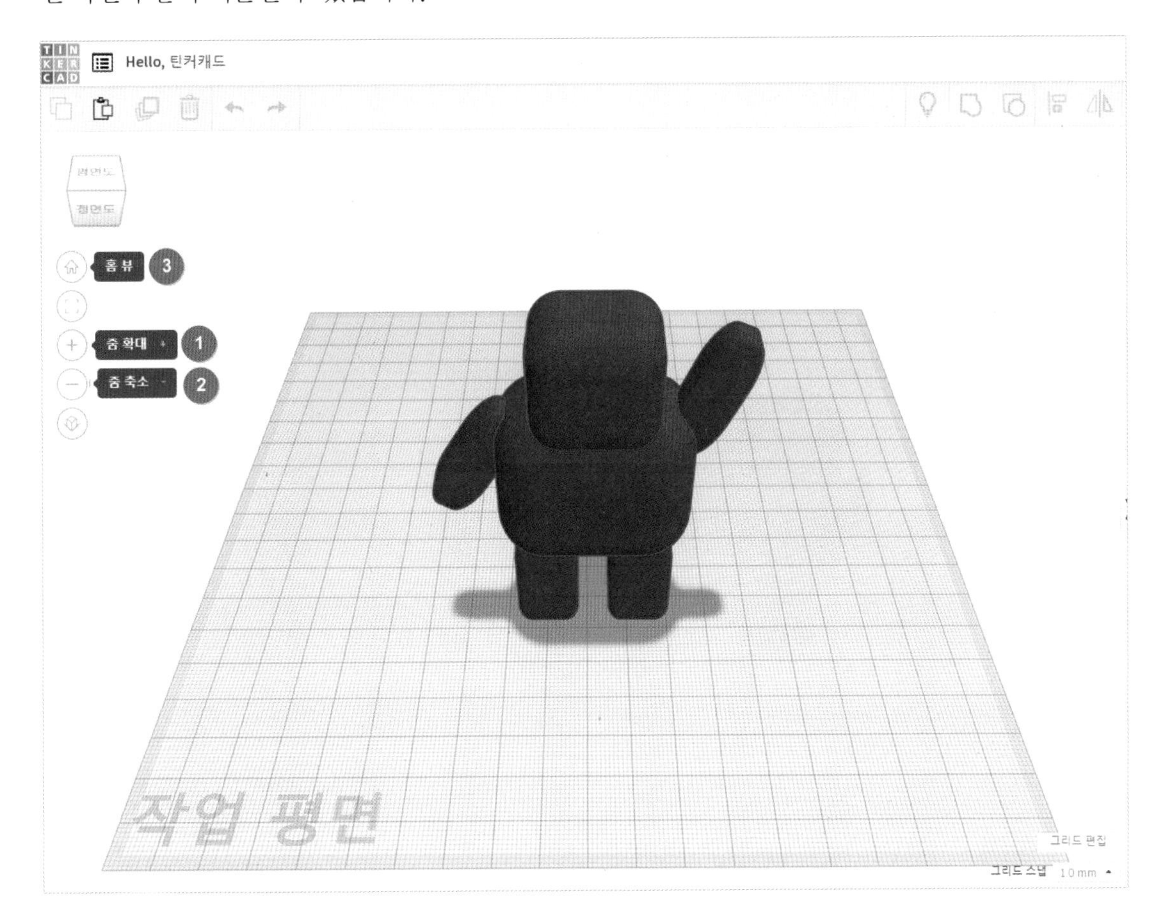

 선택 대상 확대 (Focus)

원하는 쉐이프만 딱! 하고 확대할 수 있는 기능도 있습니다. 확대할 쉐이프를 클릭하여 선택한 후 Focus의 줄임말인 F를 키보드에서 누르면 선택된 쉐이프를 확대할 수 있습니다.

쉐이프가 지금처럼 하나일 때는 잘 사용하지 않지만, 복잡한 모델링에서 여러 쉐이프 중 특정 쉐이프를 선택해서 확대할 때 유용하게 사용할 수 있습니다.

화면 회전

모델링을 하는 동안 모든 면에서 작업하는 것을 봐야 겠죠? 마우스 오른쪽을 누른 채로 화면을 돌려 보세요. 화면을 보면 함께 돌아가는 것이 있습니다. 찾으셨나요? 큐브처럼 생긴 이것을 뷰 큐브라고 부릅니다.

화면이 돌아가는 것에 맞춰 뷰 큐브도 돌아갑니다. 반대로 뷰 큐브를 돌리면 화면도 회전하지요. 뷰 큐브는 정육면체로 6개 면을 클릭하면서 화면을 변경시킬 수 있습니다. 그럼 우리 함께, 화면을 회전시켜서 아스트로봇의 뒷모습을 발견해 봅시다.

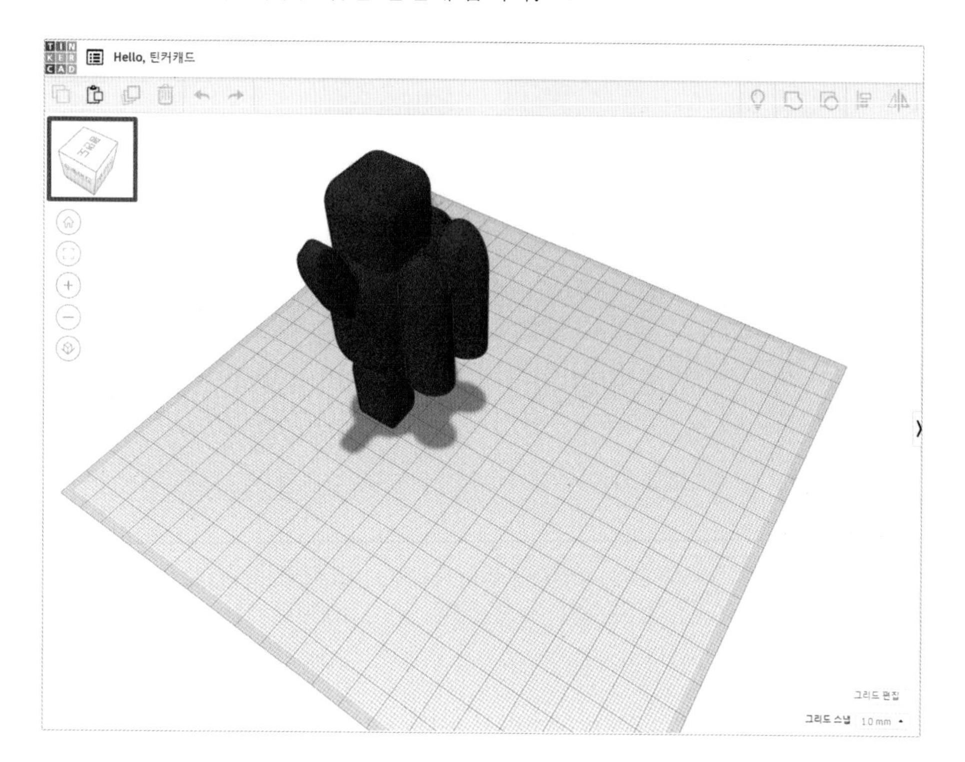

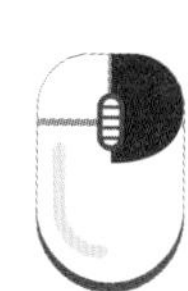

화면 이동

화면을 회전시키니 아스트로봇이 화면의 왼쪽 위에 있네요. 아스트로봇은 움직이지 않고, 화면만 이동을 시키고 싶습니다.

이번에는 아래의 그림처럼 화면을 맞춰 볼까요? 화면을 끌고 갔지요? 화면을 이동시킬 때에는 마우스 휠을 꾸욱 누른 채로 드래그 합니다. 작업평면을 화면의 오른쪽 아래로 보내보는 거에요. 이때, 중요한 것은 아스트로봇이 움직인 것이 아니라 화면을 이동 시킨 것이라는 거죠. 잊지 마세요, 마우스 휠을 꾸욱 누르고 데리고 가기!

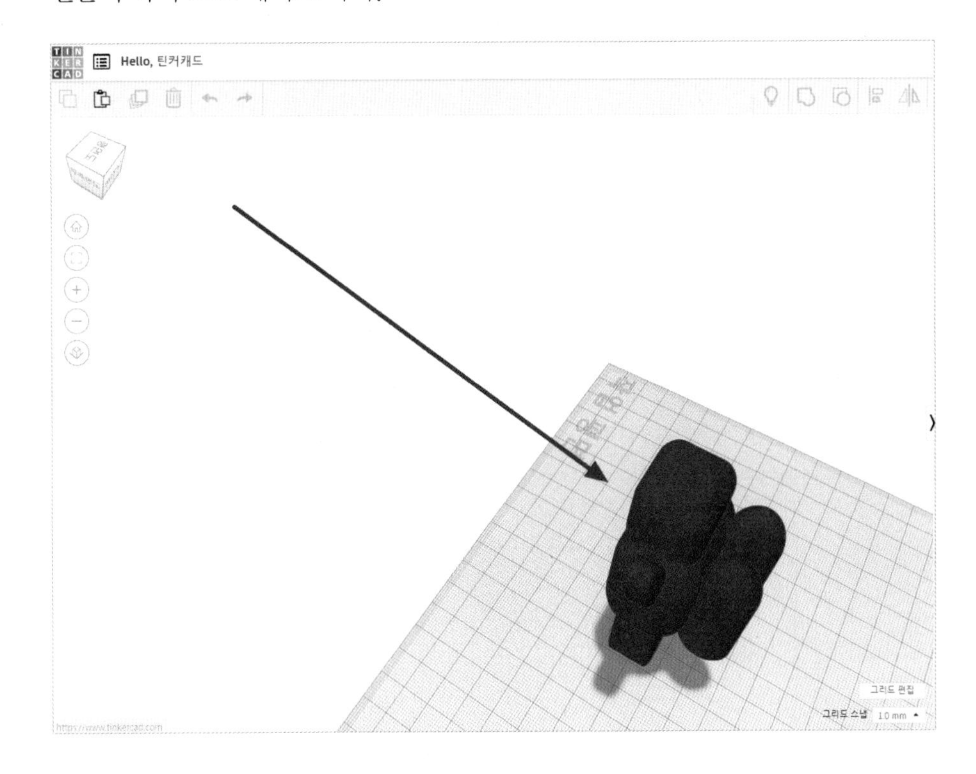

04. 쉐이프 다루기

쉐이프 선택

쉐이프를 선택하려면, ❶ 원하는 쉐이프를 클릭! 하면 됩니다. 아주 간단하죠? 선택된 쉐이프는 하늘색의 테두리가 나타나고, ❷ 오른쪽에 쉐이프의 속성을 바꿀 수 있는 속성창이 나타납니다. 속성창에는 기본적으로 솔리드와 구멍 속성이 제공되며, 이 밖의 다른 속성은 쉐이프에 따라 조금씩 다르게 제공됩니다.

여러 개의 쉐이프를 선택할 때에는 드래그를 해서 원하는 쉐이프를 모두 선택합니다. 떨어진 쉐이프를 선택할 때에는 키보드의 Shift를 누르고, 클릭! 클릭! 하면 원하는 쉐이프를 선택할 수 있습니다. 쉐이프를 선택한 뒤에 또 다시 쉐이프를 선택하면 선택이 취소됩니다.

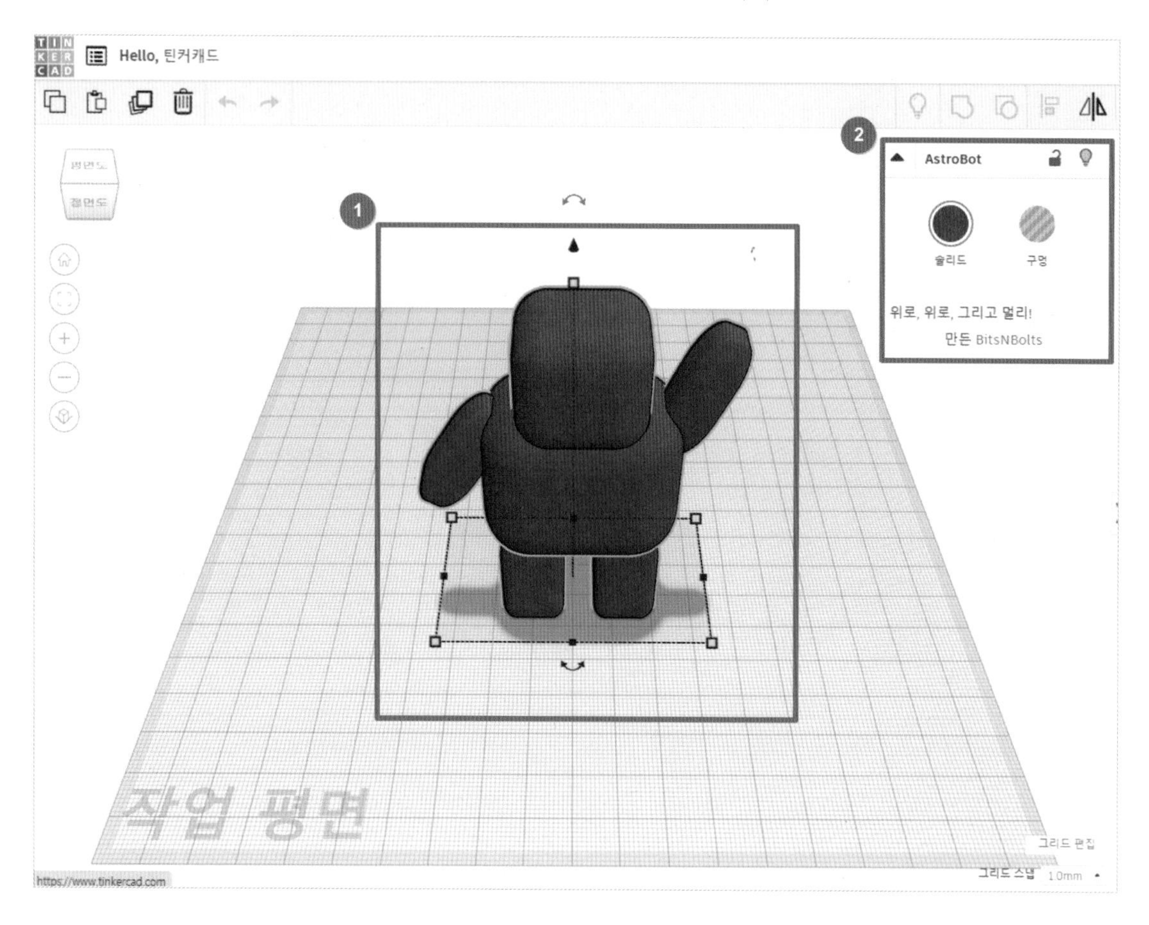

쉐이프 복사

쉐이프를 복사도 할 수 있답니다. 복사하고자 하는 쉐이프를 선택하고, 오른쪽 위의 복사하기(Ctrl + C)를 버튼을 누르면 복사가 됩니다. 복사 하기 버튼만 누르면 아무 소용이 없어요. 그 옆의 붙여넣기(Ctrl + V) 버튼을 눌러야 붙여 넣을 수 있습니다. 복사하고, 붙여 넣기를 하면 오른쪽으로 이동하여 붙여 넣기 되는 것을 볼 수 있습니다.

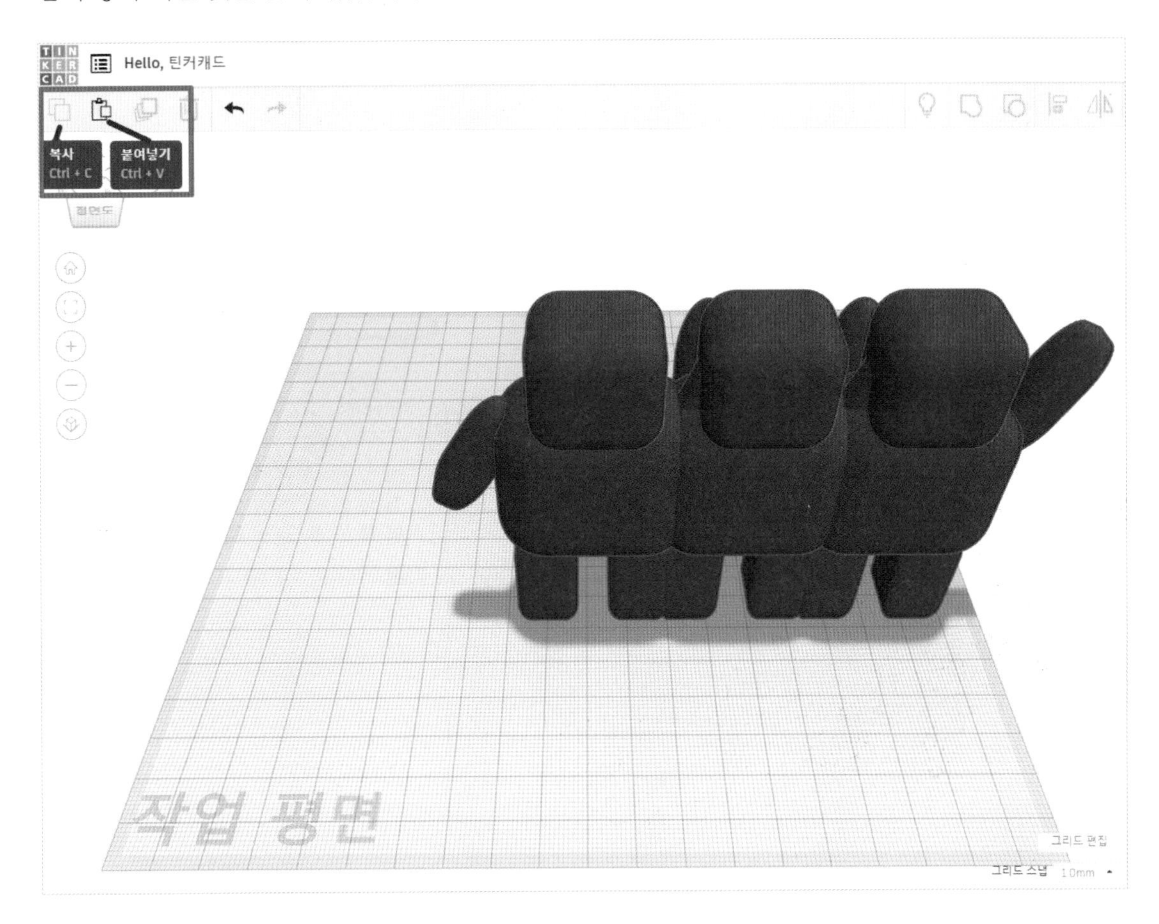

쉐이프 색상 변경

우리 이렇게 만들어 낸 아스트로봇 삼형제의 색상을 변경해줍시다.

❶ 쉐이프를 선택하세요. 그러면 오른쪽에 속성 창이 보이지요?

❷ 솔리드를 클릭하면, 아래의 색상을 설정할 수 있습니다.

❸ 원하는 색상을 선택하면 쉐이프 색상 변경 완성!

속성창에는 다양한 색상이 있습니다. 사전 설정의 파레트에서 설정할 수도 있고, 원하는 색이 없다면 사용자 지정 탭에서 더 다양한 색을 선택할 수도 있습니다. 여러분이 좋아하는 색으로 변경해 보세요.

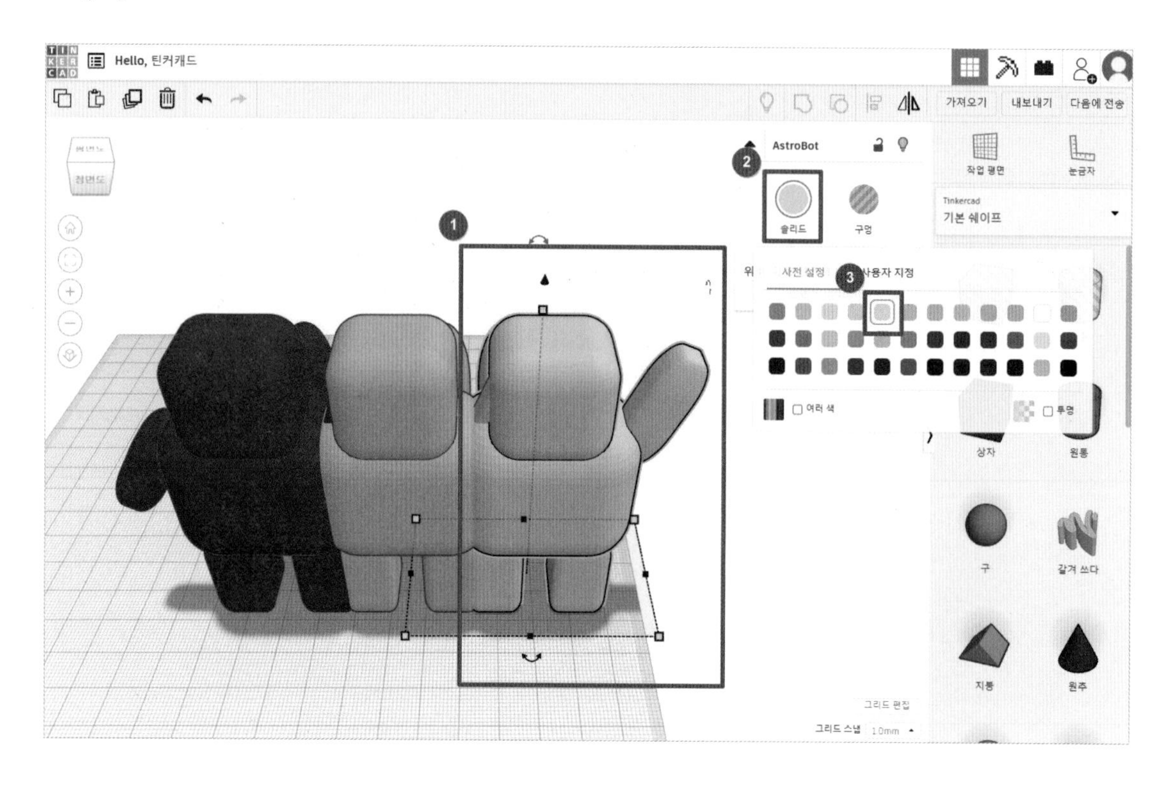

쉐이프 이동

우리 아스트로봇 삼형제가 너무 붙어 있죠? 자리를 좀 바꿔 줄까요?

쉐이프를 이동 시킬 때에는 마우스로 쉐이프를 선택한 뒤 끌고 가는 드래그 앤 드롭을 이용하면 됩니다. 또는 키보드의 방향키를 이용하여 앞, 뒤, 좌, 우로 이동 시킬 수 있습니다.

그런데, 우리가 잊지 말아야 할 것이 있어요. 틴커캐드는 3D모델링이기 때문에 가로, 세로, 높이! 이렇게 3개의 축이 있다는 것이죠! 즉, 아스트로봇의 높이를 이동시켜 작업평면 위에 띄우거나 작업평면 아래로 보낼 수도 있답니다.

쉐이프를 선택했을 때, 쉐이프의 윗면에 보이는 고깔을 잡고 끌어 올리면 높이를 이동 시킬 수 있습니다. 키보드로는 **Ctrl + 위아래 방향키**로 높이를 이동 시킬 수 있습니다.

아래의 그림처럼 아스트로봇을 배치 시켜 보세요!

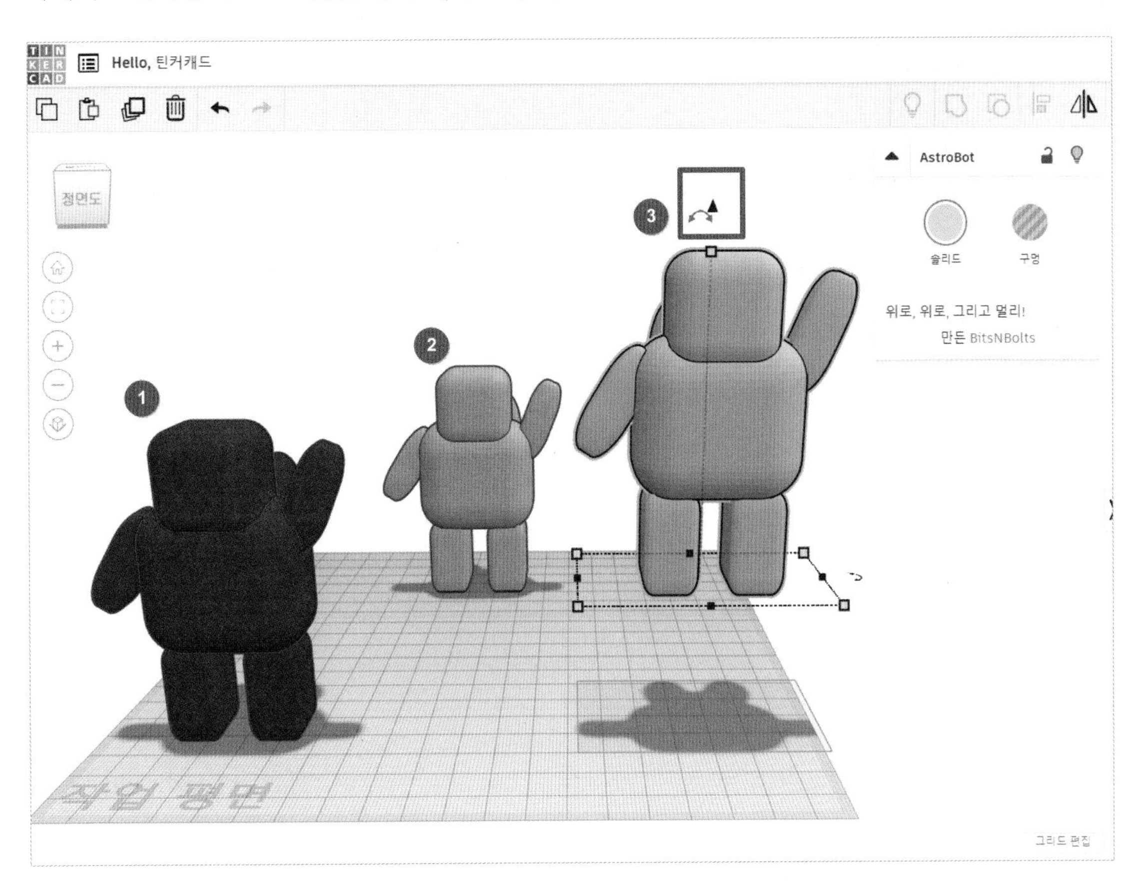

성공하셨나요? 이제 3번 파랑 아스트로봇을 다시 고깔을 이용해서 작업평면에 붙여 보세요.

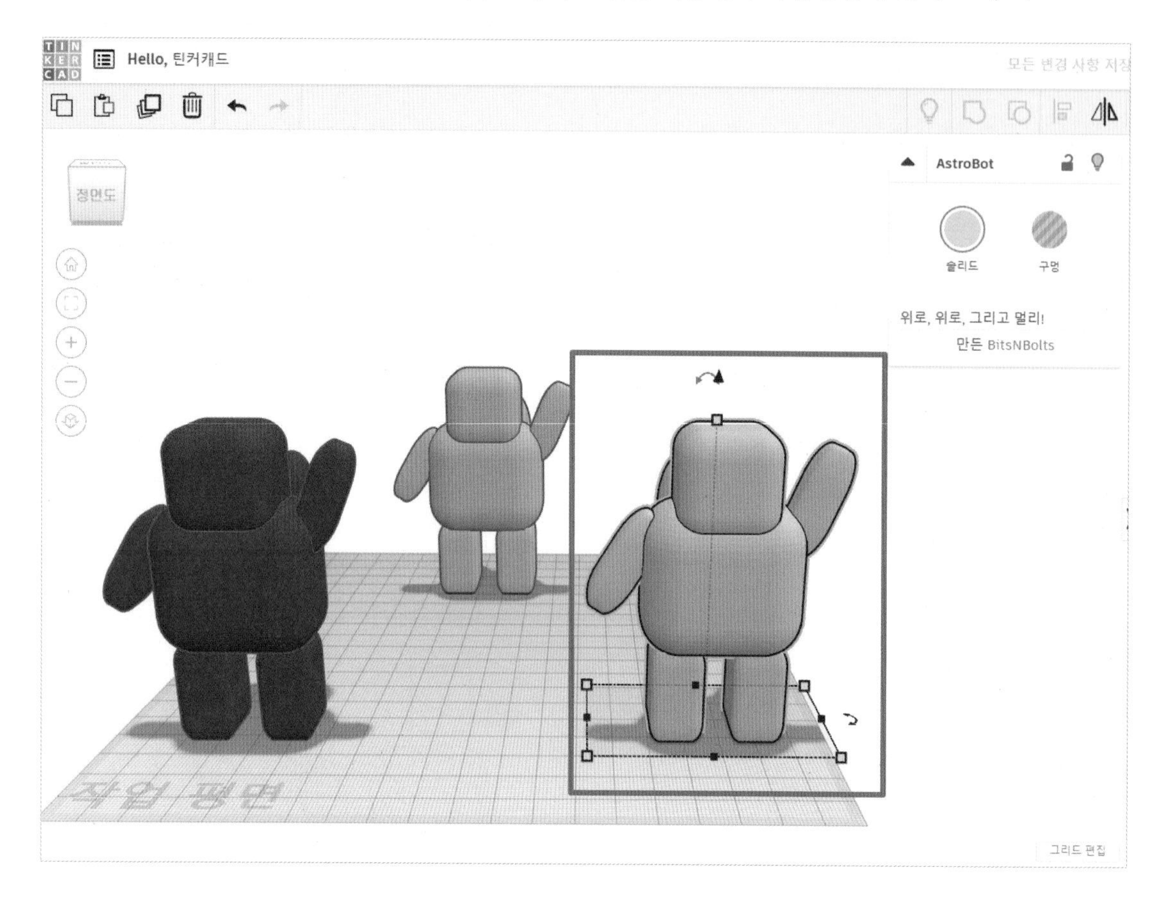

고깔을 이용해서 높이 조절이 잘 되시나요? 고깔을 이용해서 높이를 조절하여 작업평면에 딱! 붙이는 것이 생각처럼 쉽지 않습니다. 이때, 키보드의 **D**를 누르면 쉐이프의 가장 밑면이 작업평면에 딱! 하고 붙습니다. 정말 자주 쓰는 기능이에요! 작업평면에 붙이기! D! 손이 떨려 고깔로는 쉐이프를 작업평면에 잘못 붙인다면 기억해 두셔야 합니다.

쉐이프 회전

이제 쉐이프를 회전시켜 봅시다. 3D모델링! 세개의 축! 기억하고 있지요? 쉐이프를 클릭해서 선택하면 아래처럼 3개의 축을 기준으로 쉐이프를 회전시킬 수 있는 세 개의 양쪽 화살표가 등장합니다. 이 화살표를 드래그 해서 우리는 쉐이프를 회전시킬 수 있답니다.

드래그 해서 이 양쪽 화살표를 끌면 1도씩 쉐이프를 회전시킬 수 있습니다. 이때, 키보드의 Shift를 누르면 45도씩 탁탁! 끊어 가며 회전시킬 수 있습니다.

우리 그럼 세 개의 축을 기준으로 삼형제 아스트로봇을 회전시켜 봅시다.

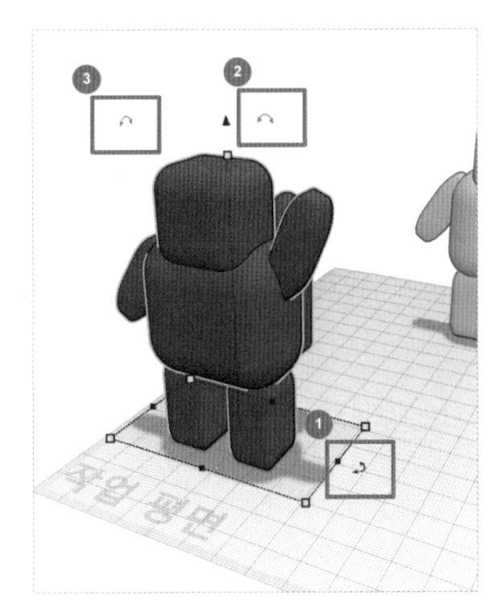

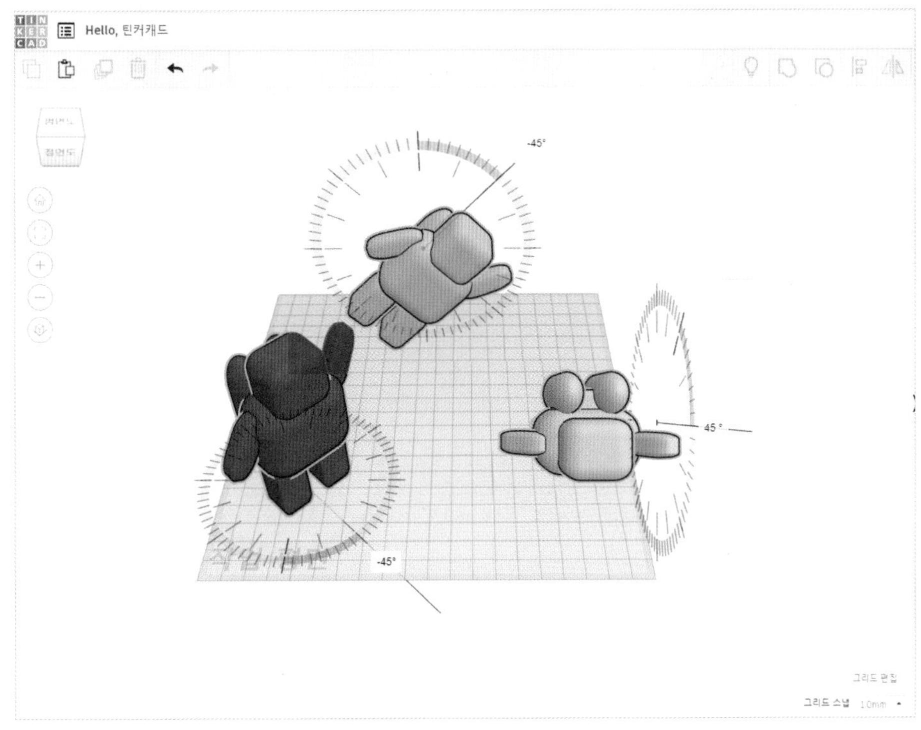

쉐이프 삭제

이제 쉐이프를 삭제해 보도록 하겠습니다. 필요 없어진 쉐이프는 삭제할 수 있습니다. 빨강 아스트로봇만 남기고 나머지 쉐이프를 삭제해 봅시다. 쉐이프를 삭제 할때는 ❶ 쉐이프를 선택한 후, ❷ 왼쪽 상단 메뉴의 쓰레기통 모양의 삭제 버튼을 클릭하면 됩니다. 또는 키보드의 Delete를 누를 수도 있습니다.

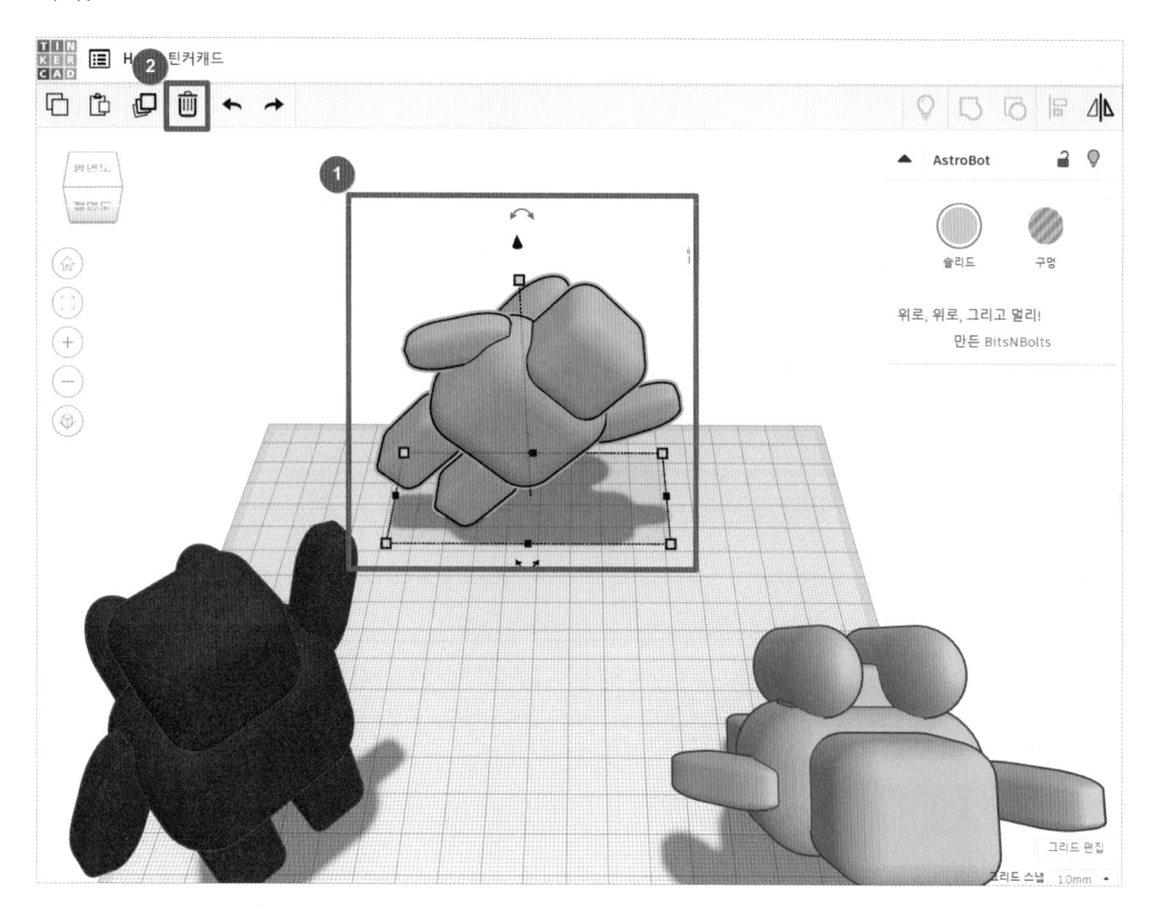

쉐이프 크기 변경

빨강 아스트로봇을 클릭하면 하얀색의 네모 네모가 생기지요. 이것을 우리는 핸들러라고 합니다. 이 핸들러를 끌어당기듯 드래그 해서 직접 크기를 변경할 수 있습니다. 크기도 역시 3개의 축 - 가로, 세로, 높이 - 를 기준으로 변경할 수 있습니다. 높이를 조절하는 핸들러는 늘 쉐이프의 윗면에 있습니다.

드래그 방식 말고 직접 수치를 입력하여 크기를 변경할 수도 있습니다. 이 책에서 예시 수치를 안내할 때 항상 가로, 세로, 높이의 순서대로 안내하겠습니다. 가로 60, 세로 60, 높이 100. 이렇게 말이지요.

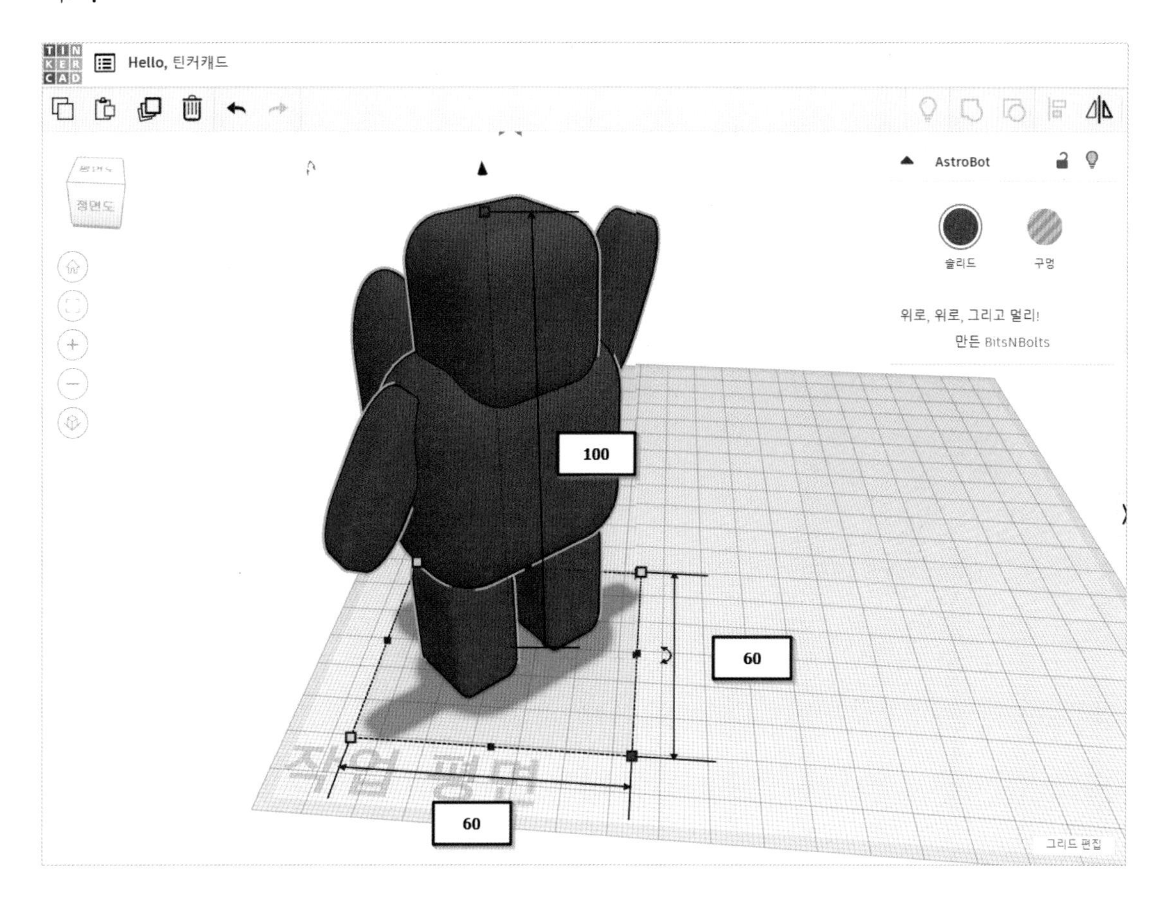

05. 그 밖의 주요 기능

명령 취소, 명령 복구

모델링을 할 때, 실수를 할까 봐 걱정되시나요? 걱정하지 마세요. 틴커캐드에서는 명령 취소, 명령 복구 버튼이 있습니다. 단축키 명령 취소(단축키 Ctrl + Z), 명령 복구(단축키 Ctrl + Y)를 활용할 수도 있습니다.

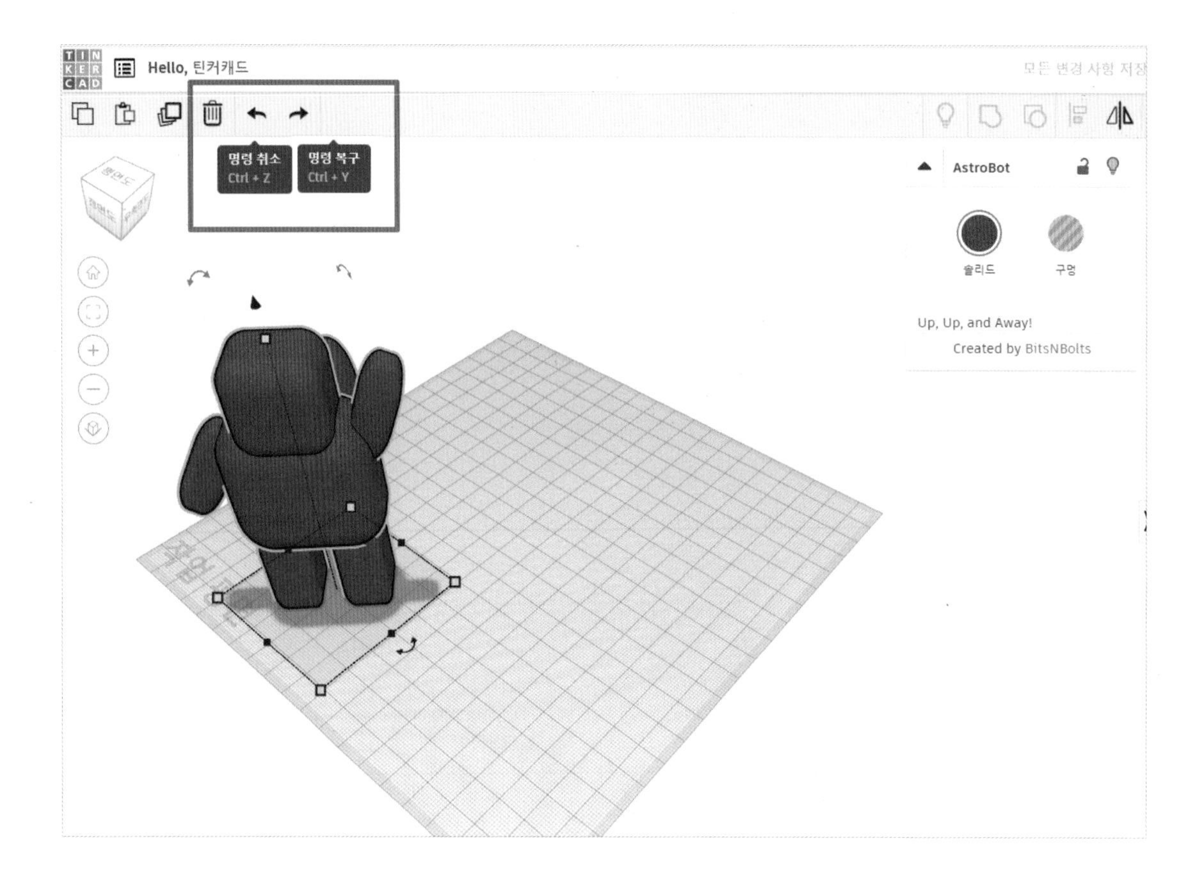

복제 및 반복

복제 및 반복(단축키 Ctrl + D)을 이용하면 쉐이프 복사 및 붙여넣기 + 이전 명령어 복사까지 할 수 있습니다. 반복되는 패턴 등을 이용할 때 매우 유용하게 사용할 수 있습니다. 복제 및 반복 버튼을 누르면 화면이 번쩍 하고, 아무런 일이 일어나지 않은 것처럼 보이지만 같은 자리에 쉐이프가 복제된 것을 볼 수 있답니다.

❶ 복제하려는 쉐이프를 선택합니다.

❷ 왼쪽 위의 단축 버튼 복제 및 반복(단축키 Ctrl + D)을 누르면 같은 자리에 쉐이프가 복제됩니다.

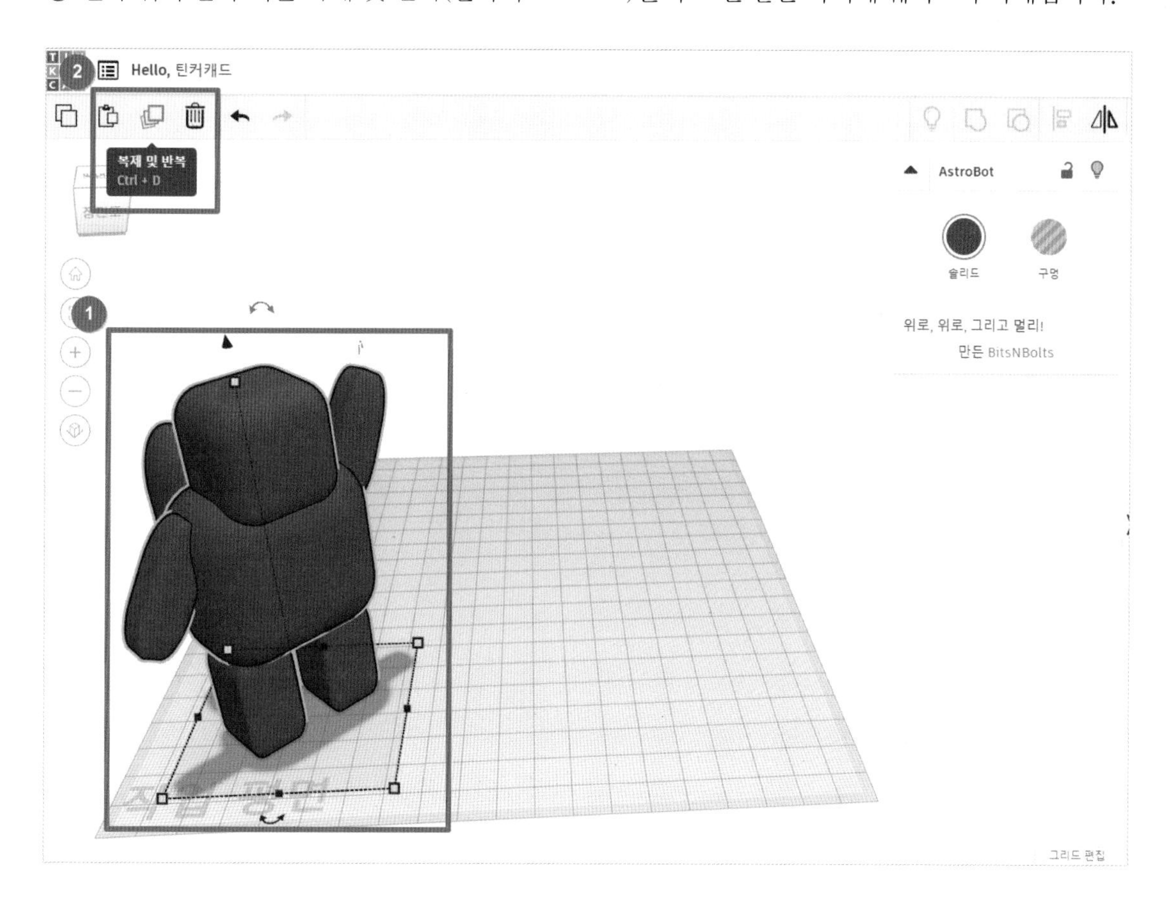

이제, 아래의 그림처럼 아스트로봇을 오른쪽과 위로 이동시켜 복제해 봅시다. 키보드의 방향키를 이용해서 복제된 아스트로봇을 오른쪽으로 이동시키고, Ctrl를 누른 채로 키보드의 위쪽 방향키를 이용해 위로 이동시켜 높이를 띄워 주세요. 그 다음 복제 및 반복(단축키 Ctrl + D)를 실행시켜 보세요. 새로 복제된 쉐이프는 이전 명령까지 복사해서 나타나게 됩니다.

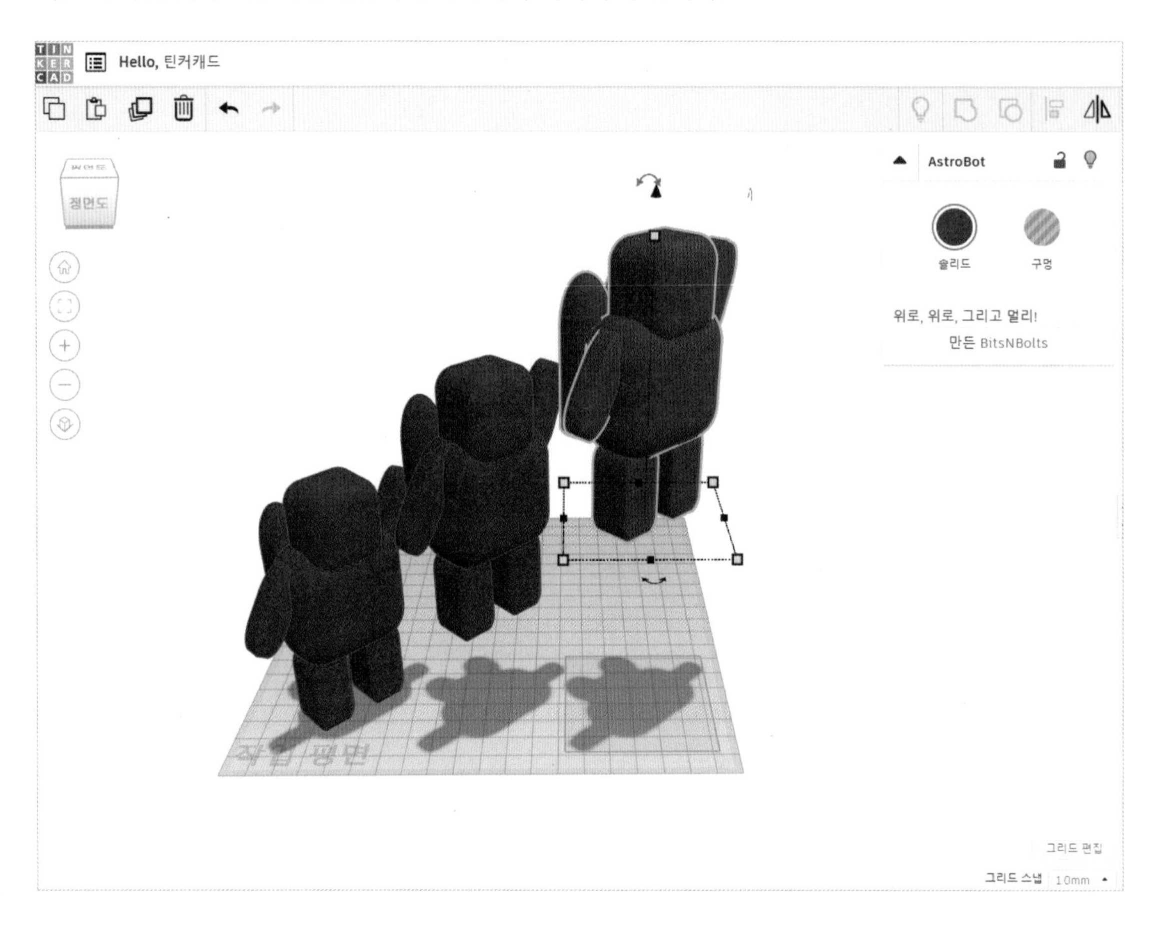

정렬

복제된 쉐이프를 줄을 세워 보도록 하겠습니다. 정렬(단축키 L) 기능을 활용합니다. ❶ 먼저 드래그해서 세 개의 아스트로봇을 모두 선택한 후, ❷ 오른쪽 위의 정렬(단축키 L) 버튼을 클릭합니다.

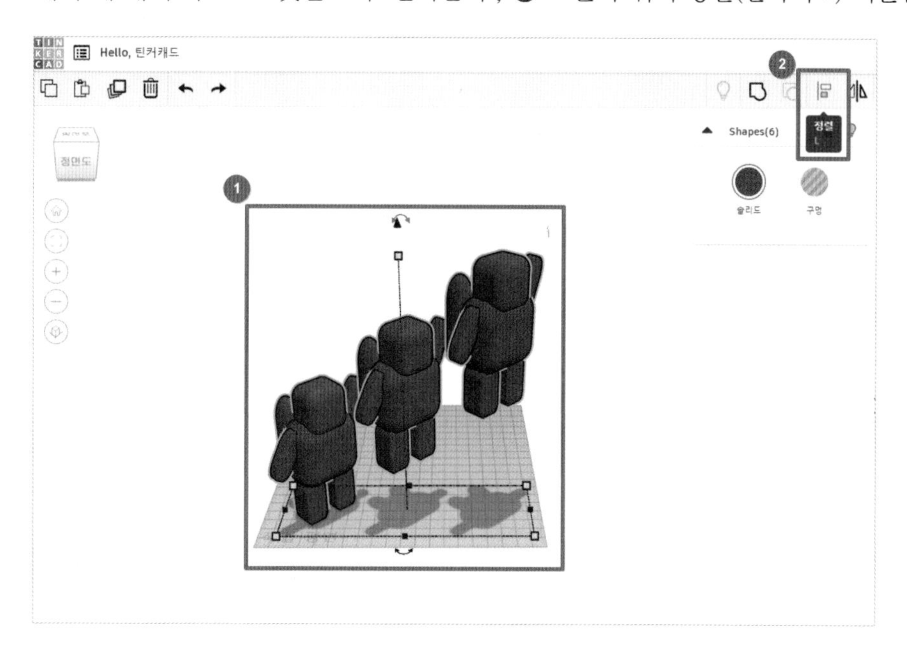

그러면 3개의 축을 기준으로 정렬시킬 수 있는 가이드 점이 나타납니다. ❶ 가로축, ❷ 세로축, ❸ 높이축을 기준으로 각 3개의 위치, 즉 총 9개의 정렬 위치로 정렬시킬 수 있습니다.

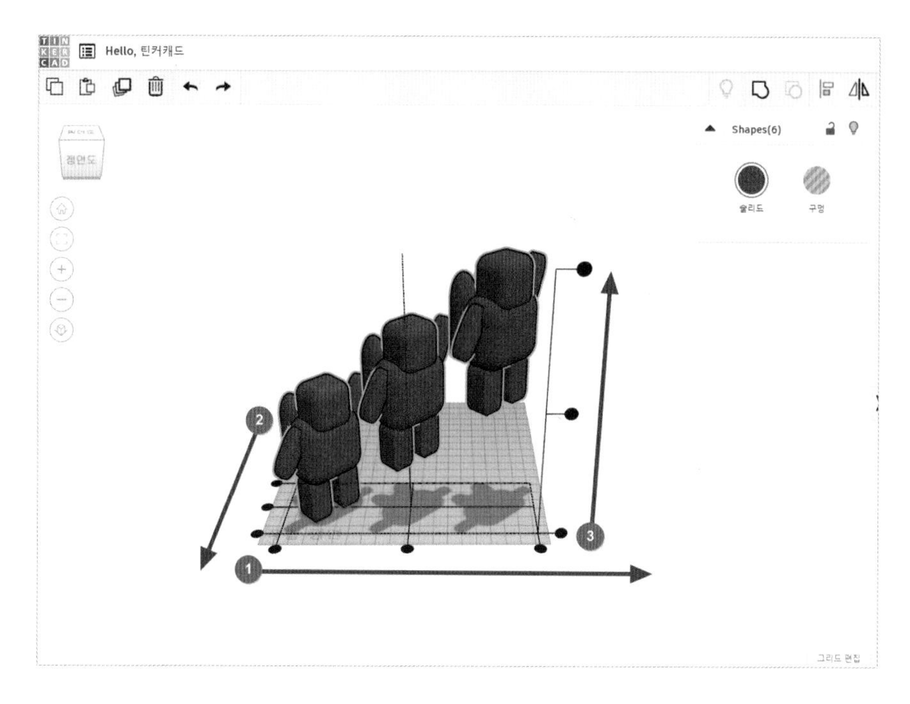

정렬(단축키 L)과 명령 취소(단축키 Ctrl + Z) 버튼을 이용해서 아래의 그림처럼 줄을 세워 보세요.

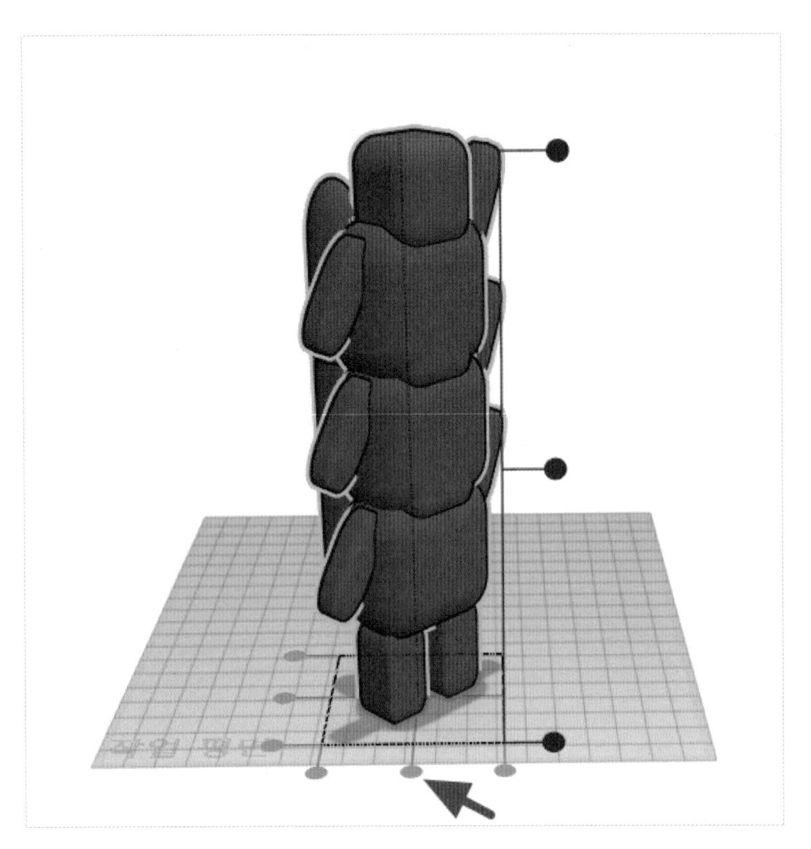

새로운 쉐이프 만들기 - 그룹화

제공되는 쉐이프 외에 필요한 쉐이프를 만들 수도 있습니다. 먼저, 그룹화(단축키 Ctrl + G)를 통해 여러 개의 쉐이프를 하나의 쉐이프로 만들 수 있습니다. 그룹화를 이용해서 곰돌이 쿠키를 만들어 봅시다. 새로운 디자인 작성을 시작해 봅시다.

❶ 디자인 이름을 '곰돌이 쿠키'로 변경합니다.
❷ 원통 쉐이프를 작업평면으로 가져오세요.
❸ 원통 쉐이프의 크기를 가로 50, 세로 50, 높이 5로 변경해 줍니다.

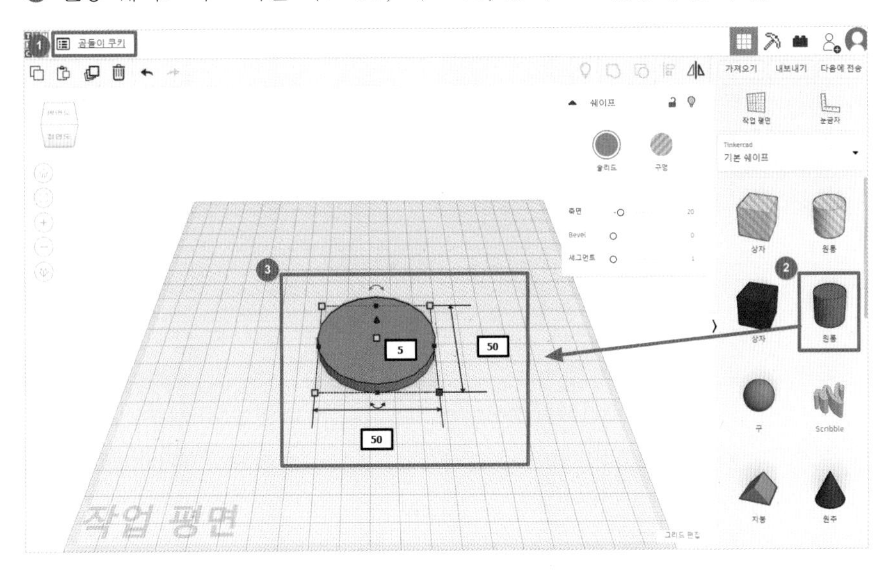

❹ 원통 쉐이프 2개를 가져와서 곰돌이 귀를 만들어 주세요.
❺ 곰돌이 귀는 가로 20, 세로 20, 높이 5입니다.

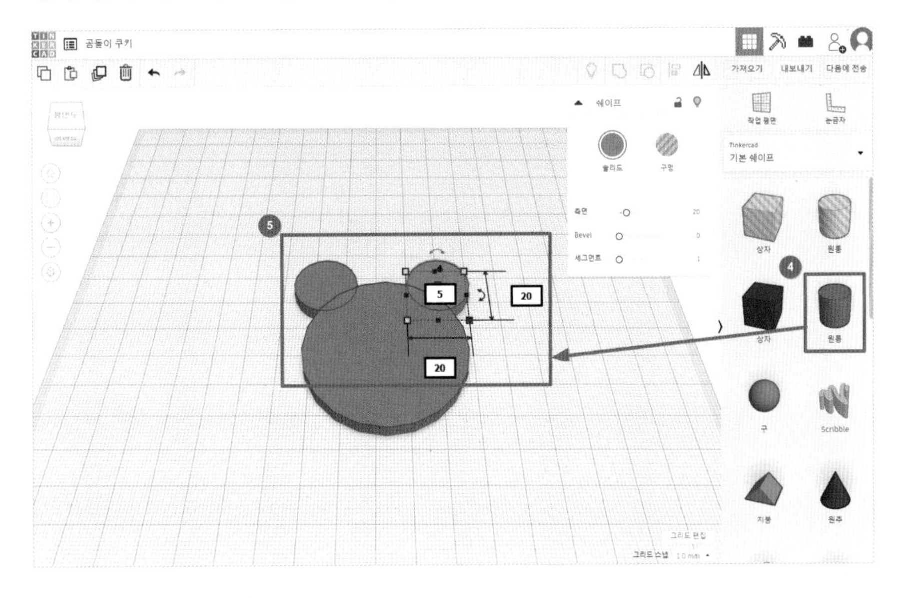

❻ 드래그 해서 곰돌이 얼굴, 곰돌이 귀 쉐이프를 모두 선택합니다.

❼ 여러 개의 쉐이프가 선택되면, 오른쪽 위의 '그룹화' 버튼이 활성화됩니다. 이때 그룹화(단축키 Ctrl + G)를 누르면 그룹이 완성됩니다.

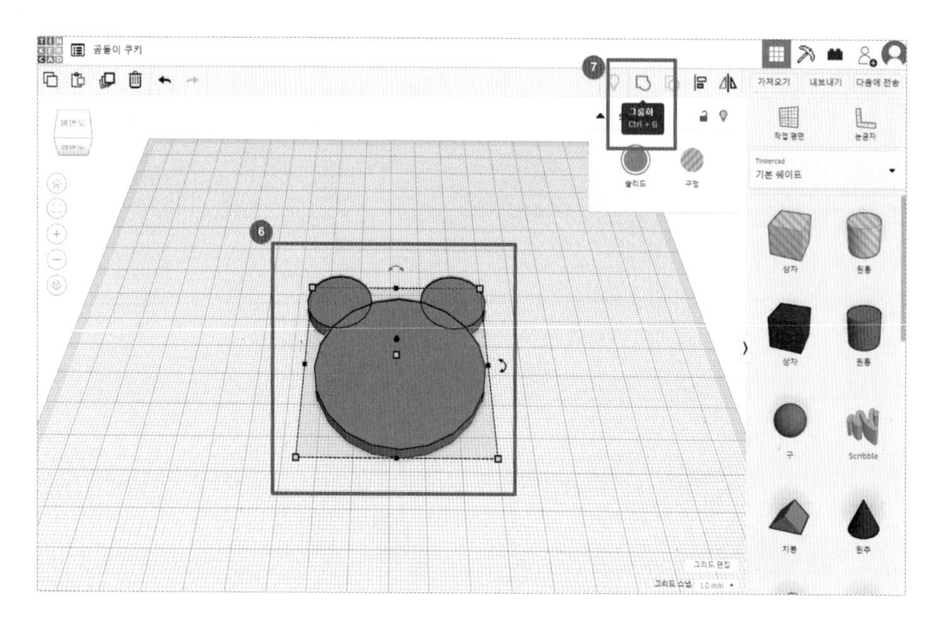

❽ 얼굴과 귀의 경계가 없어진 것이 보이시나요? 이제, 이 곰돌이 모양의 쉐이프는 하나의 쉐이프가 되었습니다.

❾ 그룹을 해제하고 싶을 때에는 그룹화 버튼 옆의 그룹해제(단축키 Ctrl + Shift + G) 버튼을 누르면 그룹이 해제됩니다.

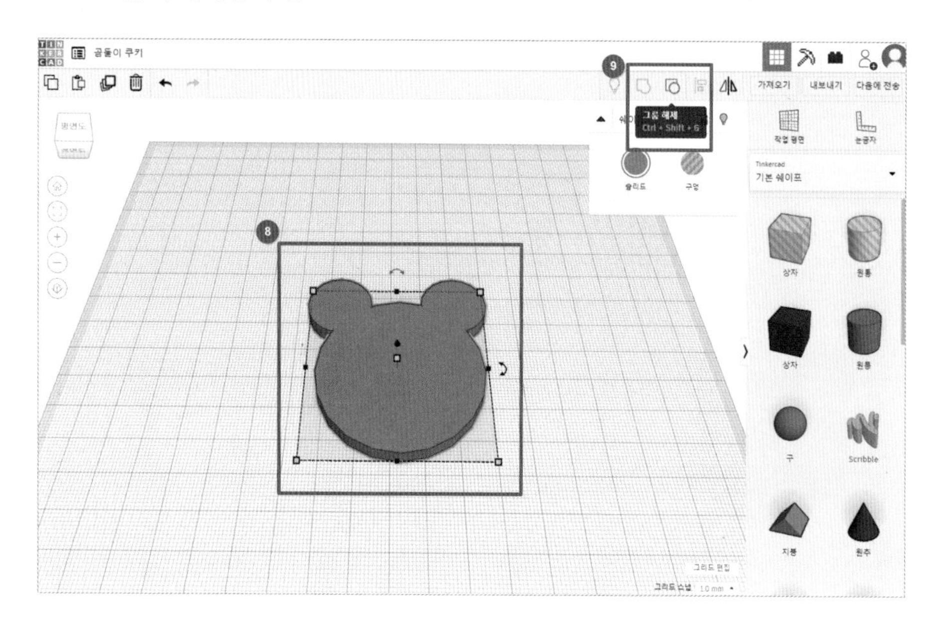

새로운 쉐이프 만들기 - 구멍 그룹화 (쉐이프 잘라내기)

틴커캐드에서는 쉐이프를 잘라낼 때에도 그룹화를 이용합니다. 이때 잘라내고자 하는 부분을 빗금 모양의 구멍 속성으로 만들어 줘야 합니다.

구멍 속성의 위치에 따라 잘라내는 부분이 달라지게 됩니다. 곰돌이 쿠키의 눈은 일부만 파고, 입은 완전히 쿠키 아래까지 뚫어 봅시다.

❶ 빗금이 있는 구멍 원통 쉐이프를 2개 가져옵니다. 위치를 곰돌이의 눈 위치로 잡아 주세요.

❷ 구멍 원통 쉐이프의 크기를 가로 10, 세로 10, 높이 10으로 변경해 줍니다.

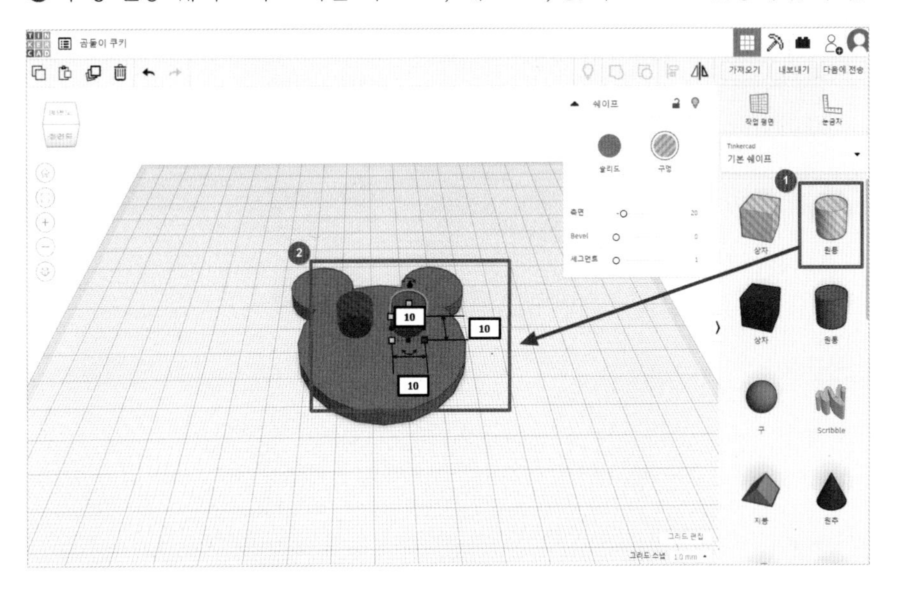

❸ 두 눈이 되는 구멍 원통의 높이를 윗면의 고깔을 잡고 3 정도만 높여 주세요. 그러면 구멍 원통이 곰돌이 얼굴 높이의 중간 보다 약간 위에 위치하겠지요?

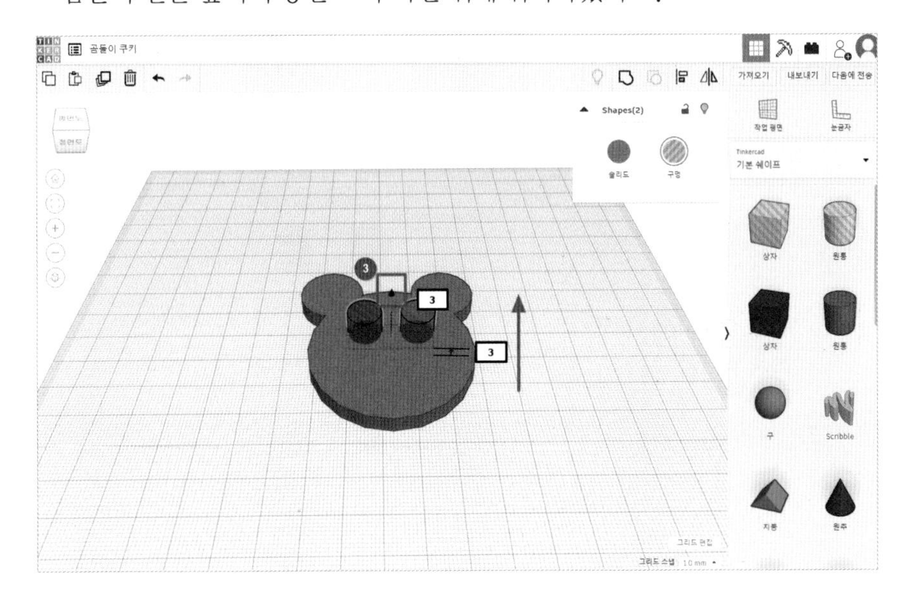

❹ 모든 쉐이프를 드래그해서 선택합니다.

❺ 그룹화(단축키 Ctrl + G)를 클릭합니다. 그러면, 색이 있는 솔리드 쉐이프가 기본이 되고, 빗금 쉐이프만큼 쉐이프가 잘리게 됩니다.

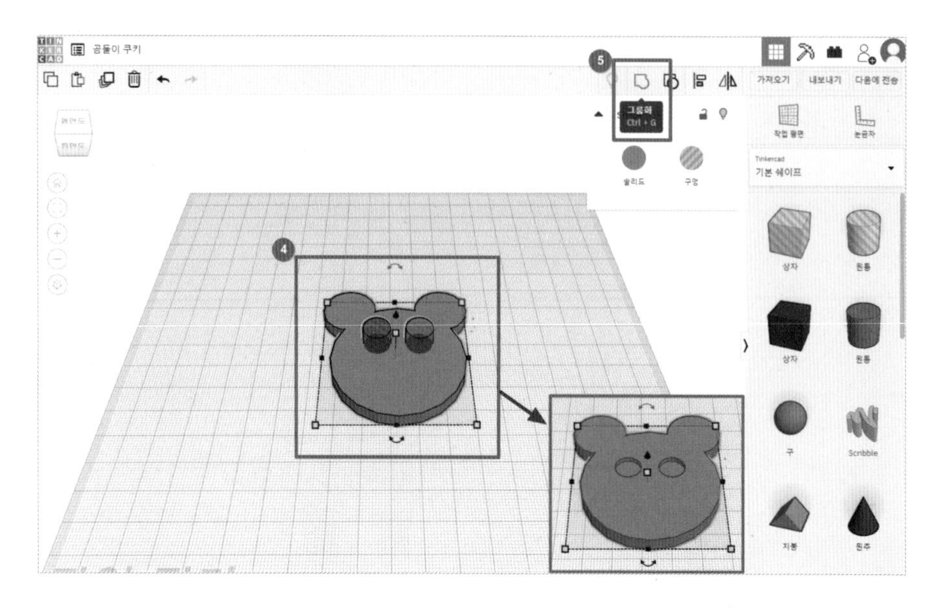

그러면 생기는 고민 하나! 쉐이프를 잘라내는 구멍 쉐이프는 구멍 상자와 구멍 원통만 보인다고요? 걱정마세요. 모든 쉐이프의 속성에는 구멍 속성이 있어서 속성을 구멍으로 변경할 수 있습니다.

❻ 이번에는 입을 만들어 봅시다. 구멍 원통 쉐이프를 가져와서 입 자리에 위치해 주세요.

❼ 크기는 가로 15, 세로 15, 높이 20입니다. 쉐이프의 높이는 작업평면에 딱 붙여 주세요.

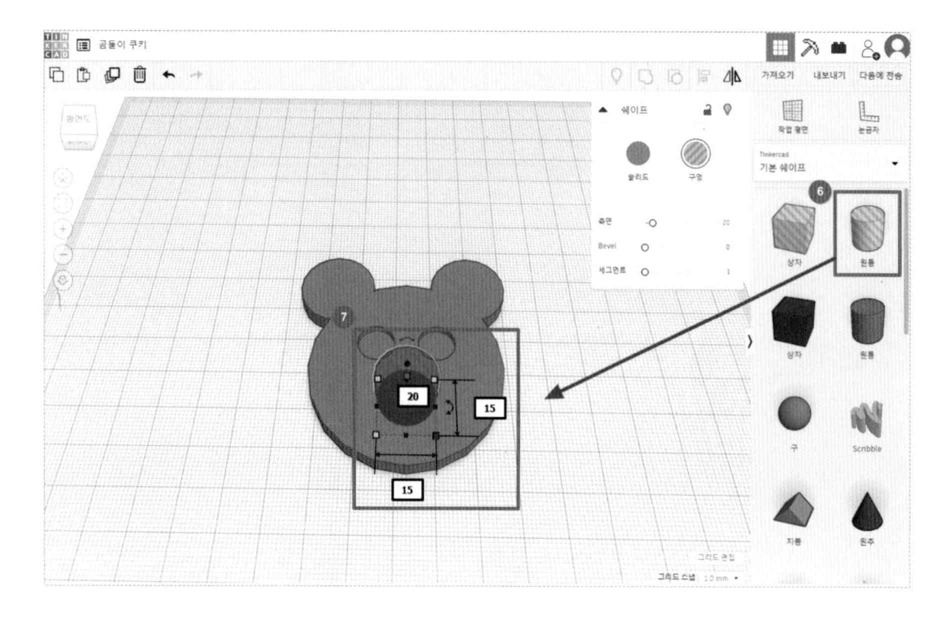

❽ 드래그 해서 모든 쉐이프를 선택합니다.

❾ 그룹화(단축키 Ctrl + G)를 클릭하면, 구멍이 뻥! 뚫린 입이 완성됩니다.

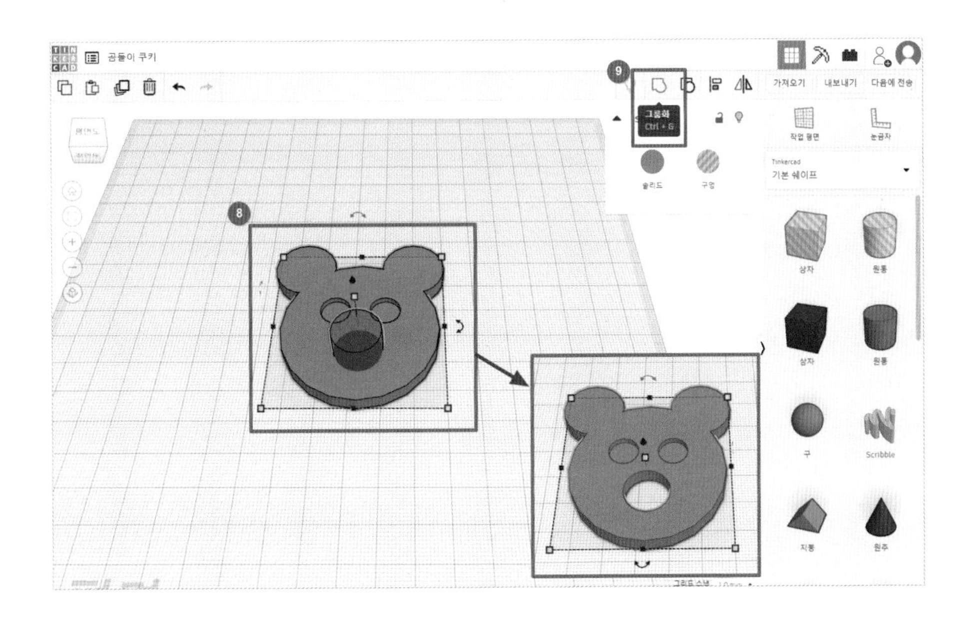

Tip 그룹화로 쉐이프를 잘라낼 때 가장 중요한 것은 잘라내는 구멍 쉐이프의 위치입니다. 구멍을 완전히 뚫고 싶다면 꼭 기본이 되는 솔리드 쉐이프를 지나도록 구멍 쉐이프의 위치를 잡아 주세요.

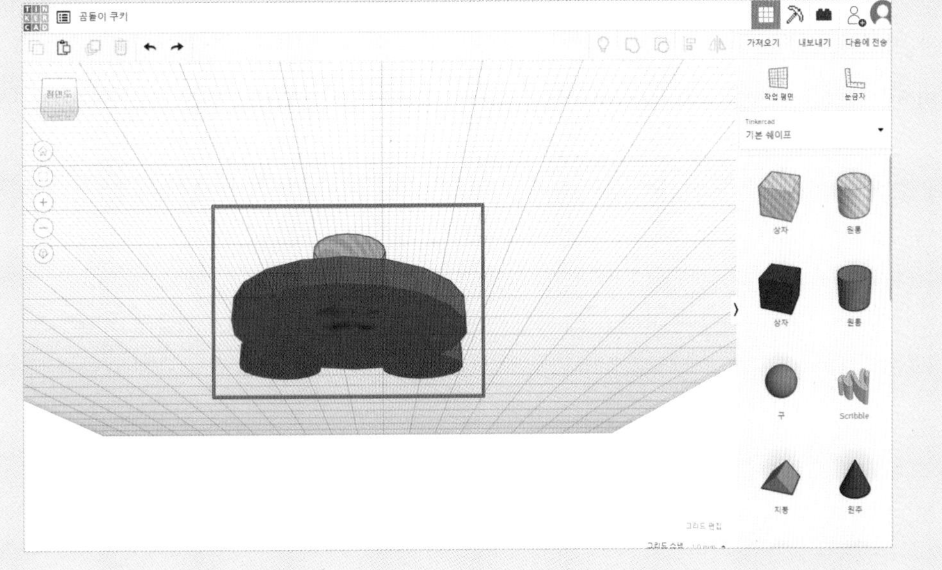

키보드 및 마우스 단축키 모음

화면 다루기

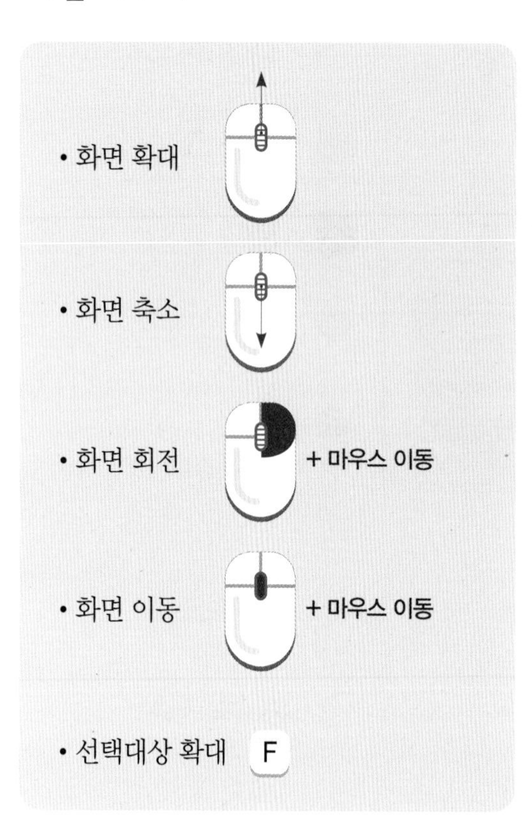

• 선택대상 확대 F

쉐이프 다루기

• 쉐이프 복사하기 Ctrl + C
• 쉐이프 붙여넣기 Ctrl + V
• 쉐이프 삭제 Del
• 쉐이프 좌우이동 ← →
• 쉐이프 앞뒤이동 ↑ ↓
• 쉐이프 높이 이동 Ctrl + ↑ ↓

다양한 기능

• 명령 취소 Ctrl + Z
• 명령 복구 Ctrl + Y
• 복제 및 반복 Ctrl + D
• 작업평면에 붙이기 D
• 작업평면 변경 W
• 정렬 L
• 대칭 M
• 그룹화 Ctrl + G
• 그룹해제 Ctrl + Shift + G

M. 메인 메뉴

오늘의 요리 01

아이스크림

3D모델링은 처음인데, 어떻게 해야 할지 막막하네요.

걱정마세요. 기초부터 하나하나 알려드리겠습니다. 디자인 이름을 바꾸는 것부터, 화면 제어, 쉐이프 제어 등 차근히 따라오면 어느새 아이스크림이 완성된답니다.

color

Shape

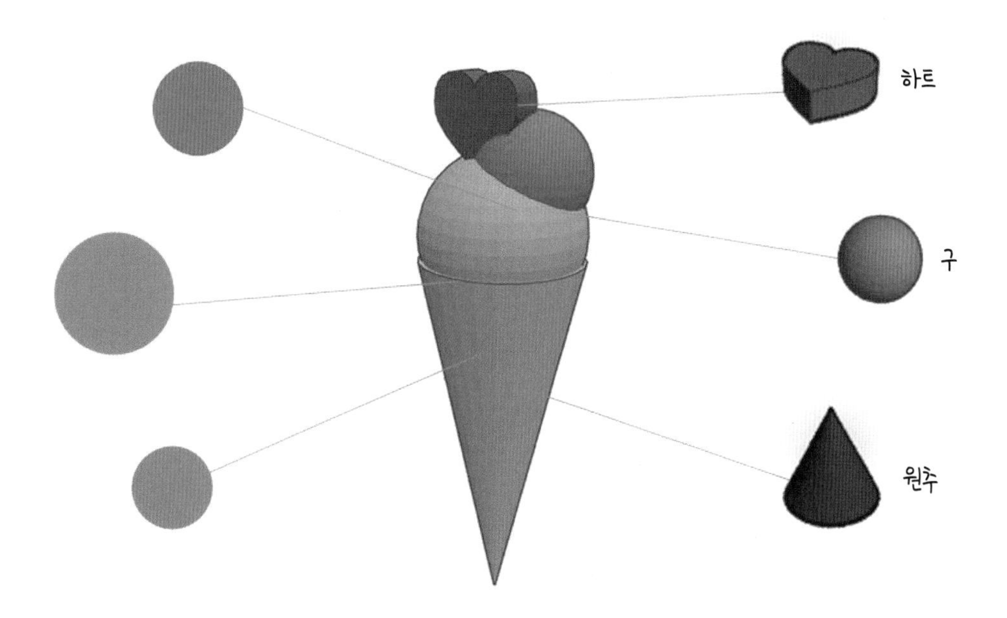

디자인 이름 변경하기

01 새 디자인 작성

- 틴커캐드(https://tinkercad.com) 사이트 로그인 후 대시보드의 '새 디자인 작성'을 클릭합니다.

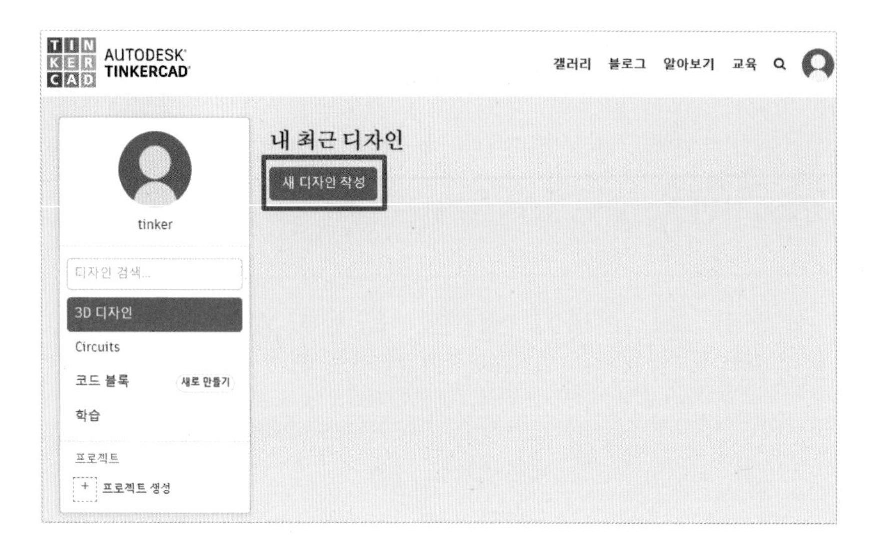

02 디자인 이름 바꾸기

- 영어로 기본 설정된 디자인 이름을 클릭하면 디자인 이름을 바꿀 수 있습니다.
- 디자인 작성을 시작하면 가장 먼저 잊지 말고 디자인 이름을 바꿔 주세요.
- 디자인 이름을 한글로도 쓸 수 있습니다. '아이스크림'으로 변경해 줍니다.

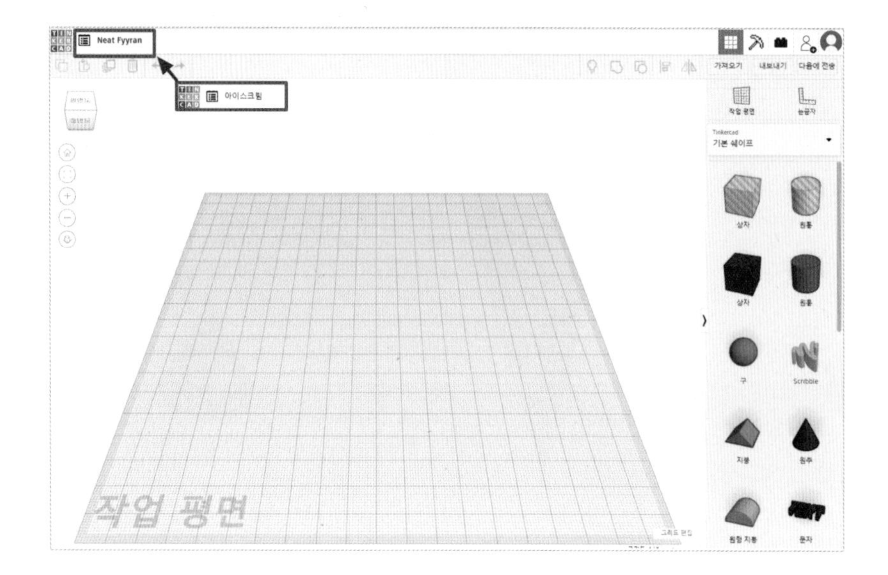

쉐이프 가져오기

03 쉐이프 가져오기

– 오른쪽에 다양한 모양들이 보이시나요?
– 우리는 이것을 '쉐이프'라고 한답니다. Shape는 우리 말로 '모양'이라고 하지요.
– 이러한 다양한 모양, 즉 다양한 쉐이프 중에 아이스크림 콘에 어울리는 쉐이프를 찾아볼까요?
– 맞습니다! '원추' 쉐이프!
– 이제 이 '원추' 쉐이프를 우리가 작업할 작업 공간인 '작업평면'에 가져와 볼까요?
– '원추' 쉐이프를 끌고 오면 됩니다. 마우스 왼쪽 버튼을 누르고, 드래그 해서 작업평면에 탁!

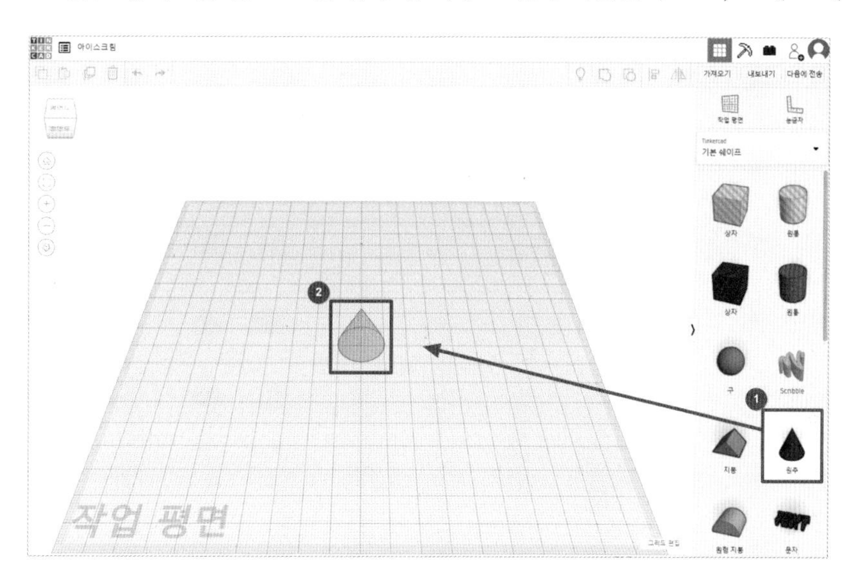

04 이렇게 작업평면에 아이스크림 콘 모양을 만들었습니다.

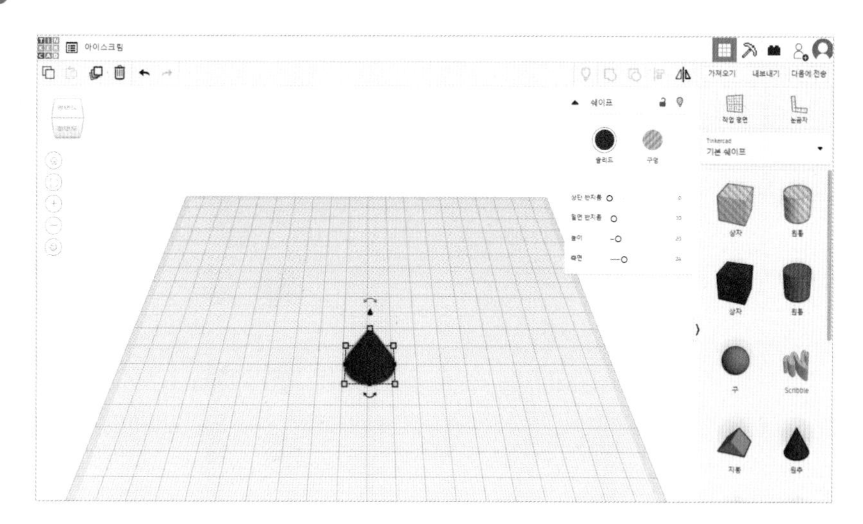

화면 제어하기 - 확대, 축소, 회전, 이동

05 화면 확대하기

– 마우스 휠을 위로 위로 굴려보세요.
– 화면 확대됩니다. 더 이상 확대되지 않을 때까지 굴려 보세요.
– 이때 화면이 확대되는 것이지, 쉐이프가 확대되는 것은 아니라는 것을 꼭 기억해주세요.

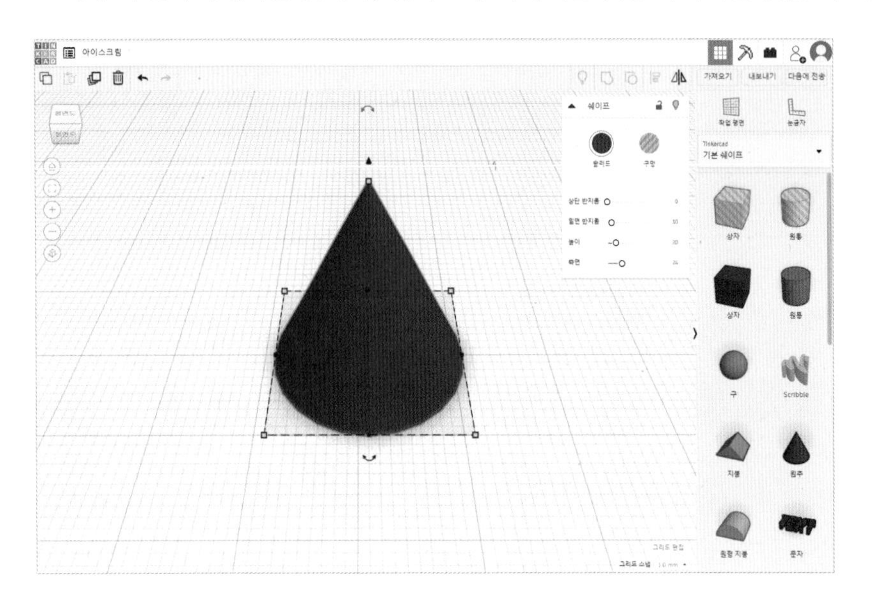

06 화면 축소하기

– 이번에는 마우스 휠을 아래로 아래로 굴려보세요.
– 화면이 축소됩니다. 더 이상 축소되지 않을 때까지 굴려 보세요.
– 마우스 휠을 위 아래로 굴려서 화면을 확대, 축소할 수 있습니다.

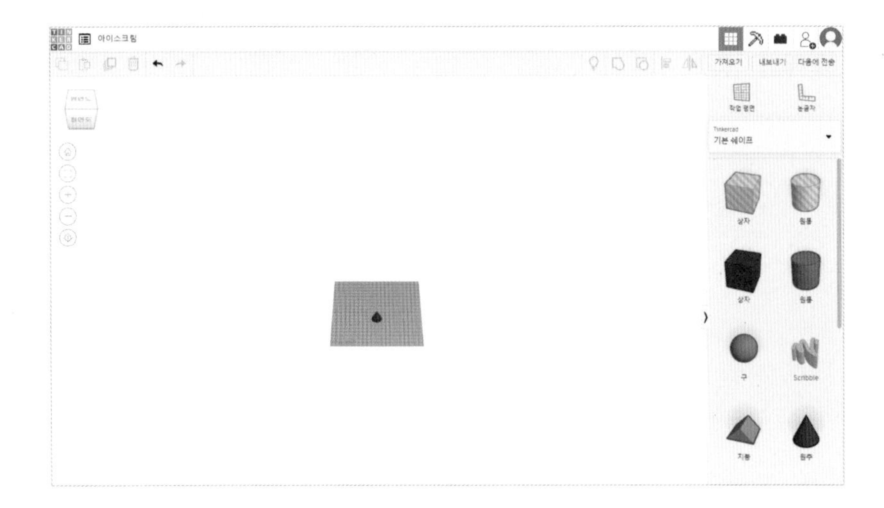

07 화면 확대하기

- 이번에는 마우스 말고, 왼쪽의 '+' 버튼을 클릭하면 줌 확대, 즉 화면이 확대됩니다.
- 눈치채셨죠? 그 아래 '–' 버튼을 클릭하면, 줌 축소, 즉 화면이 축소됩니다.
- 마우스를 굴려서 화면을 확대, 축소할 수도 있고, 왼쪽의 단축 버튼을 클릭해서 화면을 확대, 축소할 수도 있습니다.

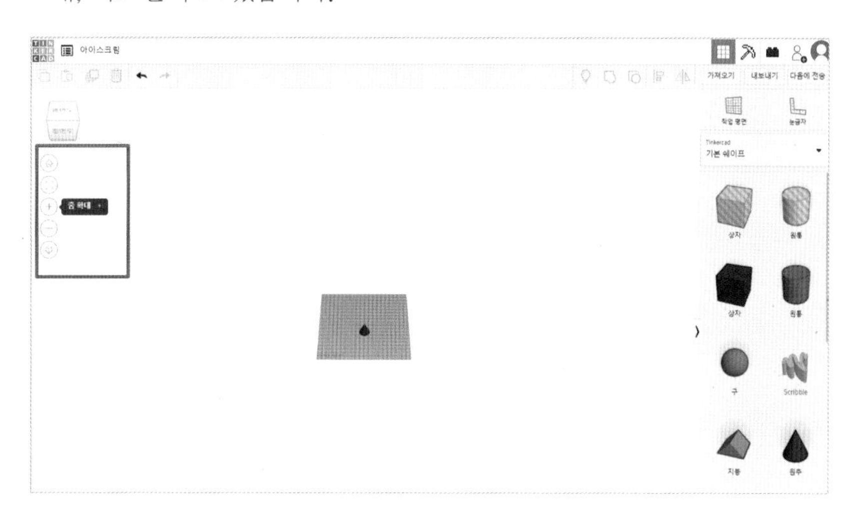

08 홈 뷰

- '홈 뷰' 버튼을 클릭하면, 새 디자인 작성을 시작했던 첫 화면과 같은 모습으로 화면 비율을 조절할 수 있습니다.

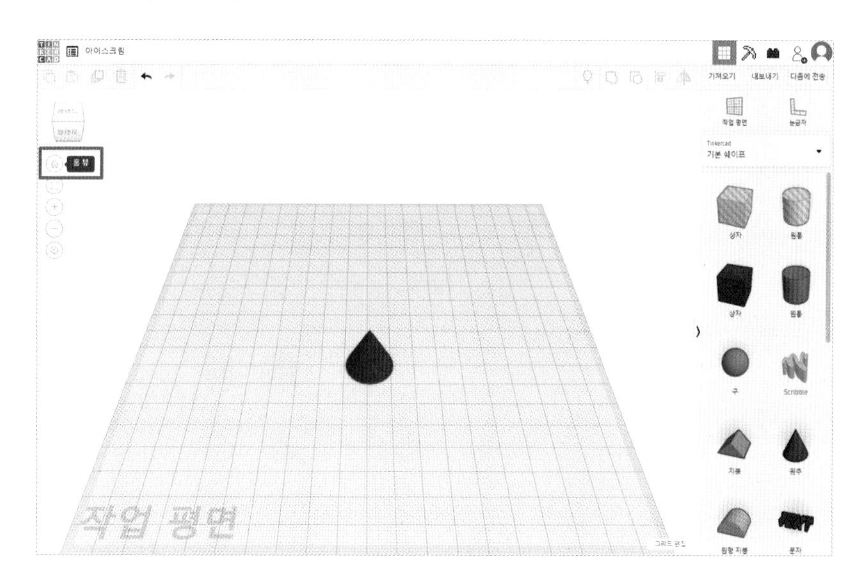

09 화면 회전하기

- 이번에는 마우스 오른쪽 버튼을 누른 채로 화면을 회전시켜 봅시다.
- 화면이 돌아가는 것을 느낄 수 있습니다.
- 이때, 화면에서 함께 돌아가는 것이 있습니다. 찾아볼까요?

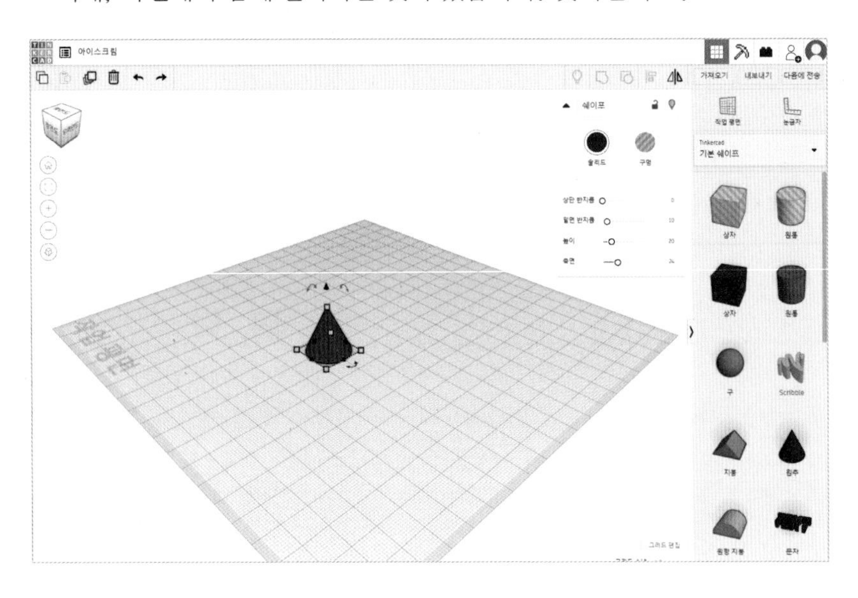

10 뷰 큐브

- 찾으셨나요? 왼쪽에 있는 '뷰 큐브'도 화면을 회전할 때 함께 움직입니다.
- 반대로, '뷰 큐브'를 회전시키면 화면도 함께 회전시킬 수 있습니다.
- 정육면체인 '뷰 큐브'는 6개의 면에 맞춰서 각각의 면을 클릭하여 탁! 탁! 회전시킬 수 있습니다.

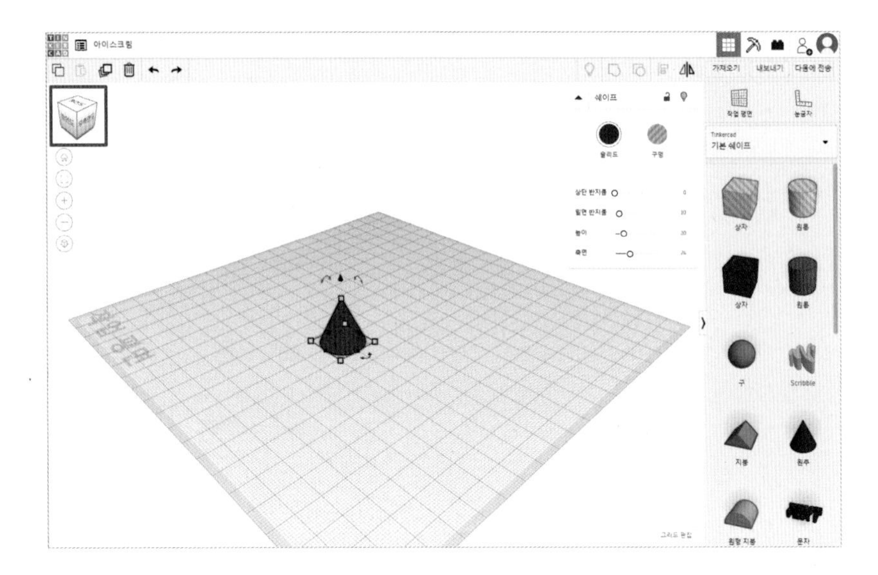

11 화면 이동하기

- 마우스 휠을 굴리지 않고, 눌러 본 적이 있나요?
- 마우스 휠을 꾸욱 누른 채로 움직이면 화면이 움직입니다.
- 아주 편리한 기능이니 꼭 익혀두세요!

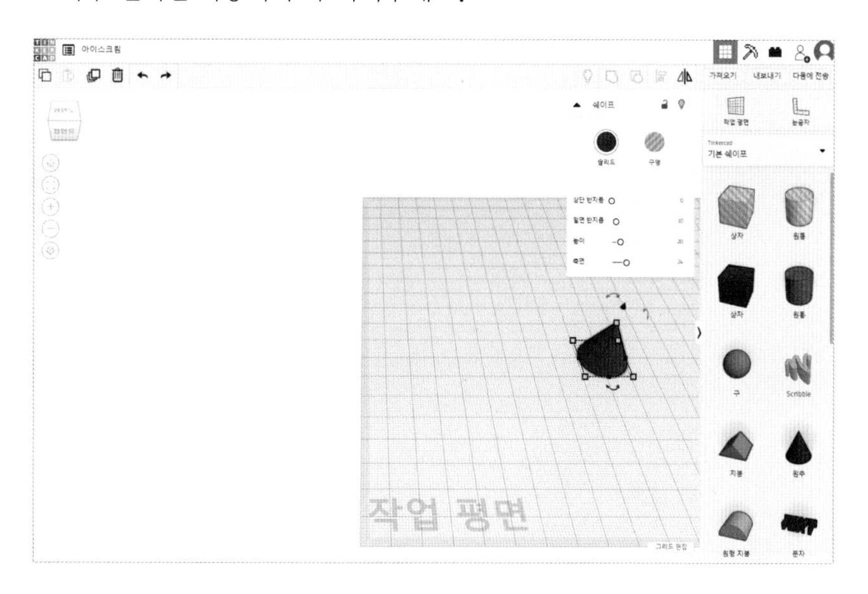

12 홈 뷰

- 다시 돌아오려면?
- '홈 뷰' 버튼을 클릭해서 새 디자인 작성을 시작했던 첫 화면과 같은 모습으로 되돌아옵니다.

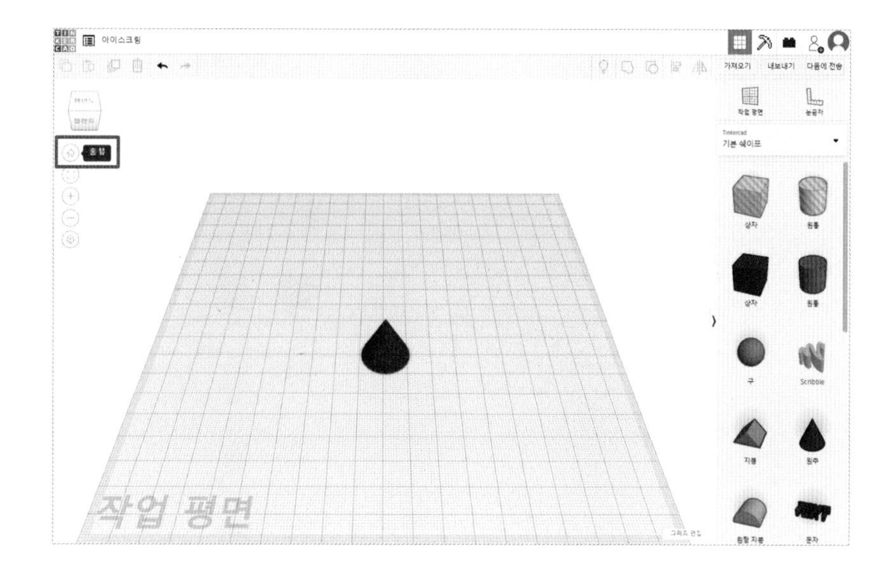

쉐이프 크기 조절하기

13 쉐이프 크기 조절하기

- 쉐이프를 선택하면 테두리가 하늘색으로 표시됩니다.
- 이때, '핸들러'라고 하는 흰색 네모가 쉐이프 주변에 표시됩니다.
- 이 핸들러를 드래그해서 크기를 조절할 수 있습니다.
- 또는 직접 수치를 입력하여 크기를 조절할 수 있습니다.

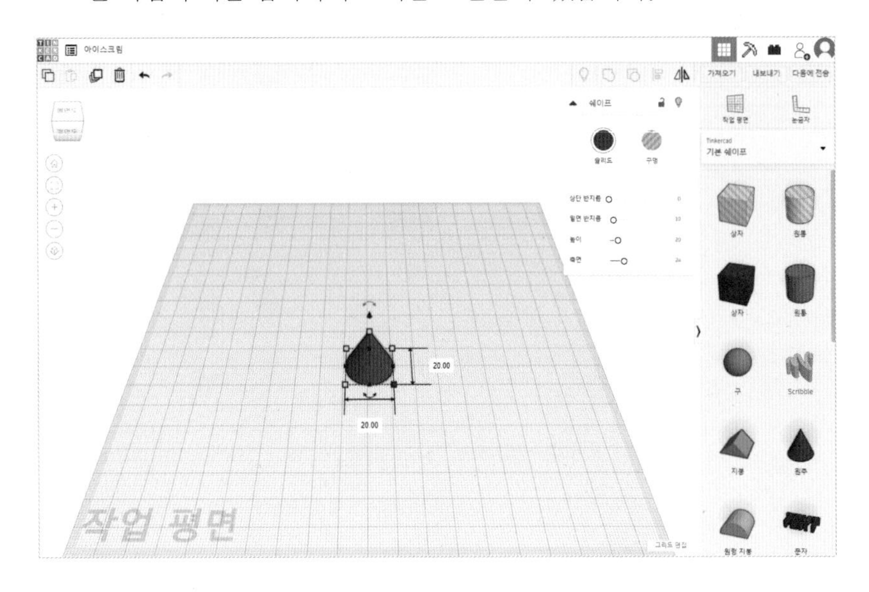

14 크기 조절하기

- 길쭉한 아이스크림 콘을 만들어 봅시다.
- 가로 20, 세로 20, 높이 45

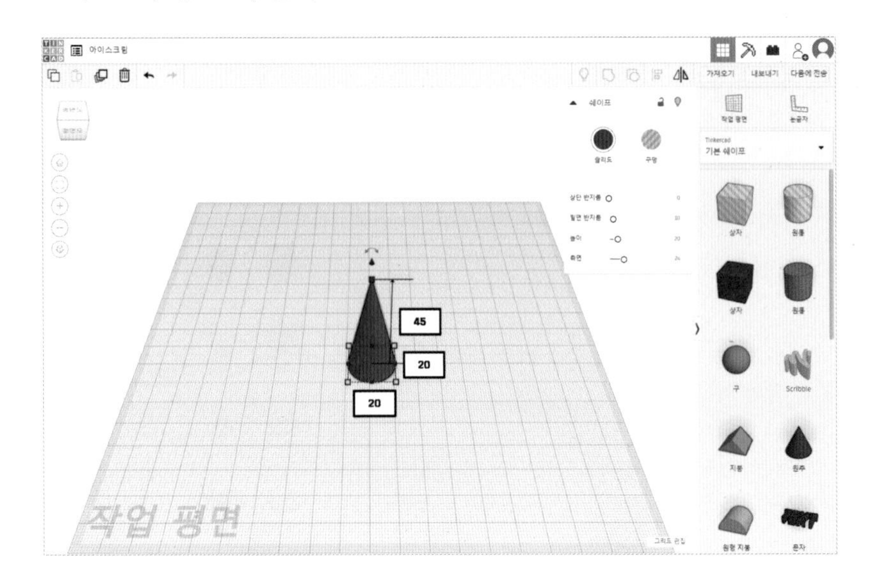

쉐이프 회전하기

15 쉐이프 회전하기

- 쉐이프를 선택하면 양쪽 화살표가 있는 회전 버튼이 생깁니다.
- 3차원이므로, 가로, 세로, 높이를 기준으로 하는 3개의 회전축이 생기는 거지요.

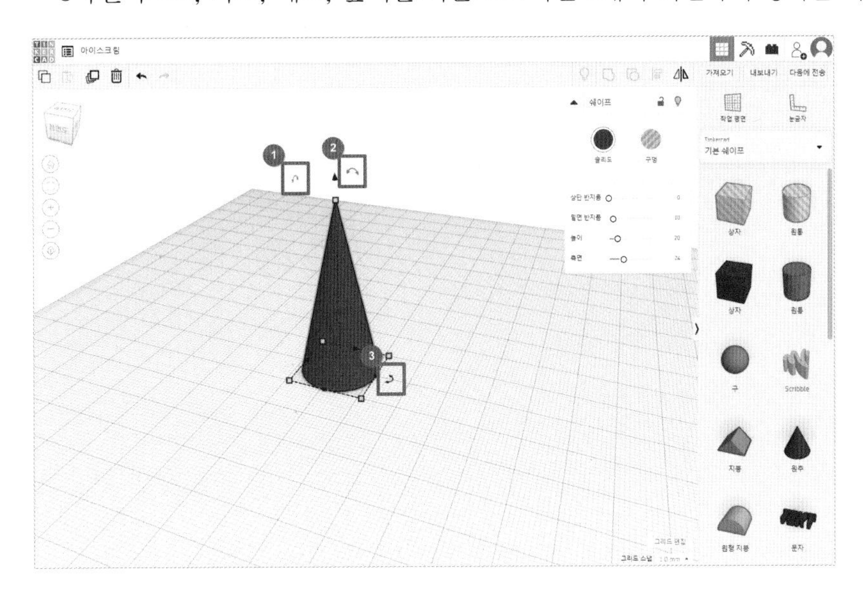

16 가로 축을 기준으로 회전시키기

- 위의 ❶번 회전축을 기준으로 －180도 회전시켜서 위 아래를 바꿔 줍니다.
- 마우스를 드래그 하면 1도씩 회전시킬 수 있습니다.
- **Shift** 키를 누르고 같이 회전시키면 45도씩 탁! 탁! 멈추는 듯 느껴지며, 쉽게 회전시킬 수 있습니다.

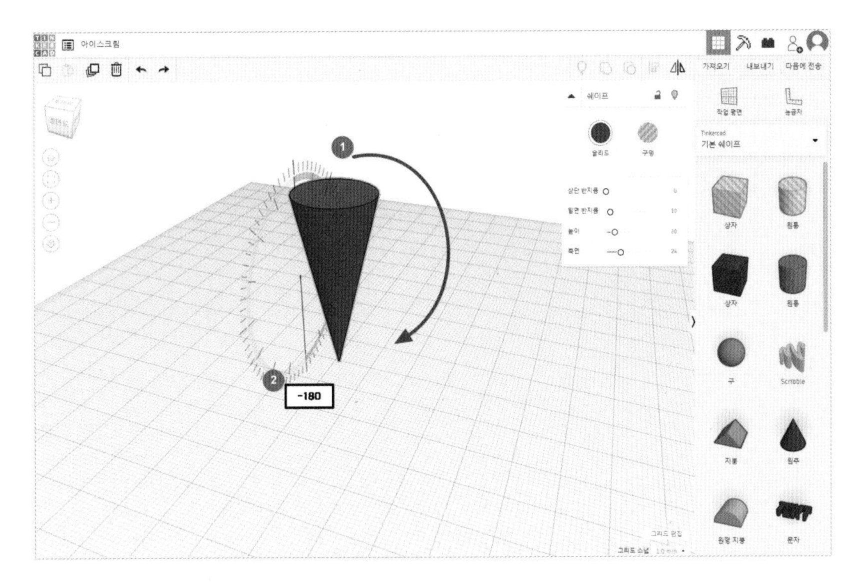

쉐이프 색상 바꾸기

17 쉐이프 속성

❶ 쉐이프를 선택하면 오른쪽에 ❷ 쉐이프의 속성을 변경할 수 있는 작은 창이 생깁니다.

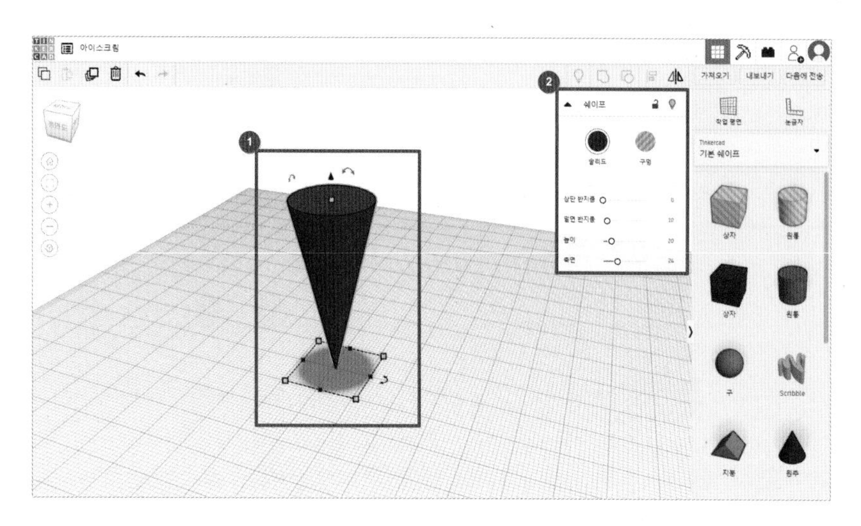

18 솔리드 속성 변경

❶ 속성 창의 '솔리드'를 누르면 아래에 다양한 색상 팔레트가 나옵니다.

❷ 원하는 색을 '클릭'하면 쉐이프의 색상이 변경됩니다.

– 이때 투명을 클릭하면 투명한 느낌을 살릴 수도 있습니다.

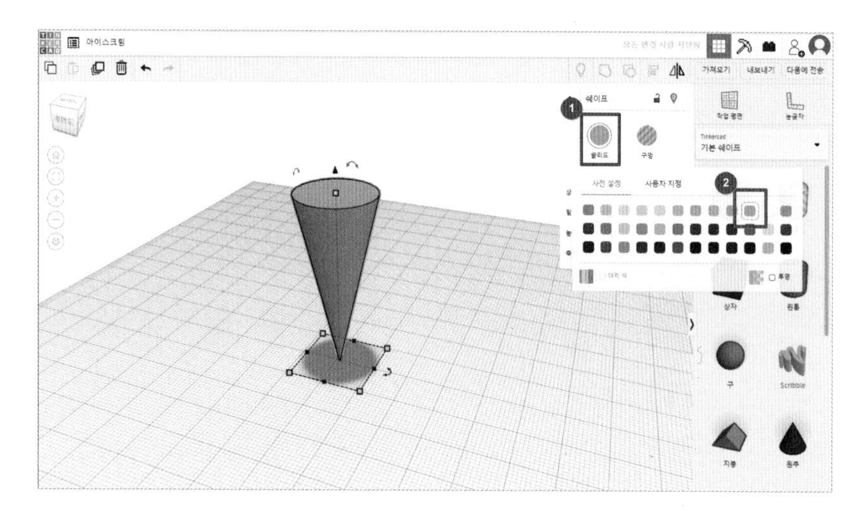

쉐이프 이동하기

19 **'구' 쉐이프 가져오기**

– 아이스크림이 될 '구' 쉐이프를 작업평면으로 드래그 해서 가져옵니다.

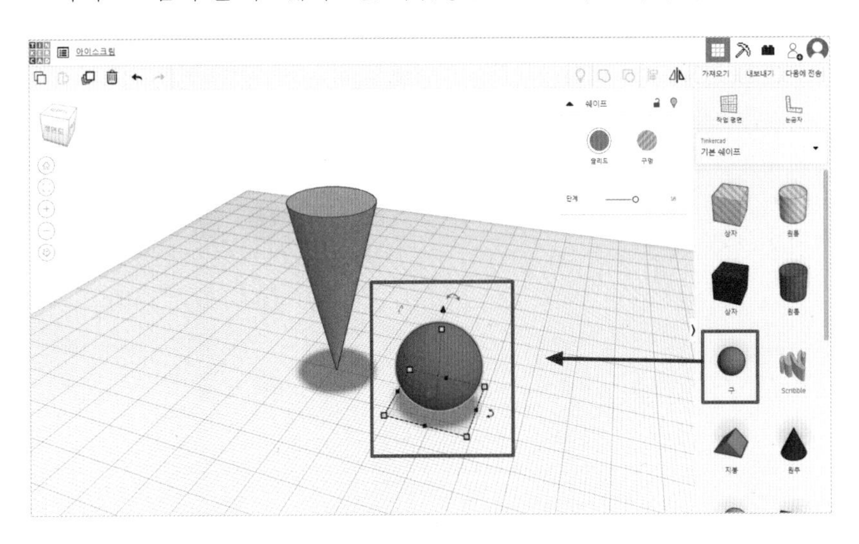

20 **쉐이프 이동하기**

– 가져온 '구' 쉐이프를 드래그 해서 원하는 위치에 가져다 놓습니다.
– 이때 키보드의 방향키를 이용해서 원하는 위치에 놓을 수도 있습니다.
– 그러면 높이는 어떻게 높일까요?

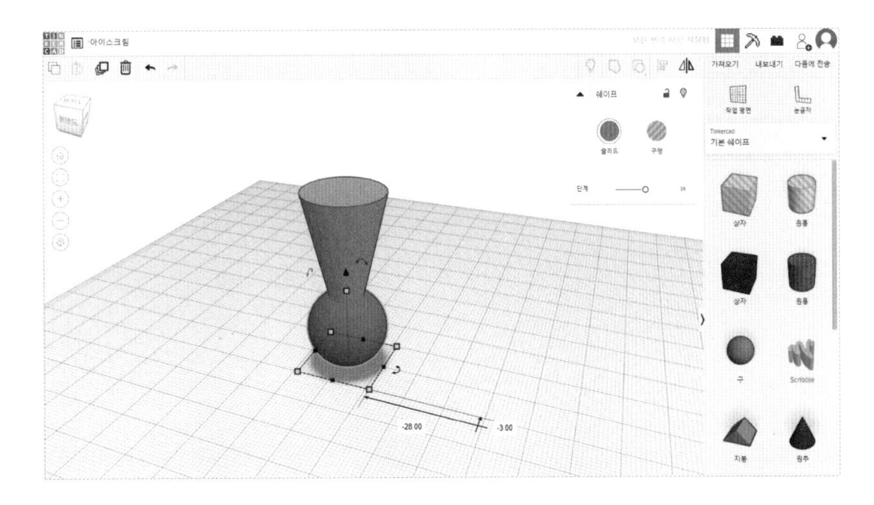

21 높이 이동하기

❶ 쉐이프 윗면에 있는 고깔 모양의 높이 핸들러를 ❷ 위로 드래그 해서 높이를 올려줍니다.
– 또는 키보드의 **Ctrl**과 위 아래 화살표를 이용하면 높이를 조절할 수 있습니다.

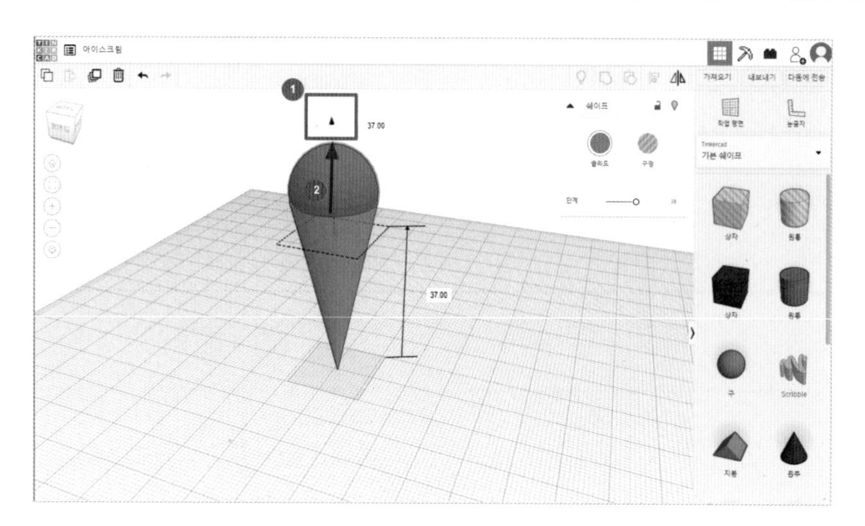

22 딸기 아이스크림 만들기

– 쉐이프의 '솔리드' 속성을 변경하여 딸기맛 아이스크림을 만들어 봅시다.

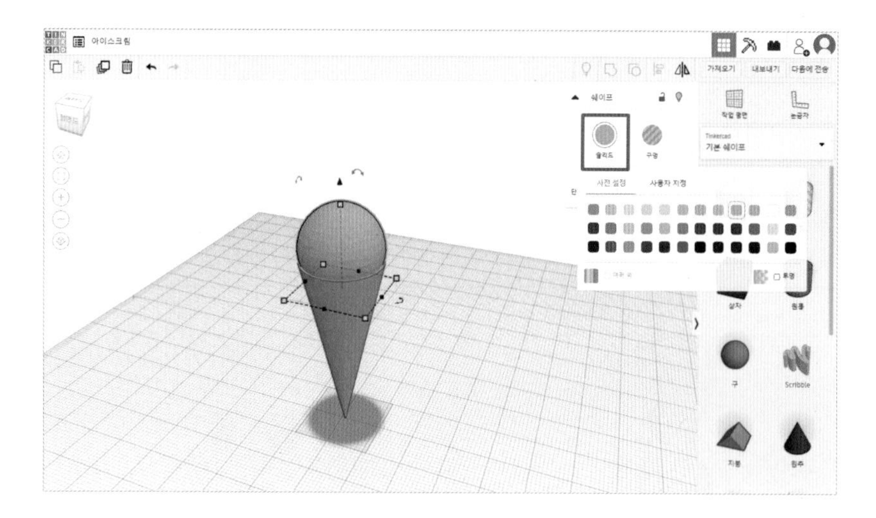

아이스크림 꾸미기

23 '구' 쉐이프 추가하기

- 아이스크림 1단으로는 부족하잖아요.
- '구' 쉐이프를 추가해서, 크기 및 위치를 이동시켜 2단 아이스크림을 만들어 봅시다.

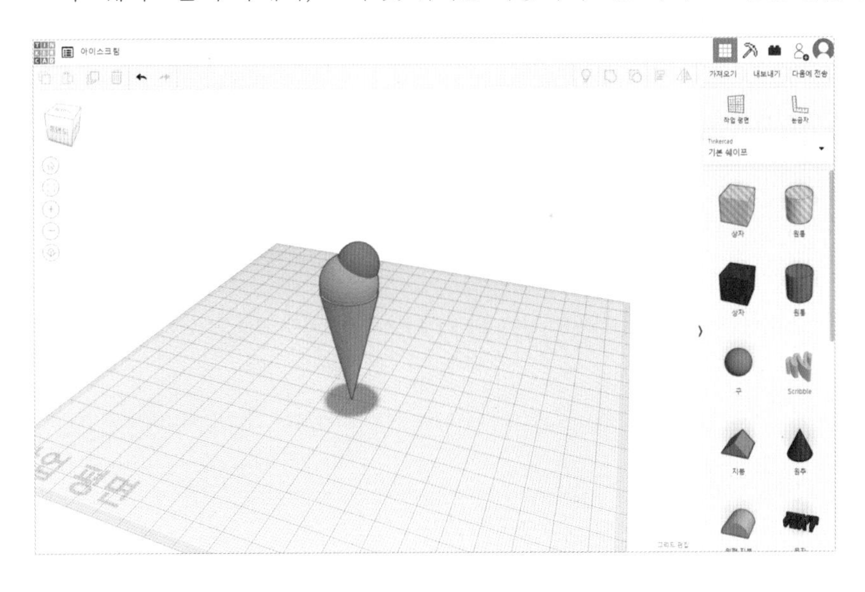

24 '하트' 쉐이프 추가하기

- 기본 쉐이프에 있는 '하트' 쉐이프를 추가해서 회전, 크기, 위치를 조절하여 아이스크림 위에 초코 토핑을 올려주면, 오늘의 모델링 완성!

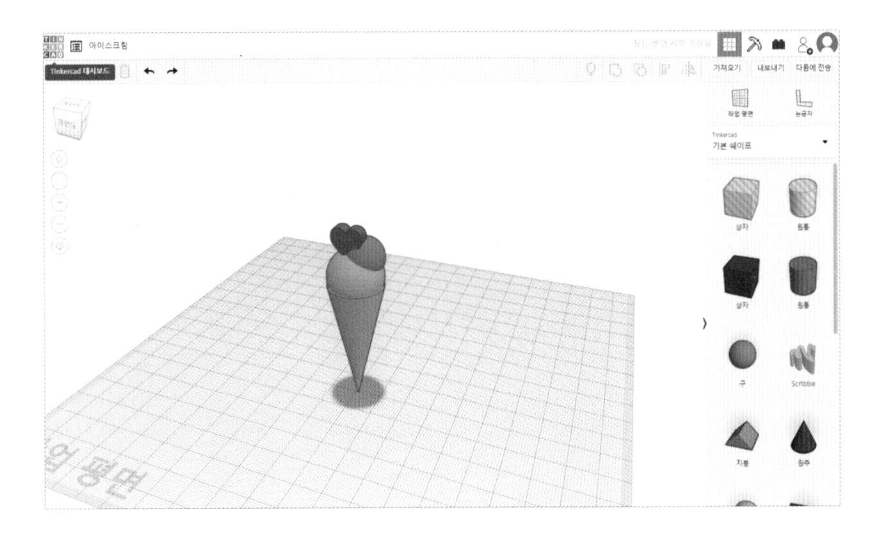

오늘의 요리 02

핫도그

학교 끝나고 출출 할 때 핫도그 하나 먹으면 그렇게 행복하더라고요~
어떤 핫도그를 제일 좋아하세요?

저는 감자가 콕콕 박힌 핫도그요~
그럼 오늘은 전국민의 간식 핫도그를 모델링 해 볼까요?

color

Shape

Scribble

구

원통

핫도그 만들기

01 새 디자인 작성

– 틴커캐드(https://tinkercad.com) 사이트 로그인 후 대시보드의 '새 디자인 작성'을 클릭합니다.

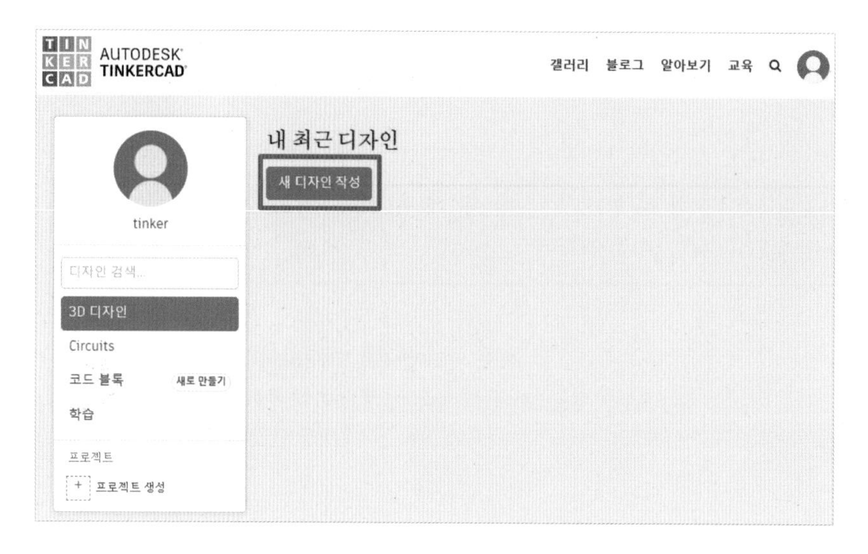

02 디자인 이름 바꾸기

– 영어로 기본 설정된 디자인 이름을 클릭하면 디자인 이름을 바꿀 수 있습니다.
– 디자인 작성을 시작하면 가장 먼저 잊지 말고 디자인 이름을 바꿔주세요.
– 디자인 이름을 한글로도 쓸 수 있습니다. '핫도그'로 변경해 줍니다.

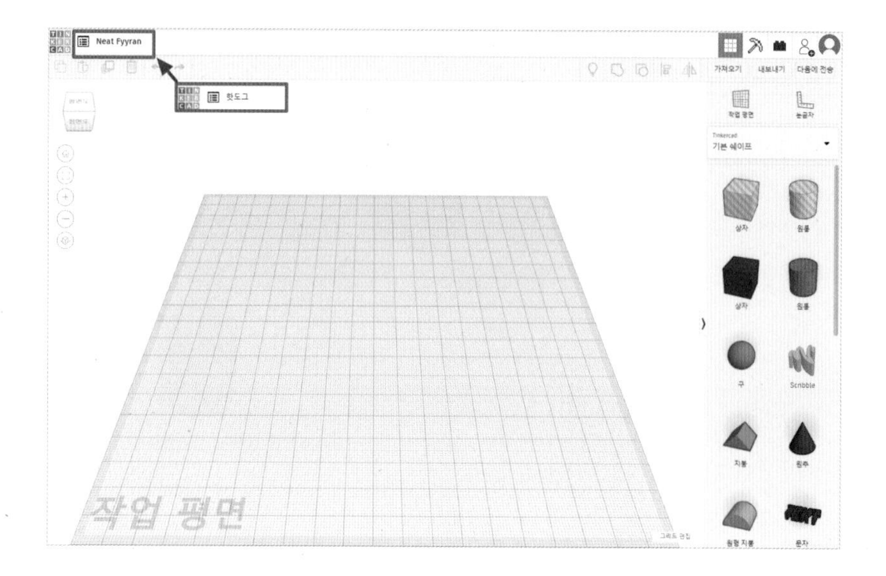

03 쉐이프 가져오기

- 오늘 핫도그에 어울리는 쉐이프를 찾아볼까요?
- 핫도그를 크게 2가지 부분으로 나눌 수 있습니다. 핫도그와 나무 젓가락!
- 먼저 핫도그 부분은 '구' 쉐이프를 찾아 드래그하여 작업평면으로 가져옵니다.

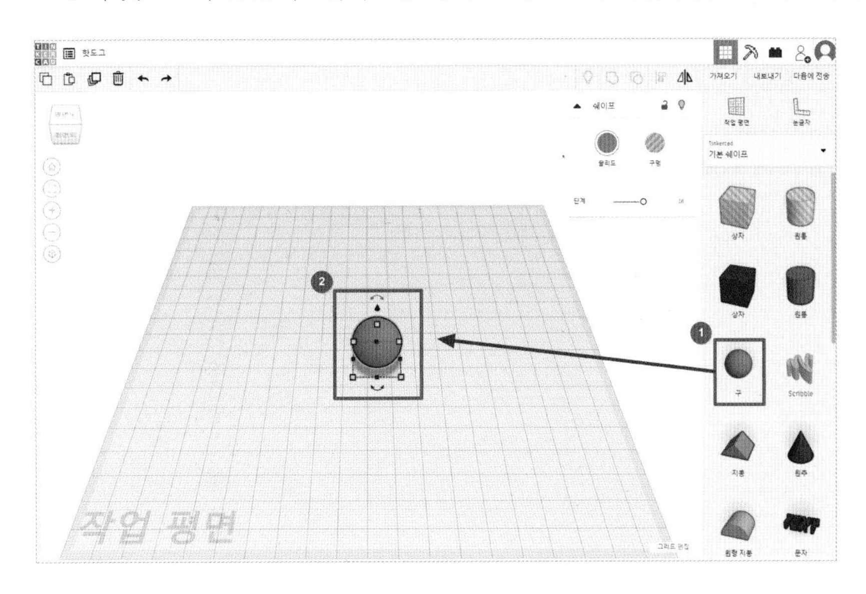

04 쉐이프 크기 조절

- '구' 쉐이프를 길게 늘여 핫도그 모양을 잡아 줍니다.
- 가로 20, 세로 20, 높이 50

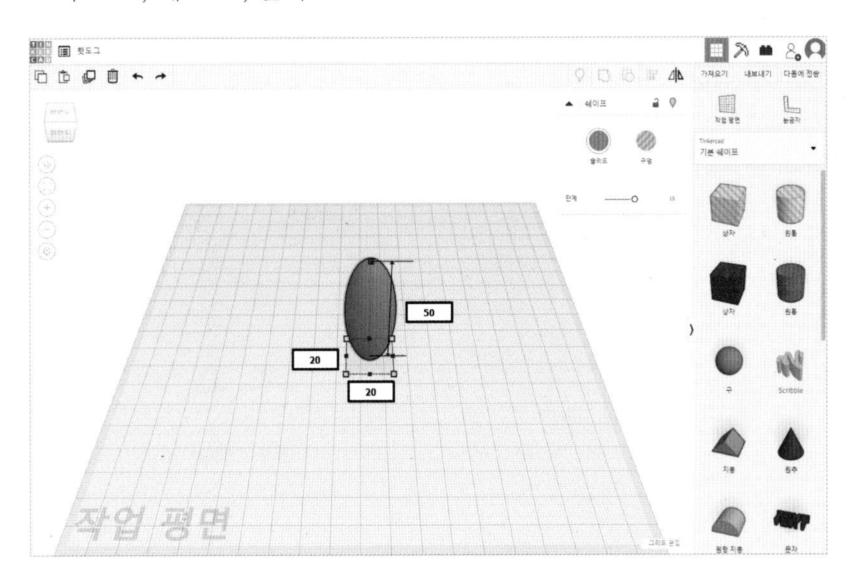

05 솔리드 색상 변경하기

- 오늘 핫도그에 어울리는 색상을 찾아보세요.
- 노릇노릇 잘 익은 황토색을 선택하여 쉐이프의 색상을 변경해주었습니다.

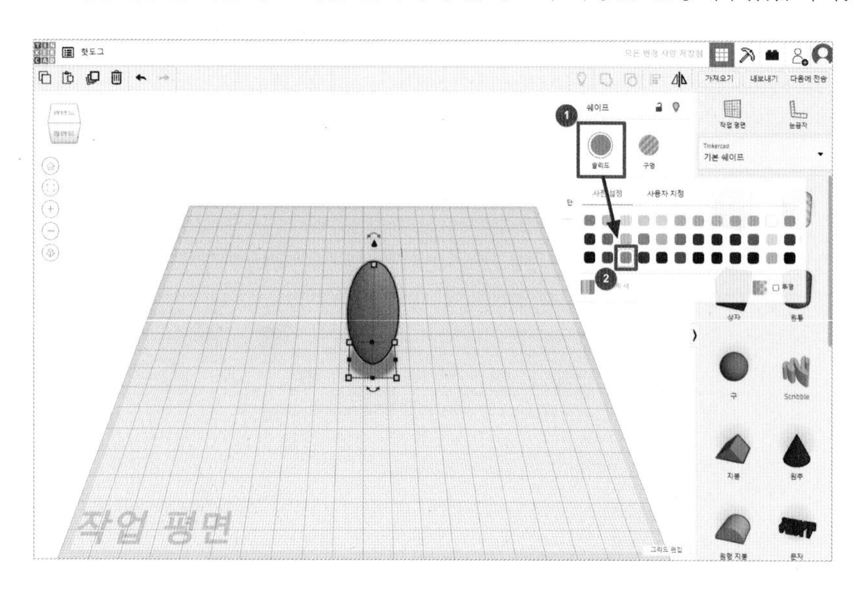

06 사용자 지정색 활용하기

- 사전설정 팔레트에 원하는 색이 없다면, 사용자 지정을 눌러보세요.
- 원하는 색깔을 더 다양하게 선택하거나 색상의 Hex 번호를 직접 입력할 수도 있습니다.

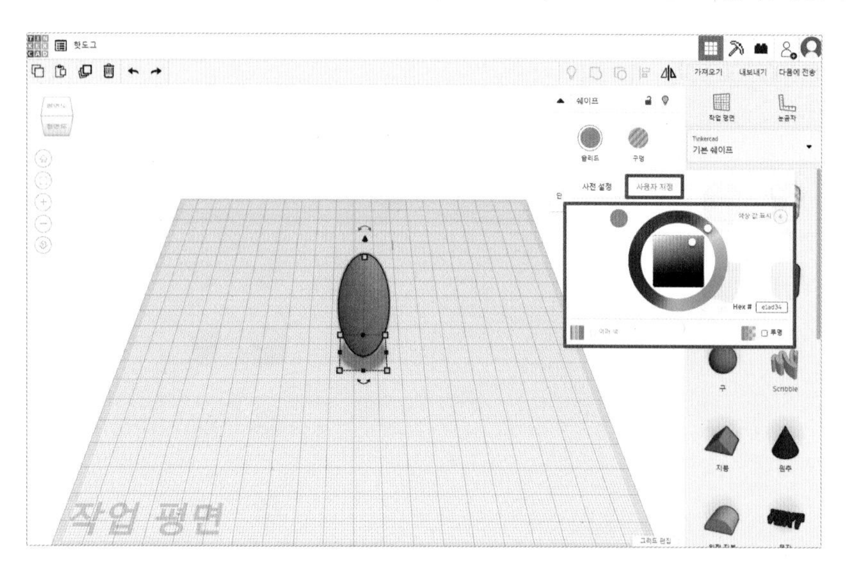

Tip 구글 검색창에 'Hex 색상표'를 검색하면 다양한 색상의 Hex 번호를 찾을 수 있습니다.

막대 만들기

07 '원통' 쉐이프 가져오기

– 핫도그의 막대가 될 부분은 '원통' 쉐이프를 사용해봅시다.

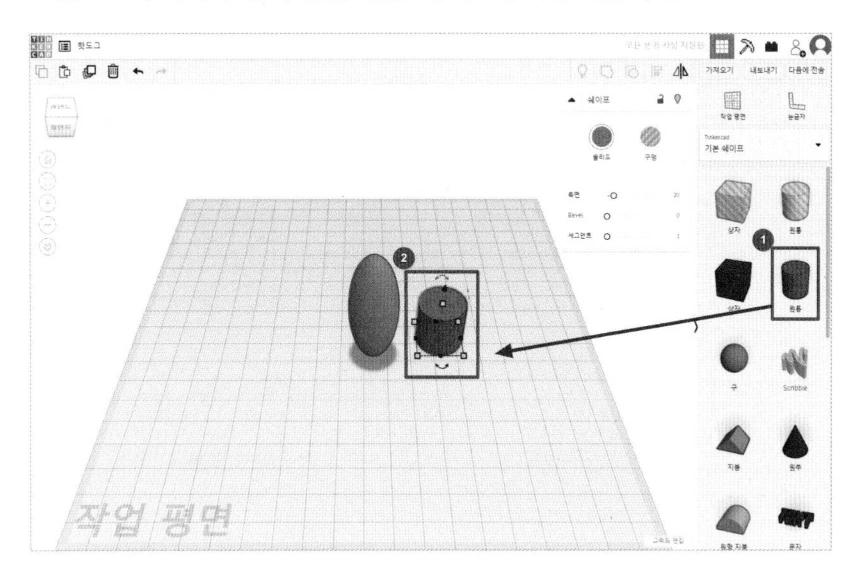

08 막대 크기 조절하기

– 얇고 길쭉한 막대를 표현해 봅시다.

– 가로 3, 세로 3, 높이 40

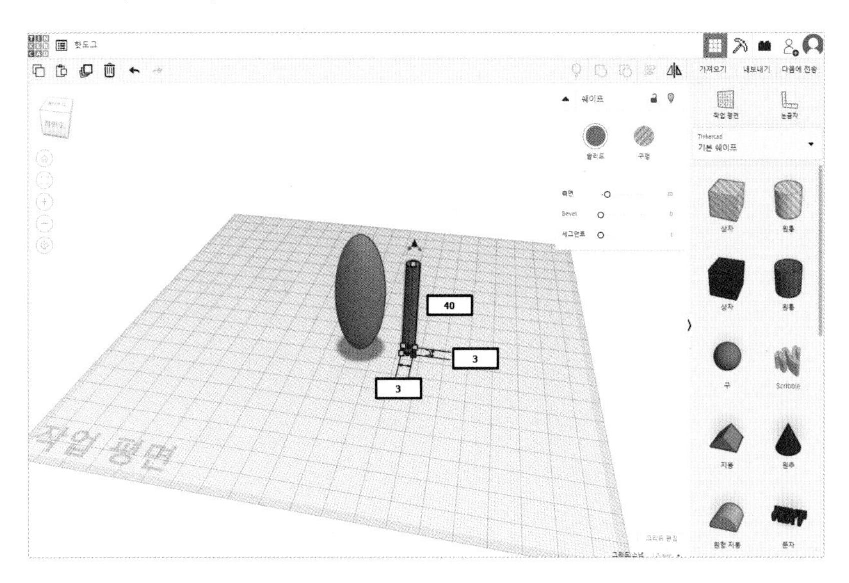

09 솔리드 색상 변경하기

❶ 막대의 색상을 변경해 봅시다.

❷ 연한 노란색을 선택하여 쉐이프의 색상을 변경해 주었습니다.

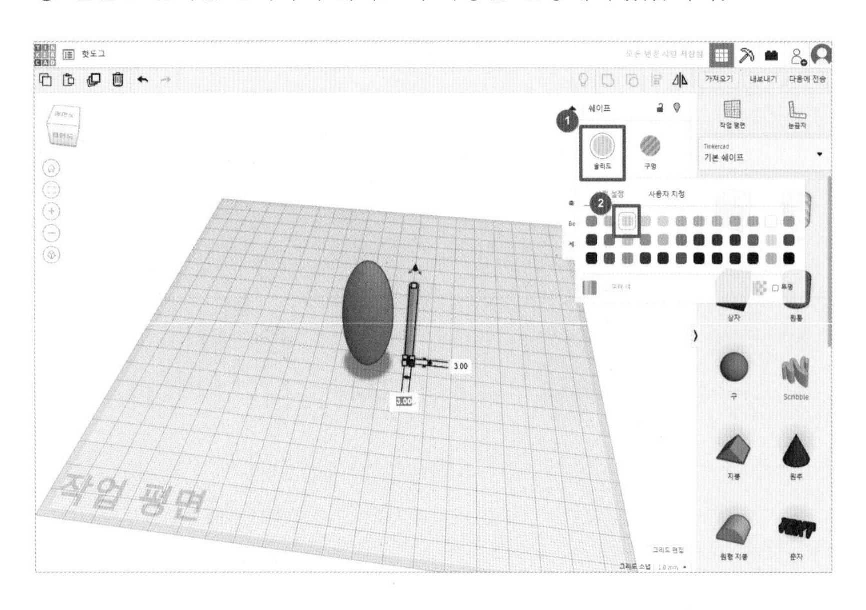

10 두 개의 쉐이프 모두 선택하기

– 여러 쉐이프를 선택할 때에는 드래그를 해서 원하는 쉐이프를 모두 선택합니다.

– 따로 떨어진 쉐이프를 여러 개 선택하고 싶을 때에는 **Shift** 키를 누른 채로 클릭해서 선택할 수 있습니다.

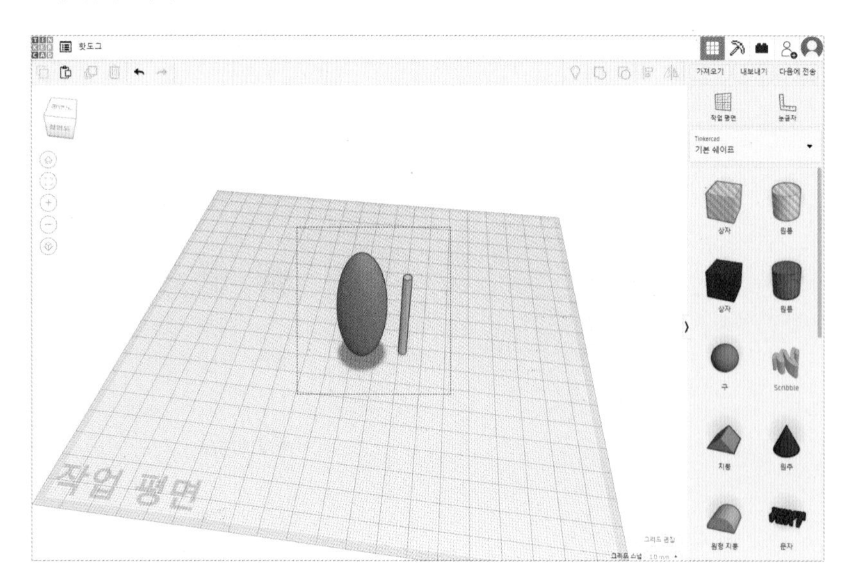

핫도그와 막대 정렬하기

11 두 쉐이프 정렬하기

❶ 여러 개의 쉐이프가 선택되어졌습니다. 선택된 쉐이프들은 하늘색 테두리가 둘러져 있습니다.
❷ 이렇게 여러 개의 쉐이프가 선택되면, 오른쪽 위에 정렬 버튼이 활성화 됩니다.

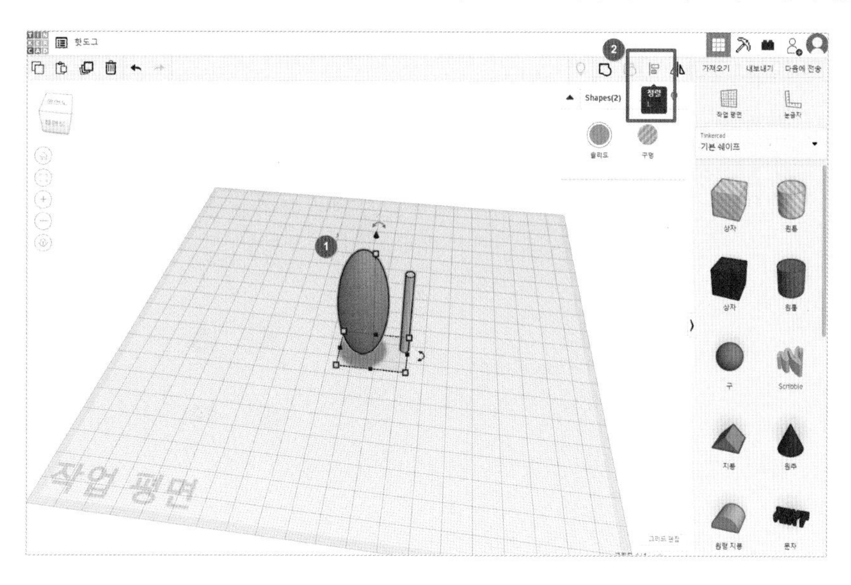

12 정렬하기

– '정렬' 버튼을 클릭하면 가로축 3개, 세로축 3개, 높이축 3개의 점, 총 9개의 점이 나옵니다.
– 이 점을 기준으로 두 개의 쉐이프를 정렬할 수 있습니다.

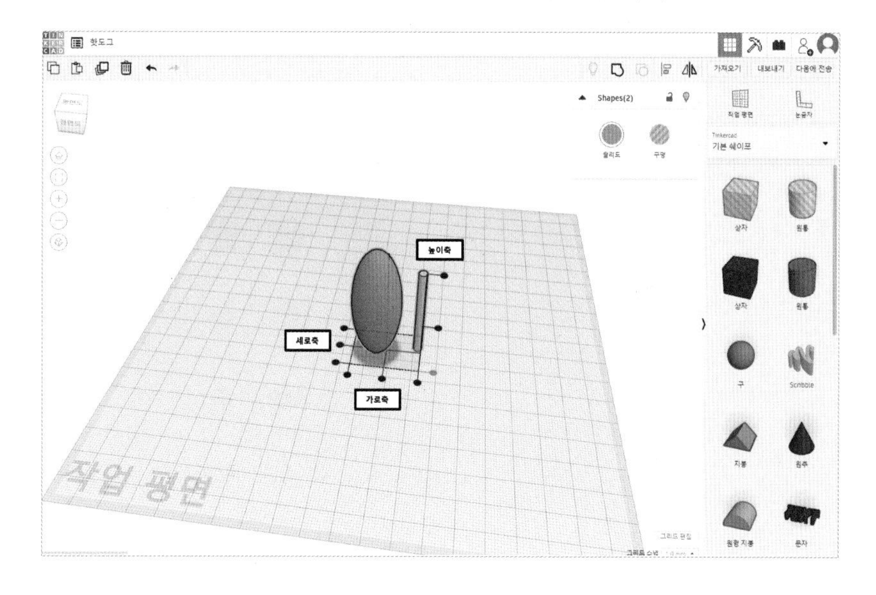

13 정렬 미리보기

– 9개의 기준점 위에 마우스를 올려보세요.
– 어떻게 정렬되는지 미리 볼 수 있습니다.

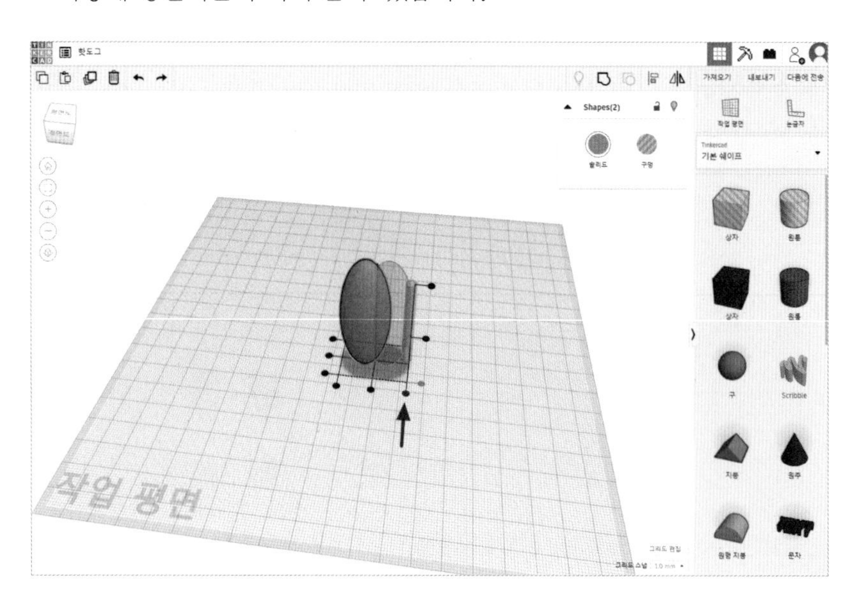

14 정렬 기준점 클릭하기

❶ 가로축의 가운데 클릭!
❷ 세로축의 가운데 클릭!
– 빈 작업평면을 클릭하면 정렬 기준점이 사라집니다.

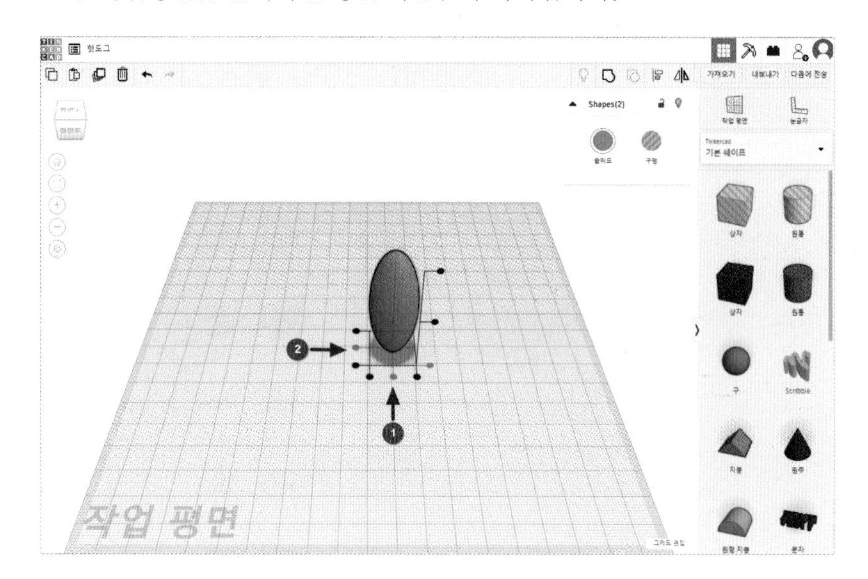

핫도그 위치 조절하기

15 쉐이프 선택 해제하기

- 막대는 어디로 사라졌을까요? 핫도그 속으로 쏙 들어갔지요.
- 지금 하늘색 테두리는 '핫도그'와 '막대'를 모두 선택한 것을 가리킵니다.
- 빈 작업평면을 콕! 클릭해서 선택을 해제해 줍니다.

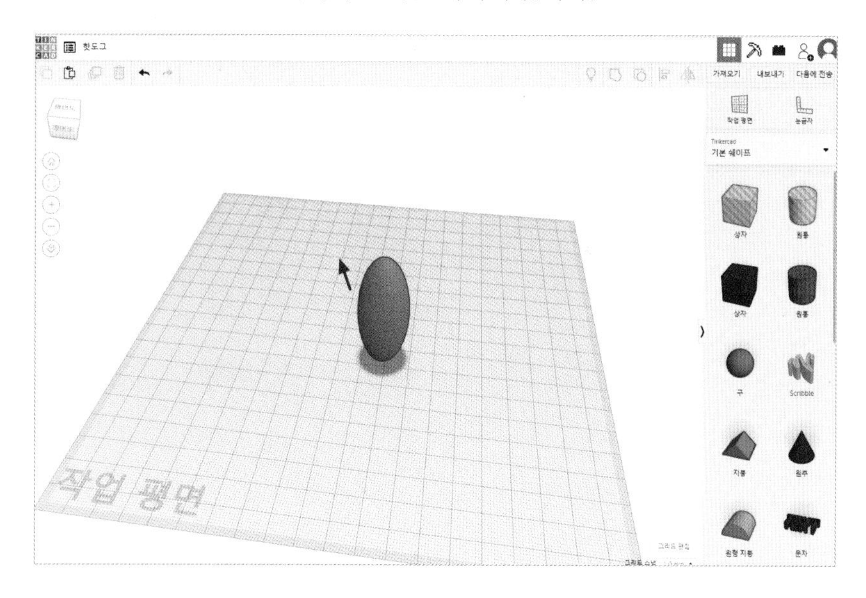

16 핫도그 높이 높여주기

- 핫도그만 클릭해서 선택합니다.
- 고깔 모양의 높이 조절 핸들러를 올려서 높이를 35정도 높여줍니다.

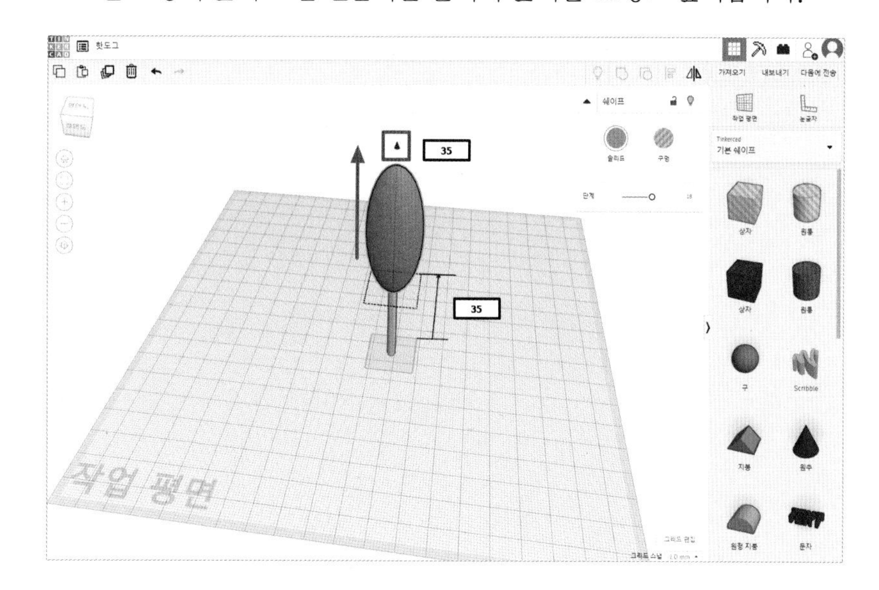

케찹 뿌리기

17 'Scribble' 쉐이프 가져오기

– 직접 그려서 만들 수 있는 'Scribble' 쉐이프를 가져옵니다.

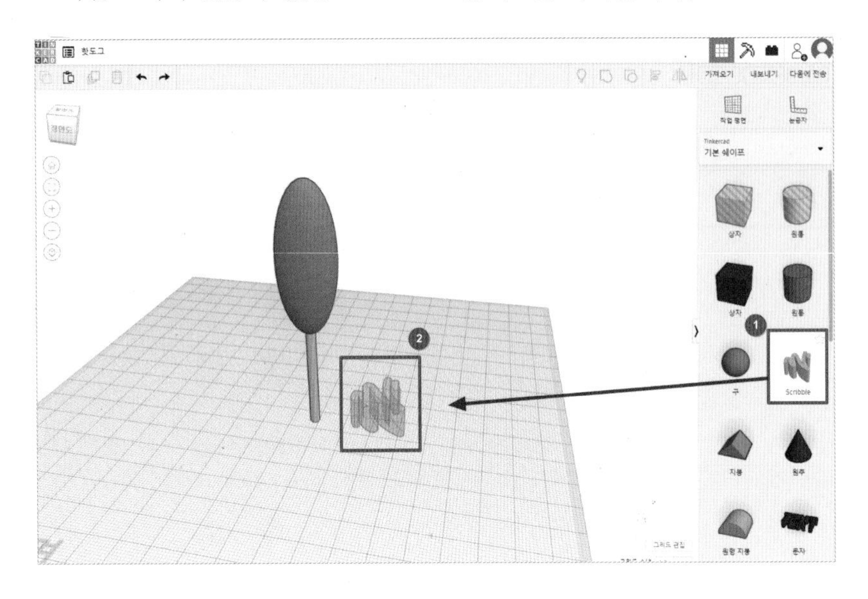

18 Scribble 그리기

– Scribble 쉐이프를 선택하고, 작업평면에 위치하는 순간 전혀 다른 화면이 펼쳐집니다.

❶ 점으로 그림을 그리듯 쉐이프를 그립니다.

❷ 이 곳을 통해 미리 보기를 할 수 있습니다.

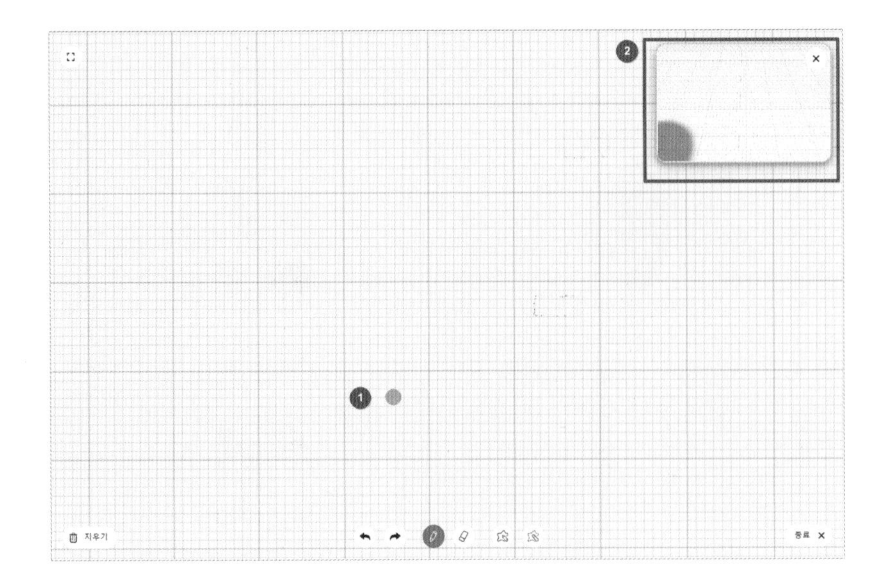

19 쉐이프 그리기

❶ 케찹을 뿌리듯 모양을 그립니다.
❷ 종료 버튼을 클릭합니다.

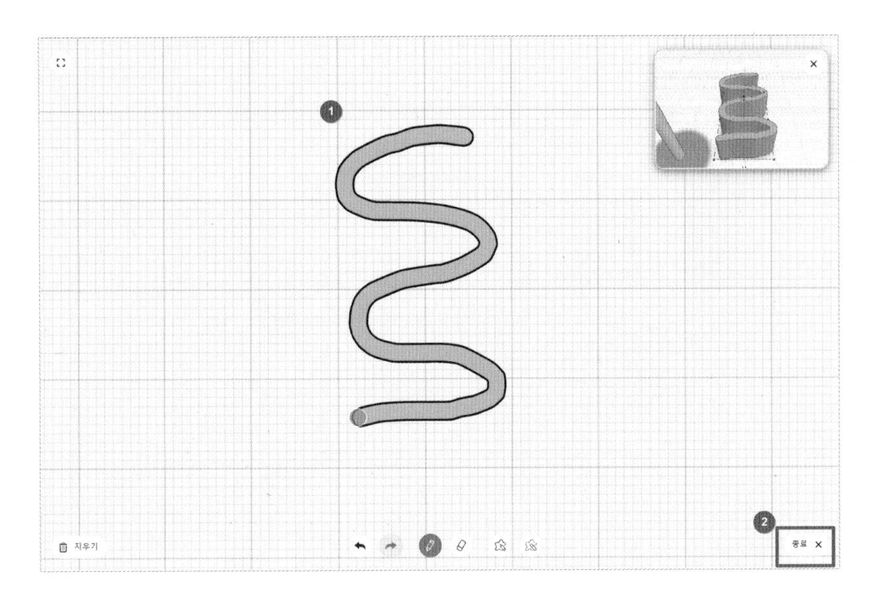

20 케찹 색상 변경하기

– 케찹과 어울리는 색상으로 변경해 줄까요?
❶ 솔리드 속성 창의 ❷ 색을 변경해 줍니다.

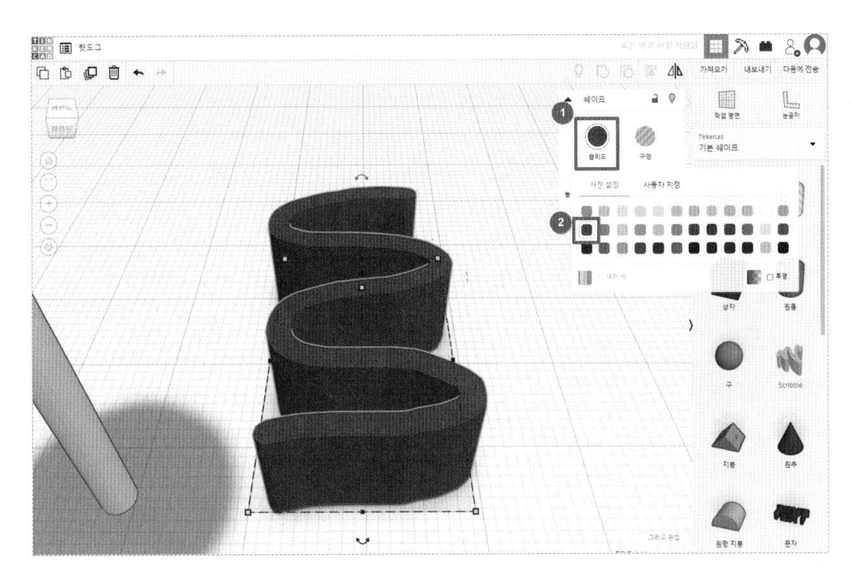

21 케찹 회전하기

- 케찹 쉐이프를 선택한 후 양쪽 화살표를 돌려서 90도를 회전시켜 줍니다.
- 회전시킬 때 **Shift**를 누르고 회전시키면 45도씩 쉽게 회전시킬 수 있습니다.
- 케찹을 핫도그에 바를 준비가 되었지요?

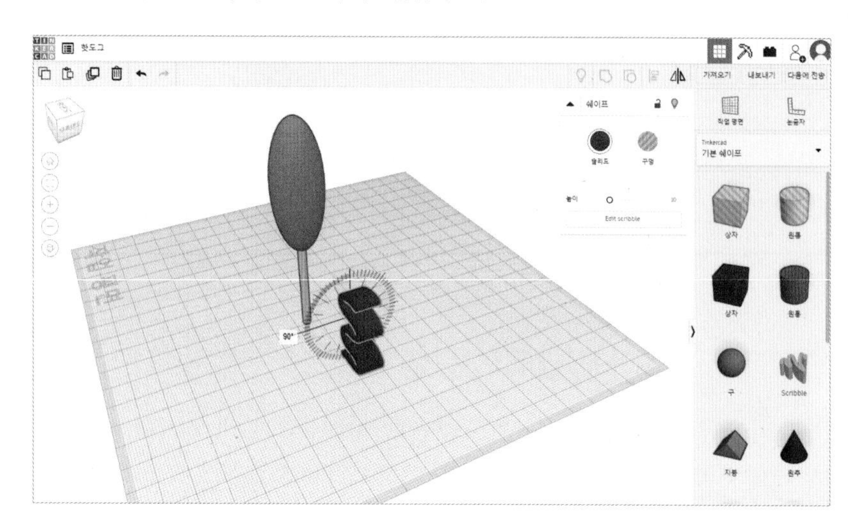

22 케찹 위치 잡기

- 완성된 케찹 쉐이프를 키보드의 방향키를 이동시켜 핫도그 위의 자리를 잡아 줍니다.
- 좌,우는 왼쪽, 오른쪽 화살표로 움직이고, 앞, 뒤는 위, 아래 화살표로 움직입니다.
- 높이 조절은 **Ctrl**을 누른 채로 위, 아래 화살표를 움직이지요.

자, 이제 맛있는 핫도그가 완성되었습니다.

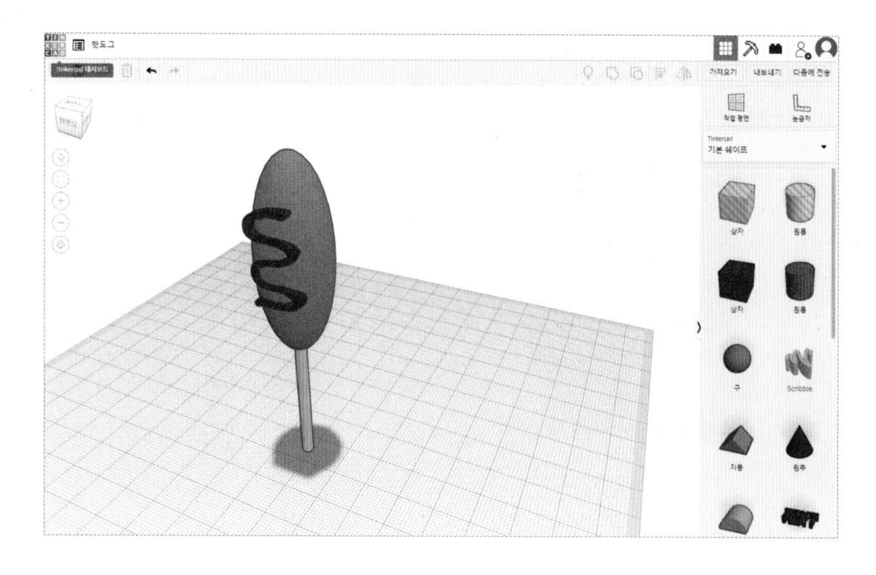

오늘의 요리 03

쿠키

어떤 쿠키를 좋아하세요?
딸기잼 쿠키? 우유 쿠키? 녹차 쿠키?

쿠키는 역시 초코 쿠키죠!
우유에 초코 쿠키 찍어 먹으면~! 앗! 어서 쿠키 만들러 가야 겠다!

color

Shape

별

반구

원통

새 디자인 작성

01 새 디자인 작성

– 틴커캐드(https://tinkercad.com) 사이트 로그인 후 대시보드의 '새 디자인 작성'을 클릭합니다.

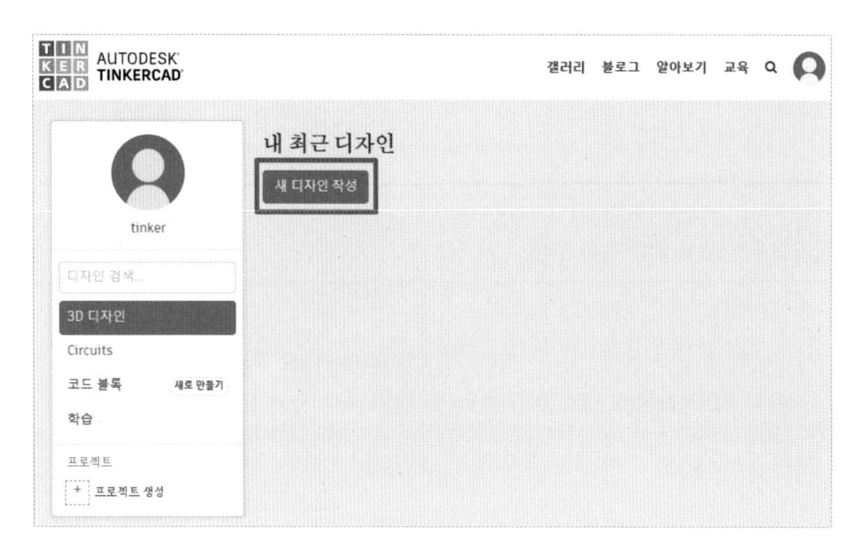

02 디자인 이름 바꾸기

– 영어로 기본 설정된 디자인 이름을 클릭하면 디자인 이름을 바꿀 수 있습니다.
– 디자인 작성을 시작하면 가장 먼저 잊지 말고 디자인 이름을 바꿔주세요.
– 디자인 이름을 한글로도 쓸 수 있습니다. '쿠키'로 변경해 줍니다.

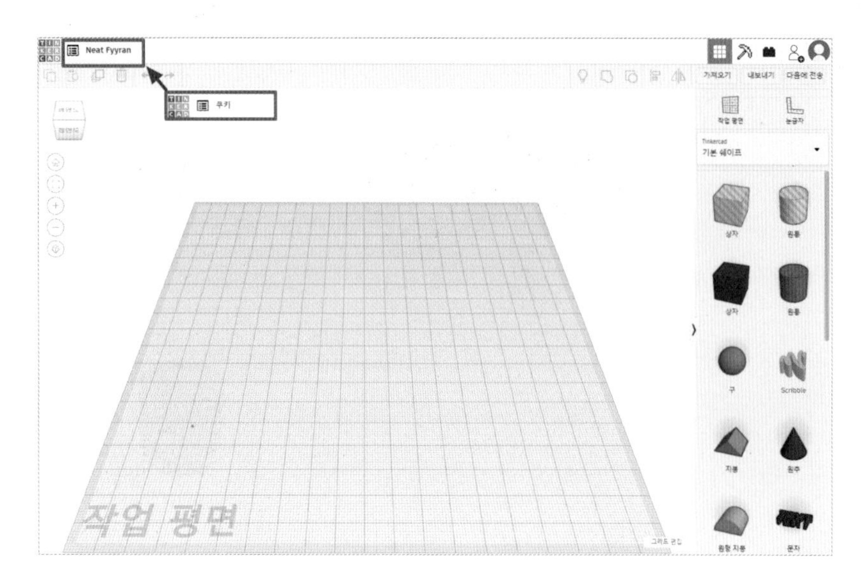

쿠키 만들기

03 쉐이프 가져오기

- 오늘 쿠키에 어울리는 쉐이프를 찾아볼까요?
- 동그란 쿠키에 어울리는 '원통' 쉐이프를 찾아 드래그하여 작업평면으로 가져옵니다.

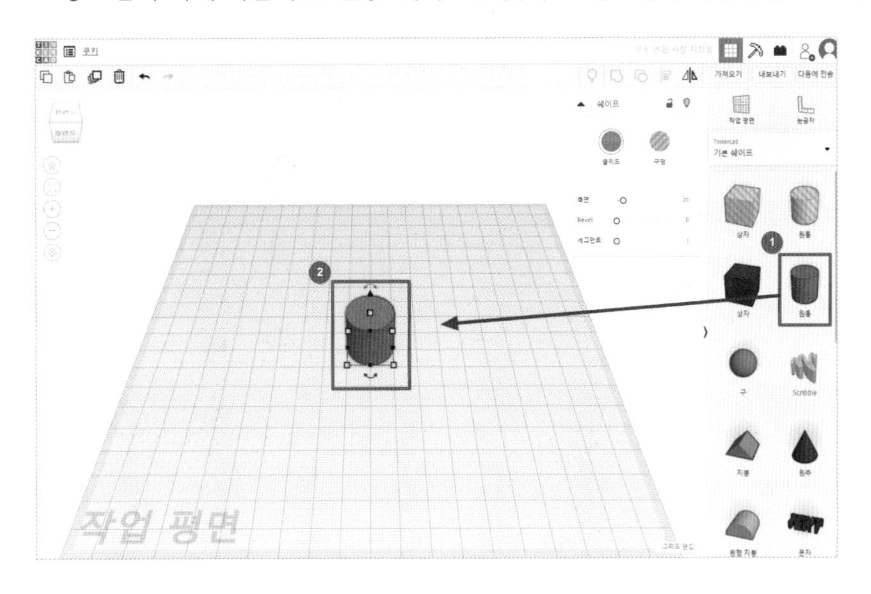

04 쉐이프 크기 조절

- 마우스를 위로 굴려서 화면을 확대해보세요.
- '원통' 쉐이프를 쿠키 반죽하듯 둥글 납작하게 크기를 잡아줍니다.
- 가로 20, 세로 20, 높이 2

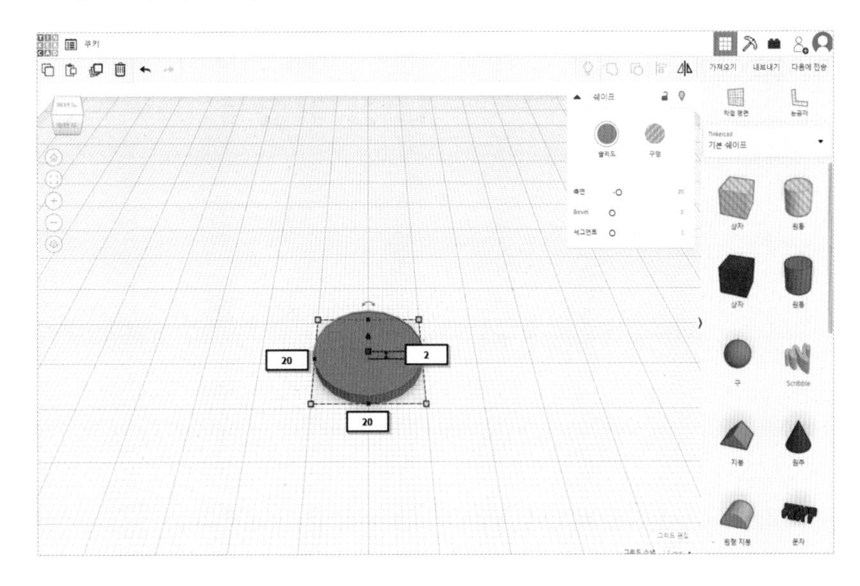

05 쿠키 다듬기

- 원통 테두리가 약간 울퉁불퉁하지요?
- 원통 속성창에서 '측면'을 64로 늘려 주면 조금 더 부드러운 가장 자리를 얻을 수 있습니다.

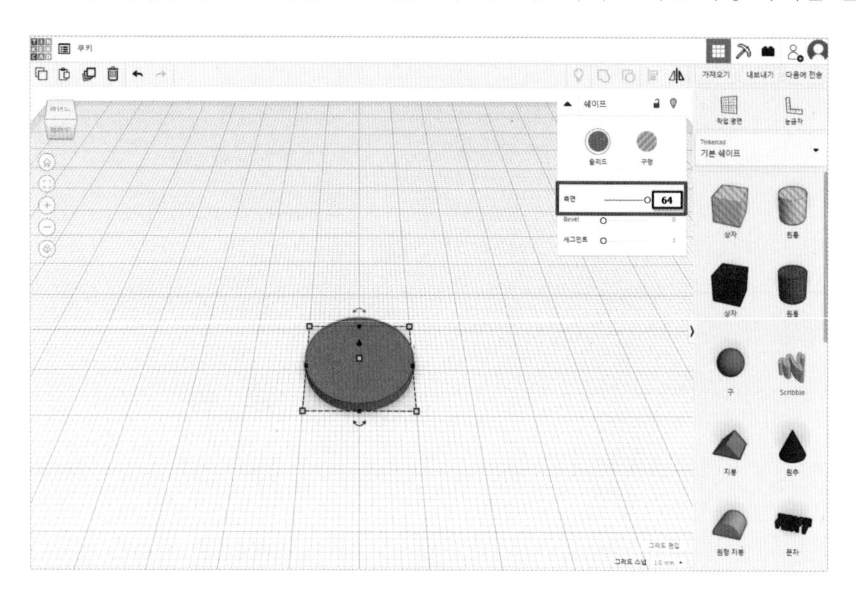

06 쿠키 색깔 변경

- 쉐이프 색상을 연한 갈색으로 변경해 줍니다.

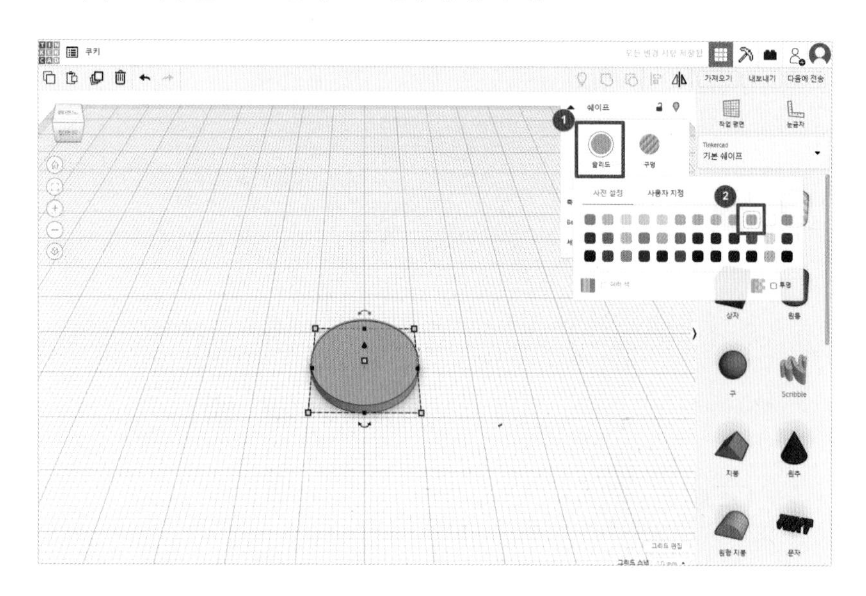

초코 필링 얹기

07 쿠키 위에 새로운 작업평면 만들기

❶ 쿠키 위에 바로 딱! 새로운 쉐이프를 얹고 싶다면 '작업평면' 버튼을 활용합니다.

– 오른쪽 위의 작업평면을 클릭하면 ❷번과 같은 고깔이 달린 주황색 면이 생깁니다.

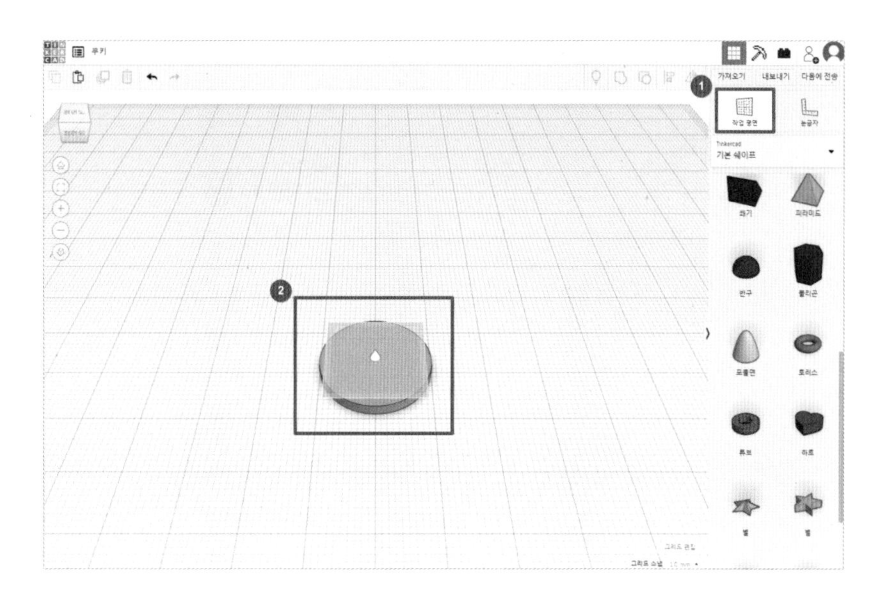

08 새로운 작업평면

– 이렇게 주황색의 작업평면이 생겼습니다.

– 이제는 쉐이프의 가장 아랫 부분이 이 새로운 작업평면에 놓이게 됩니다.

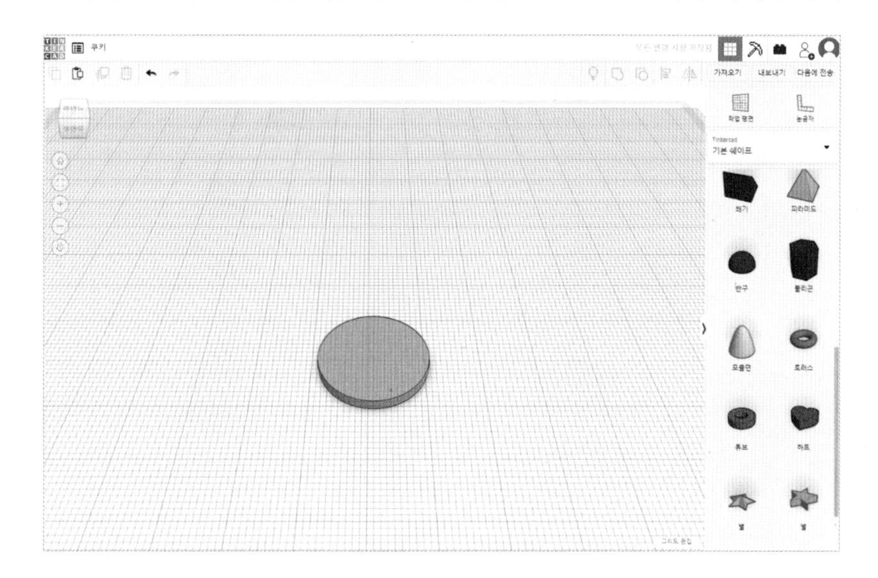

09 반구 쉐이프 추가하기

❶ 반구를 클릭하고,

❷ 새로운 작업평면(주황색)에 드래그 해서 가져오면, 반구 쉐이프가 새로운 작업평면 위에 생깁니다.

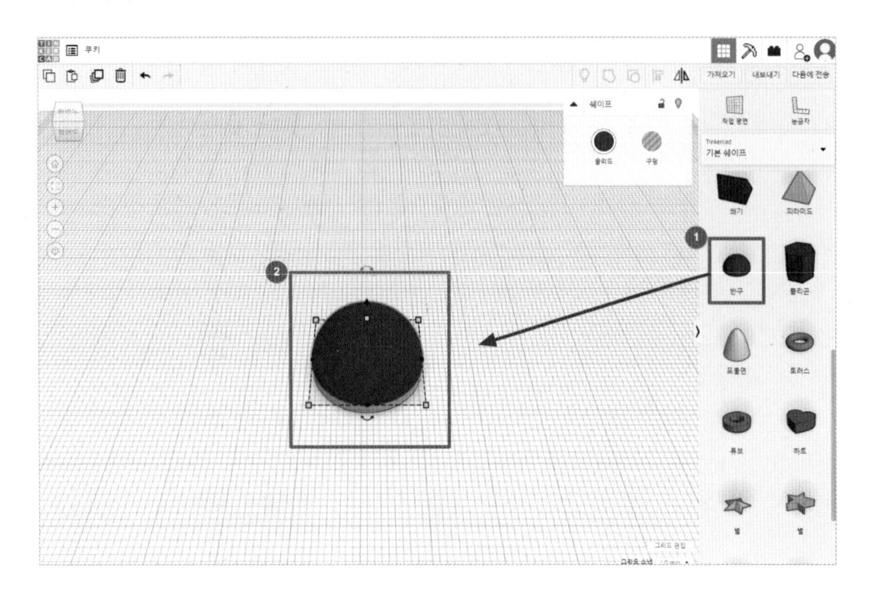

10 초코 필링 크기 조절하기

- 초코를 납작하게 깔아 줍니다.
- 가로 16, 세로 16, 높이 2

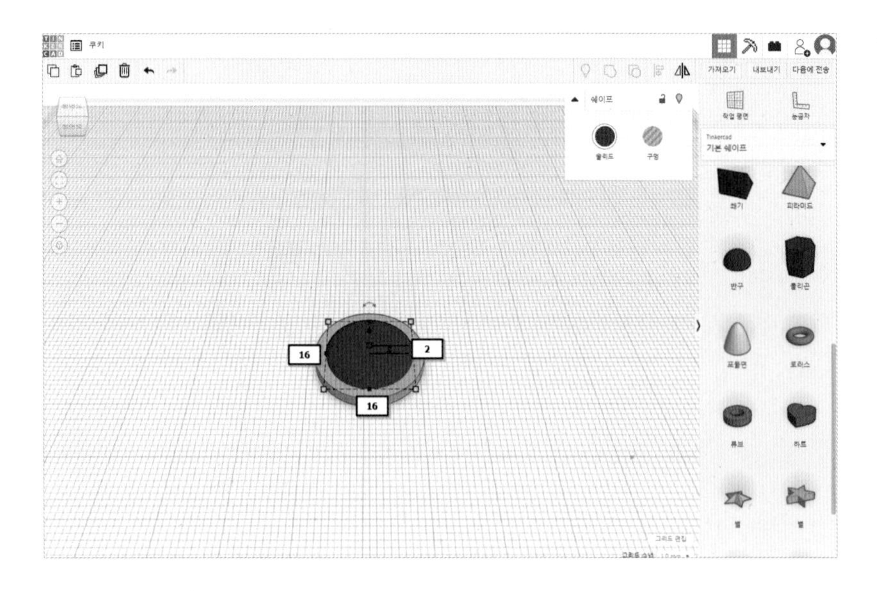

11 초코 필링 색상 변경하기

– 초코 필링 반구 쉐이프의 색상을 변경해줍니다.

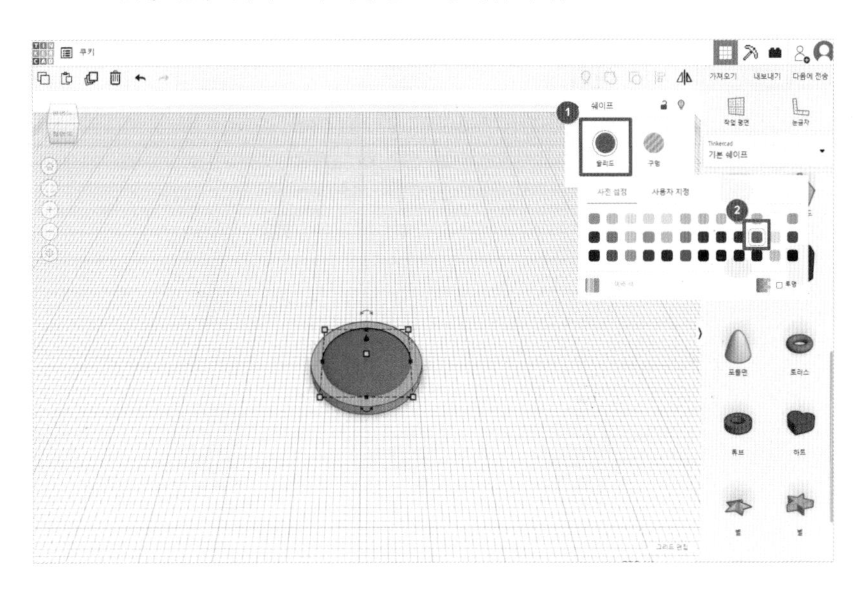

12 초코 토핑 가져오기

– 초코 토핑이 될 '별' 쉐이프를 가져옵니다.

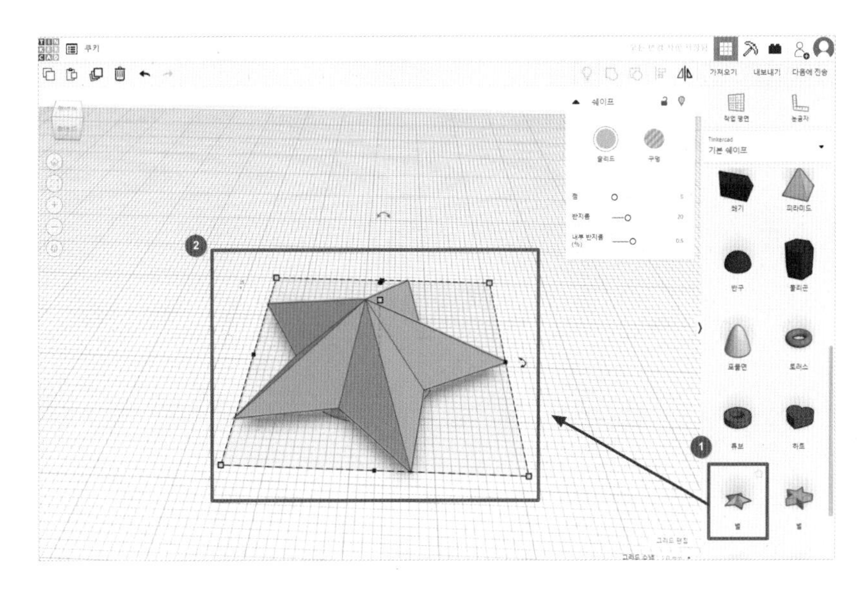

13 초코 토핑 크기 변경하기

- 초코 토핑의 크기를 변경합니다.
- 가로 14, 세로 14, 높이 4

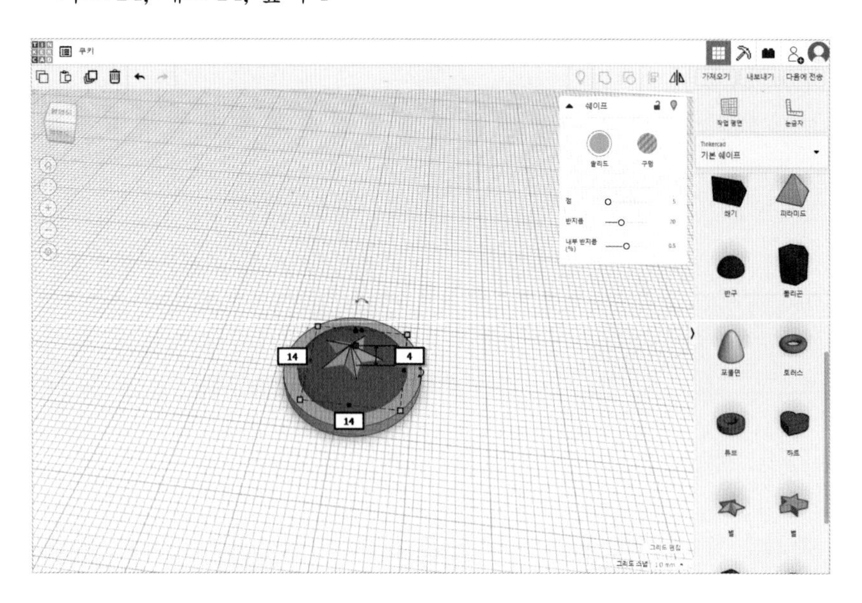

14 초코 토핑 색상 변경하기

- 색상도 가장 진한 갈색으로 변경해줍니다.
- 초코초코한 초코 쿠키가 완성되었지요?

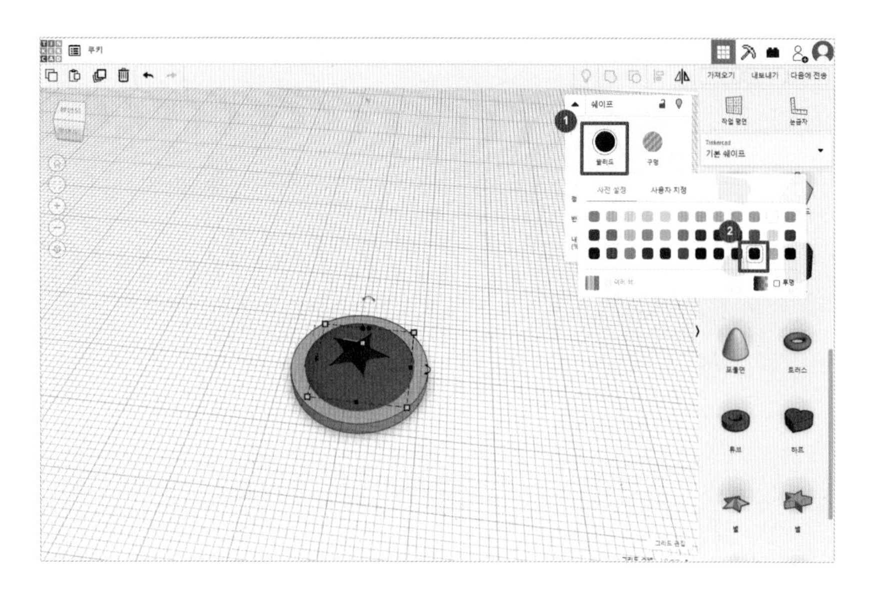

15 쉐이프 정렬하기

❶ 드래그 해서 쉐이프를 모두 선택합니다.

❷ 오른쪽 위에 '정렬' 버튼을 클릭합니다.

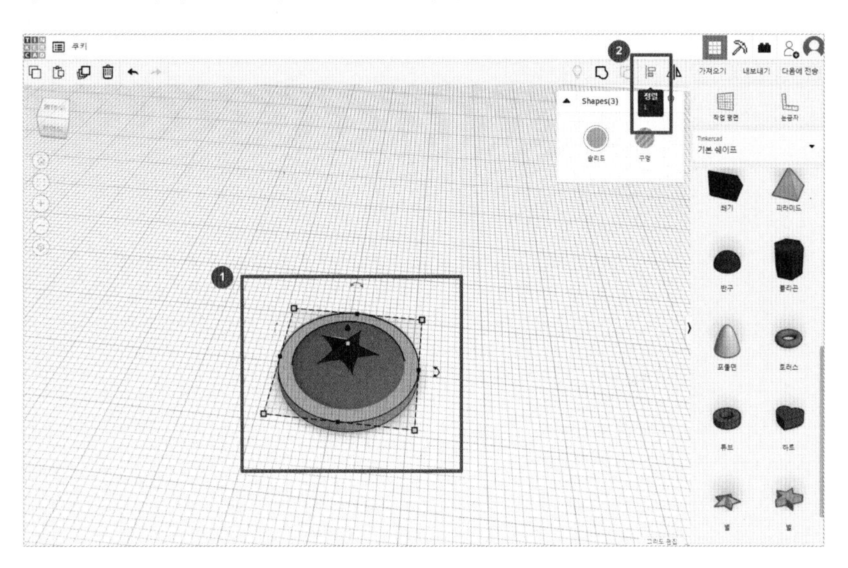

16 정렬하기

– 가로축과 세로축의 가운데로 정렬해 줍니다.

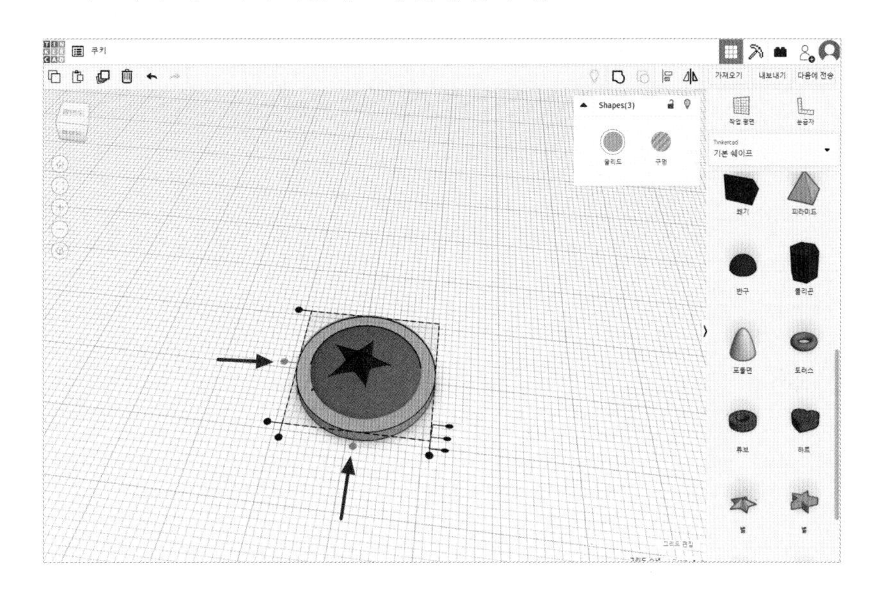

17 새로운 작업평면 없애기

– 이제 주황색의 새로운 작업평면을 없애 볼까요?

❶ 작업평면을 클릭한 후

❷ 빈 곳을 클릭합니다.

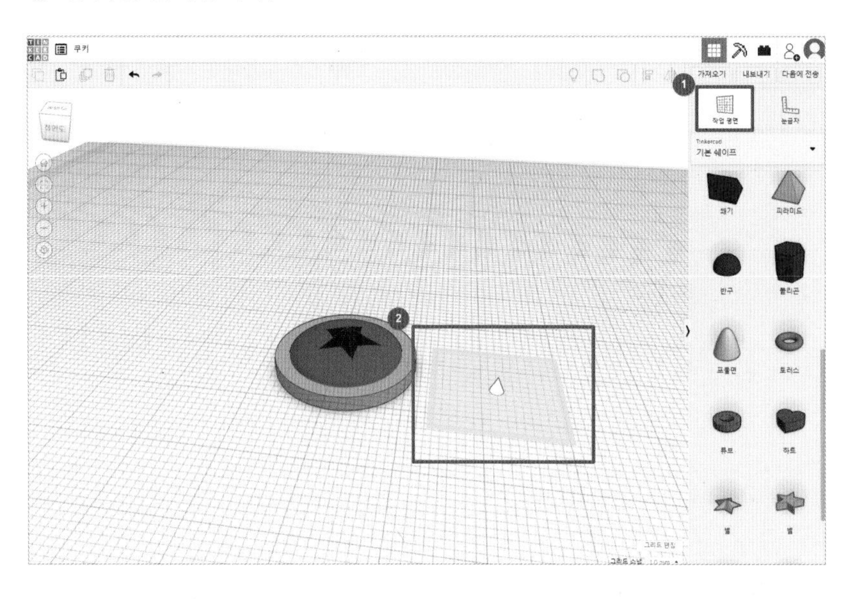

18 새로운 작업평면 없애기

– 그러면 이렇게 디자인 작성을 시작했던 처음처럼 파란색의 작업평면만 보입니다.

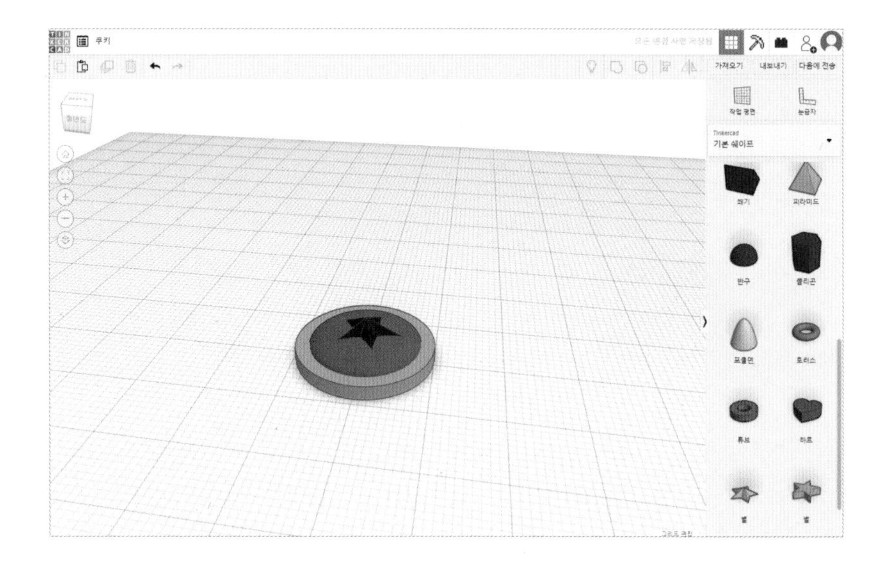

쿠키 여러 개 만들기

19 쿠키 선택하기

– 드래그해서 쿠키를 모두 선택합니다.

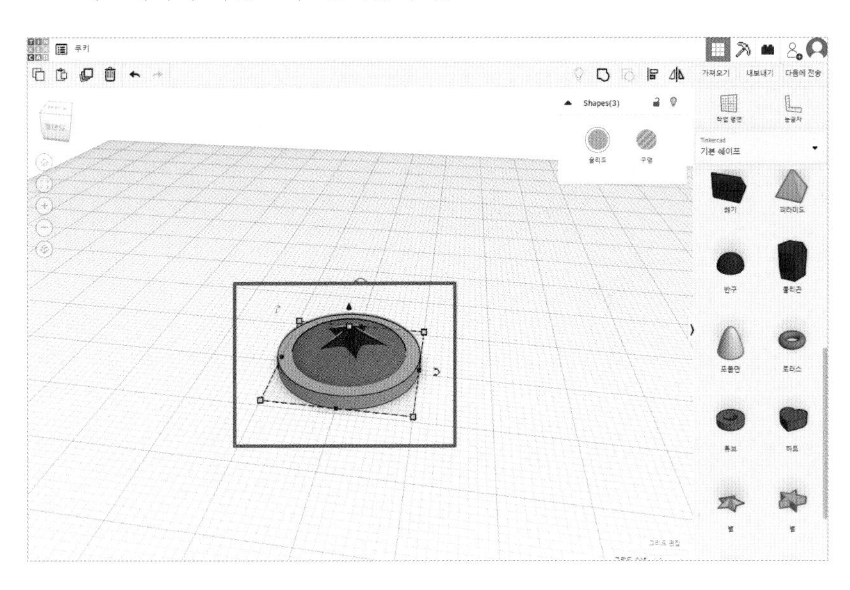

20 복제 및 반복하기

– 왼쪽 위에 'Duplicate and repeat'라는 복제 및 반복(단축키 Ctrl + D) 버튼을 클릭합니다.

– '번쩍' 하면서 아무 변화가 없어 보입니다.

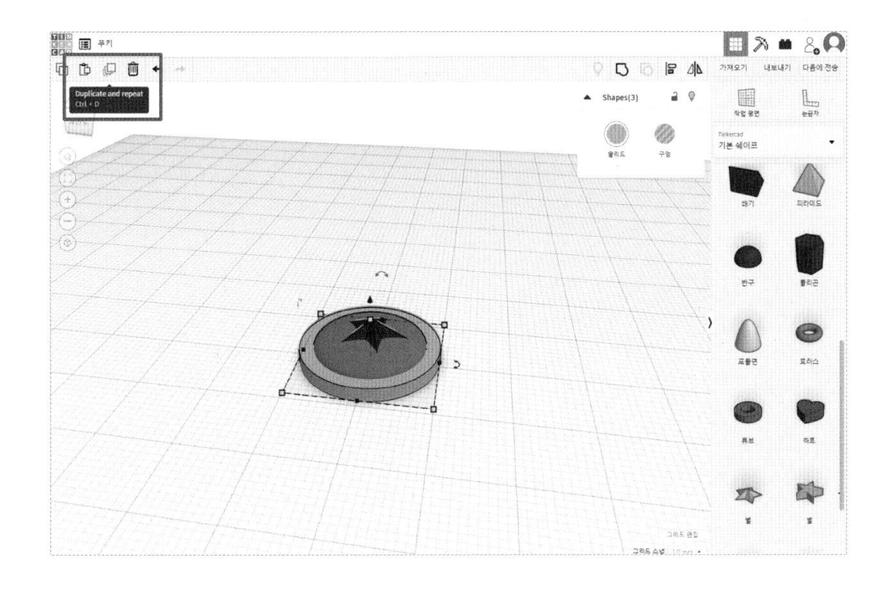

21 복제 및 반복

– 키보드의 오른쪽 방향키를 눌러 이동시켜 보면, 같은 자리에 1개가 더 복제된 것을 확인할 수 있습니다.

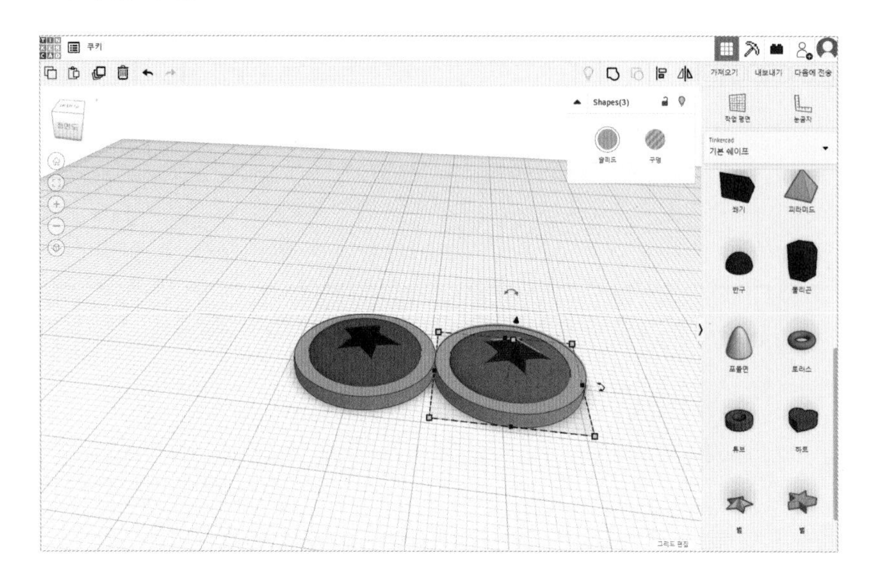

22 복제 및 반복

– 한번 더 '복제 및 반복' 버튼을 누르면, 이번에는 같은 자리가 아닌, 위에서 이동한 거리 만큼의 위치에 쉐이프가 복제되었습니다.

– 한번 더 '복제 및 반복' 버튼을 누르면, 같은 거리 만큼 이동해서 쉐이프가 복제됩니다.

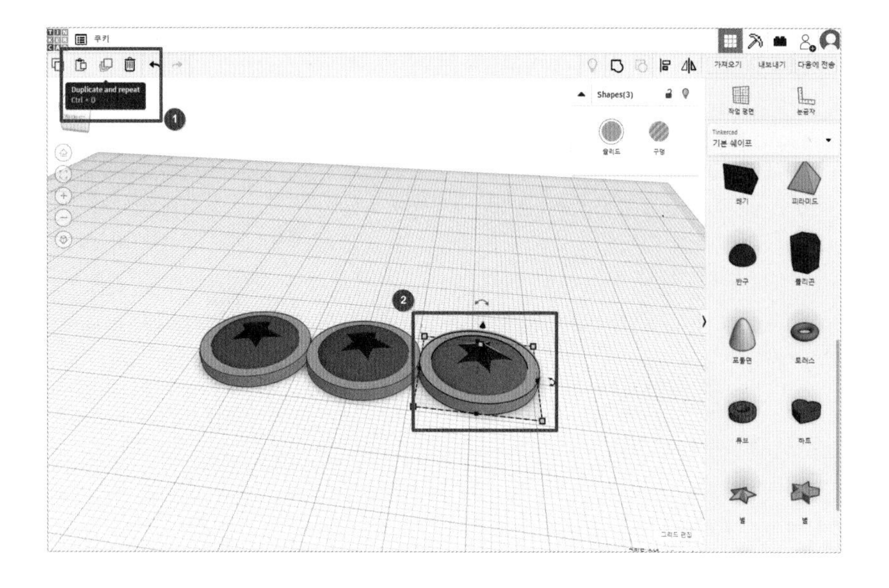

23 복제 및 반복

– 네 개의 쿠키를 모두 선택한 뒤, 다시 '복제 및 반복' 버튼을 누르면
– '번쩍' 하면서 같은 자리에 네 개의 쿠키가 만들어지지요.
– 키보드의 방향키를 이용해서 다른 줄로 이동시킵니다.

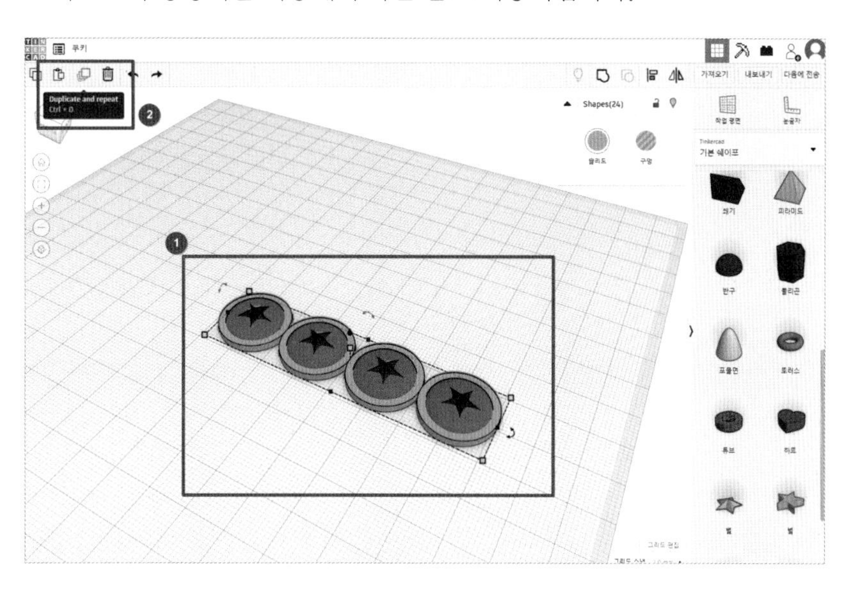

24 쿠키 완성

– '복제 및 반복' 버튼을 이용해서, 4개씩 4줄의 총 16개의 쿠키를 단숨에 완성해 봅시다.

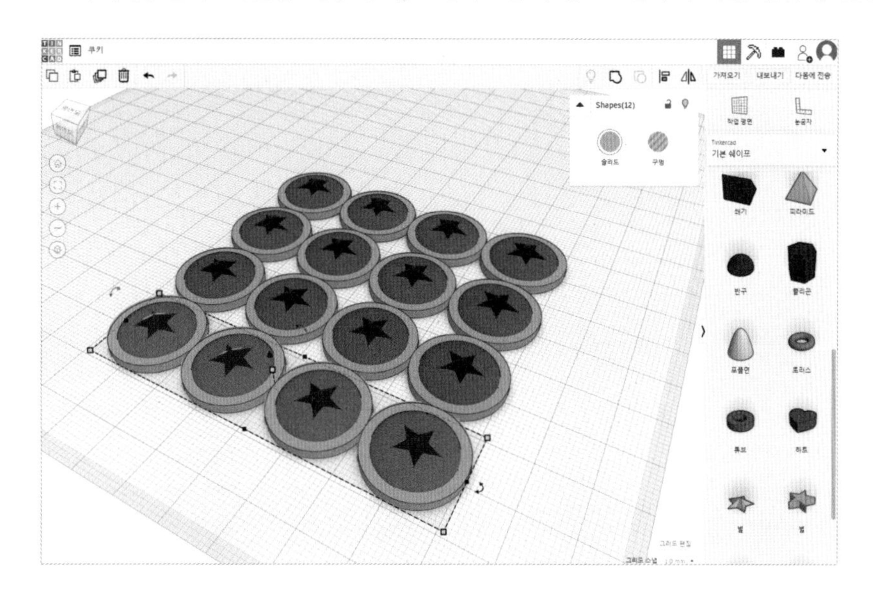

오늘의 요리 04

햄버거

세상에 햄버거만큼 간편하고 맛있는 음식이 있을까요?
매일매일 햄버거만 먹고싶다~☆

햄버거는 너무 많이 먹으면 건강에 안 좋은 거 알고 있죠?
오늘 하루는 '맛있는 틴커캐드'에서 먹는 걸로!

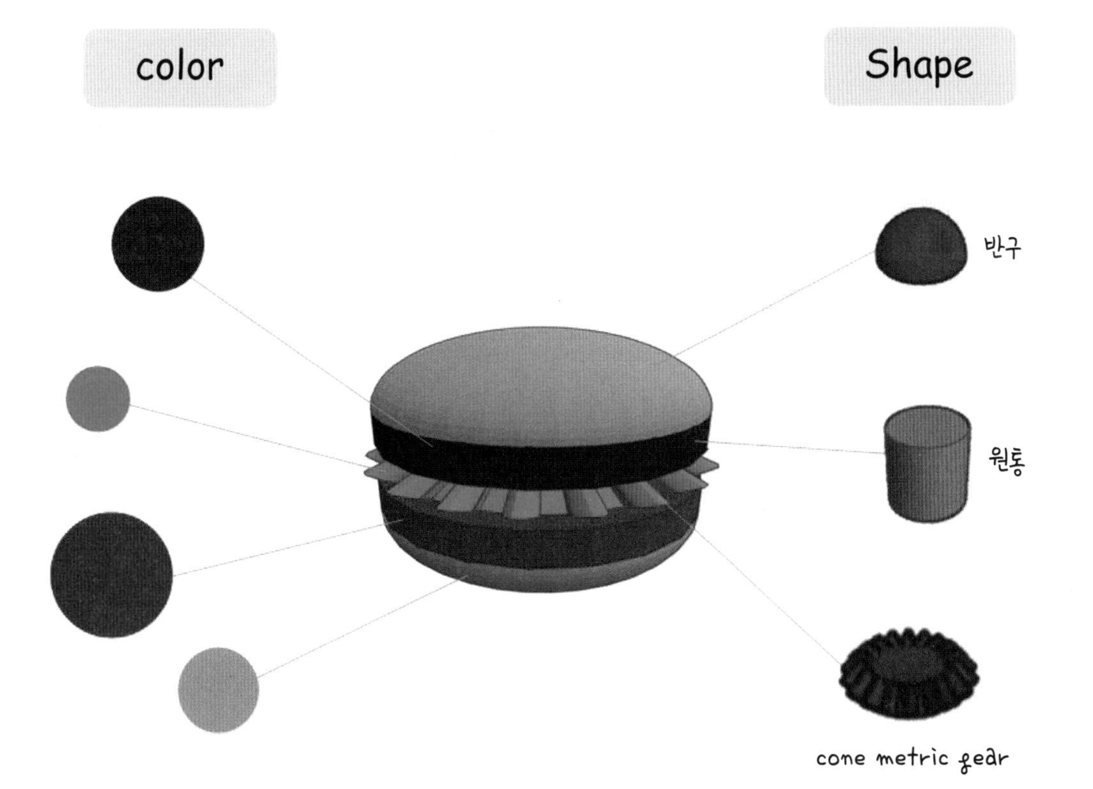

햄버거 만들기

01 새 디자인 작성

– 틴커캐드(https://tinkercad.com) 사이트 로그인 후 대시보드의 '새 디자인 작성'을 클릭 합니다.

02 디자인 이름 바꾸기

– 영어로 기본 설정된 디자인 이름을 클릭하여 '햄버거'로 바꿔주세요

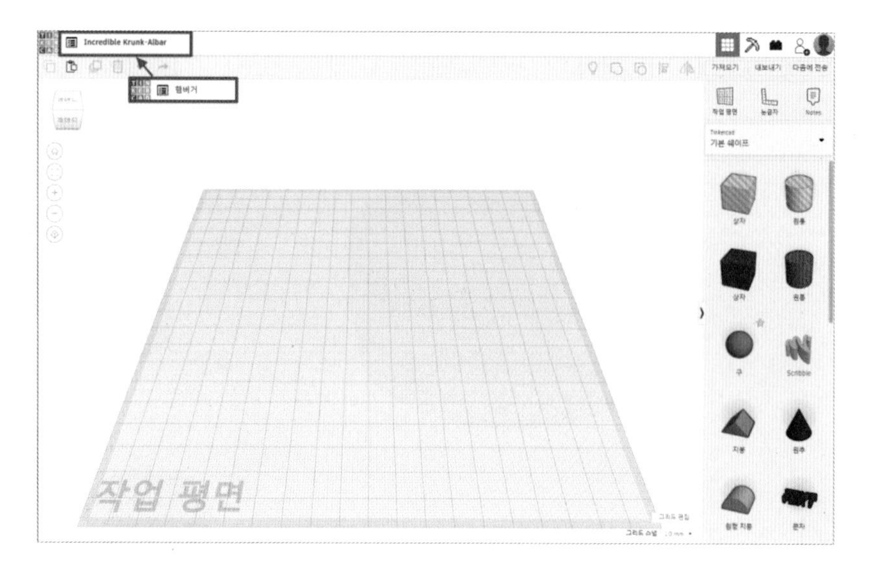

03 '반구' 쉐이프 가져오기

- 기본 쉐이프의 목록에서 '반구' 쉐이프를 찾아 작업평면으로 가져옵니다.
- 반구 쉐이프를 빵으로 만들거에요.

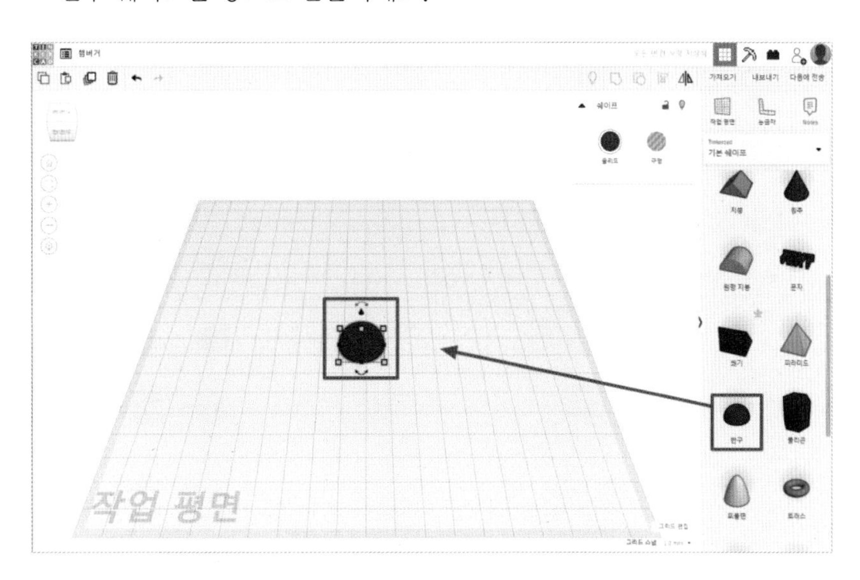

04 크기와 색상 설정하기

- 반구의 색상은 황토색으로 바꾸고, 가로와 세로 값도 바꿔줍니다.
- 가로 30, 세로 30

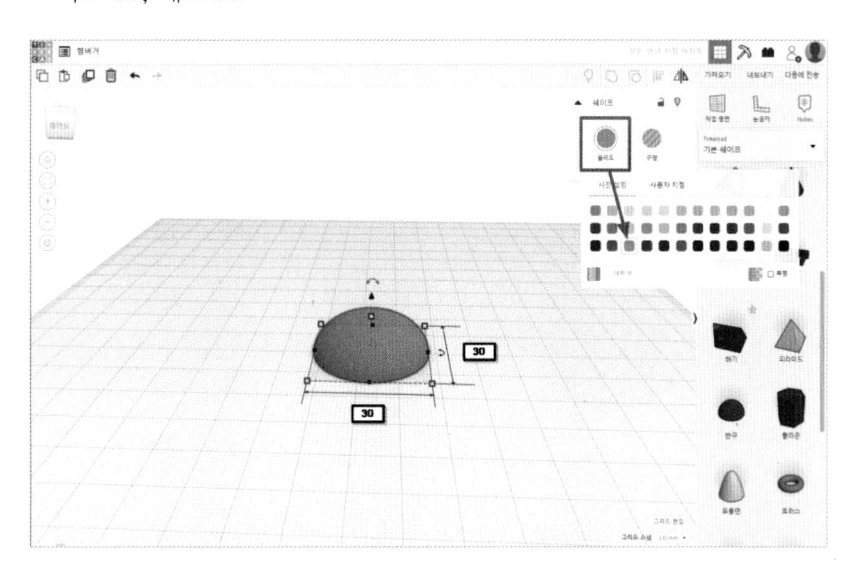

05 쉐이프 뒤집기

- 쉐이프 상단의 높이 핸들러를 잡아 아래로 수직 드래그 해줍니다.
- 높이 6이 될 때까지 드래그합니다.

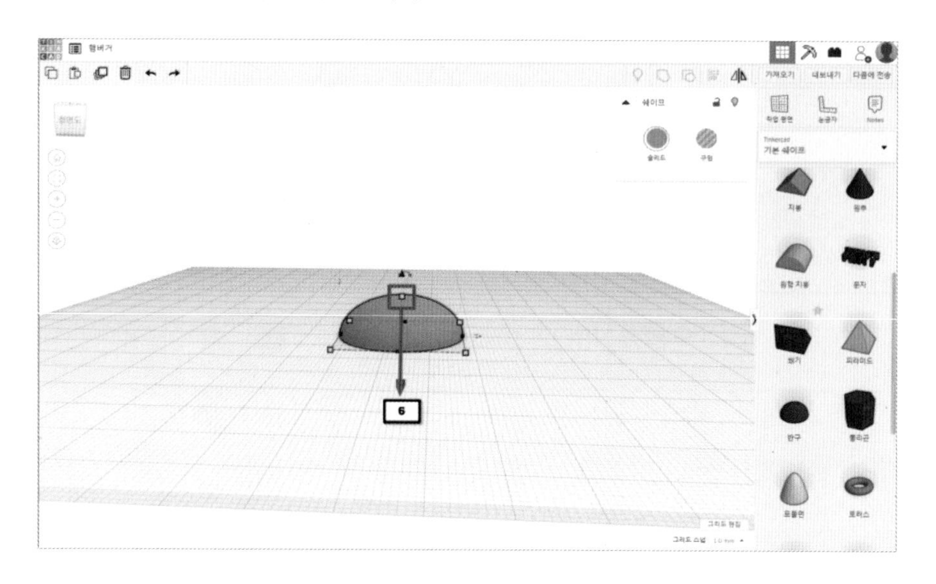

06 쉐이프 바닥에 붙이기

- 이런! 햄버거가 작업평면 아래로 묻혀버렸네요.
- 이때, 키보드 D를 누르면 쉐이프의 바닥이 작업평면에 딱! 달라붙습니다.
- D 활용은 자주 유용하게 쓰이니 꼭 기억하면 좋아요.

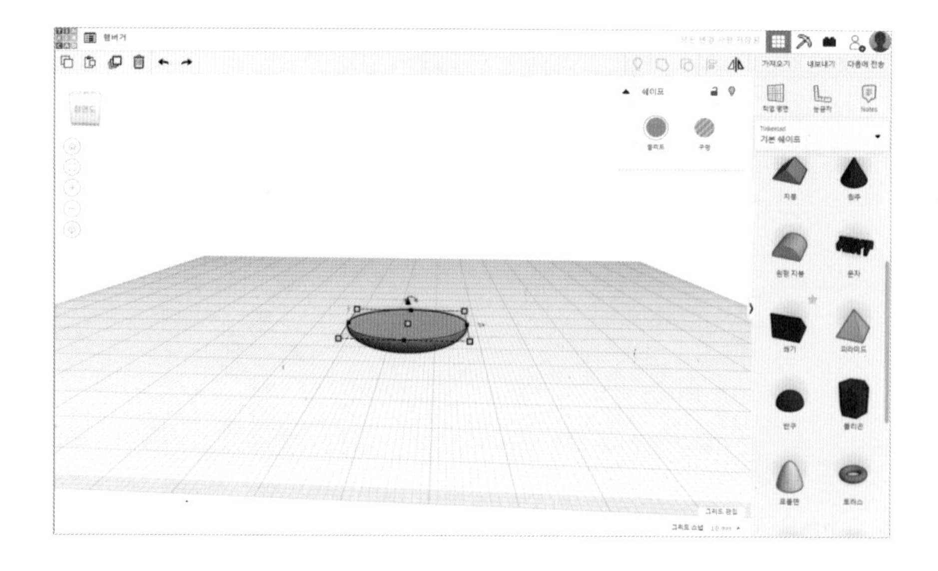

07 '원통' 쉐이프 가져오기

- 햄버거 빵이 제대로 작업평면 위로 올라왔네요.
- 기본 쉐이프 목록에서 원통 쉐이프를 가져옵니다. 이 원통 쉐이프는 토마토가 될거에요.

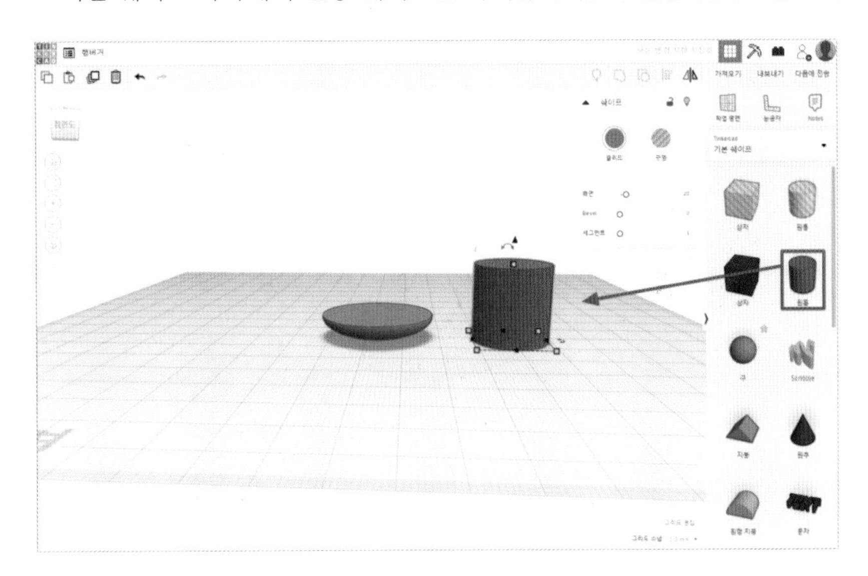

08 토마토 크기 정하기

- 토마토의 색깔을 빨간색으로 바꾸고, 크기도 바꿔줍니다.
- 가로 30, 세로 30, 높이 3

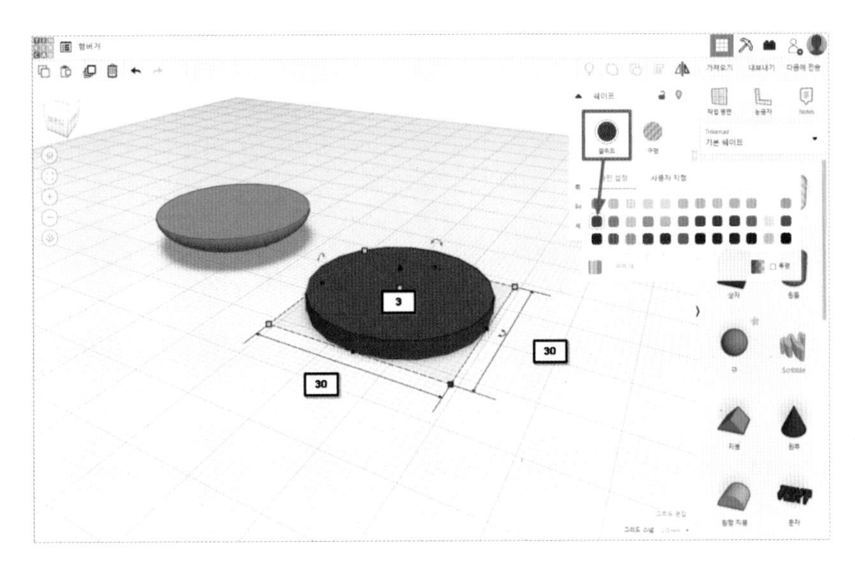

09 작업평면 바꾸기

- '작업평면'을 누르면 기본 작업평면을 바꿀 수 있습니다.
- '작업평면'을 누른 뒤, 햄버거의 평면을 눌러줍니다.

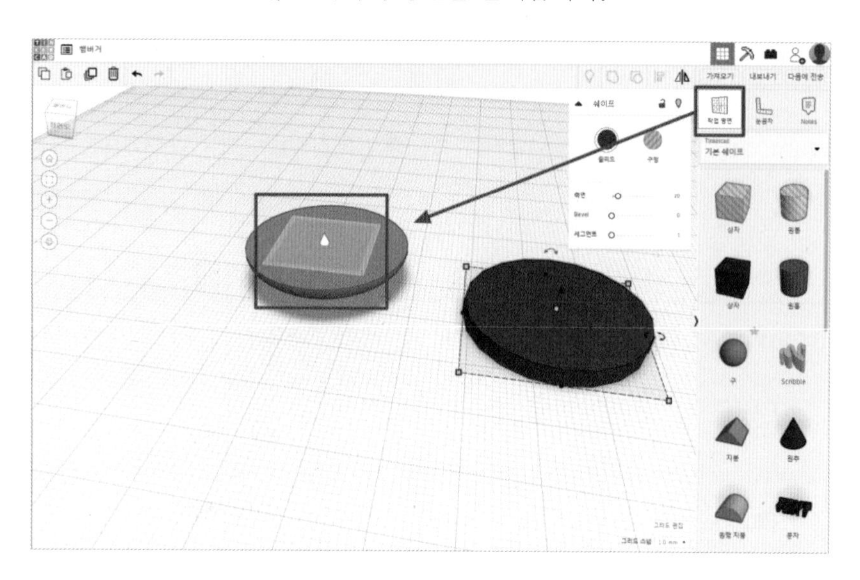

10 새로운 작업평면 활용하기

- 작업평면을 바꾸었더니 주황색 작업평면(빵 위)이 생겼습니다
- 토마토 쉐이프를 클릭하고 D키를 눌러보세요.

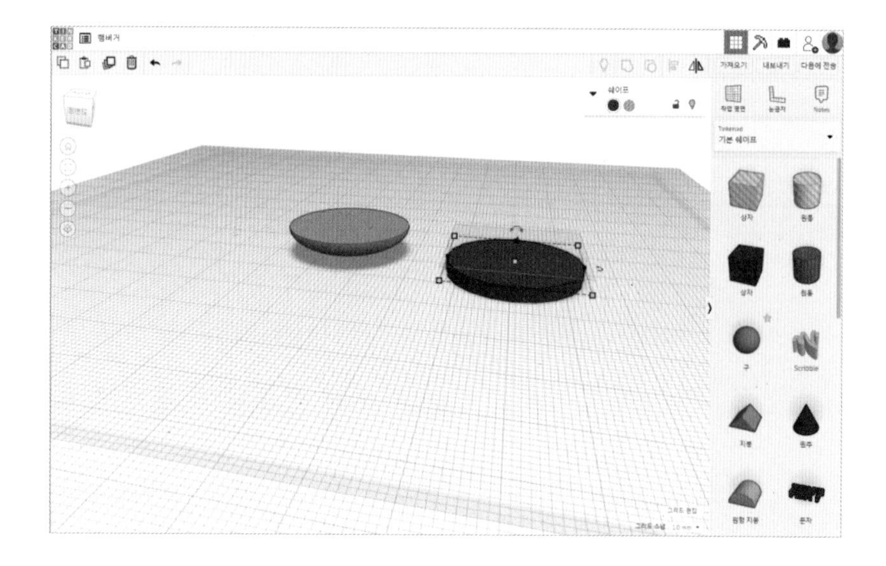

11 토마토 쉐이프 이동하기

- 토마토 쉐이프의 높이 위치가 빵 위쪽으로 옮겨졌지요?
- 쉐이프를 드래그하여 빵 위로 옮겨줍니다.

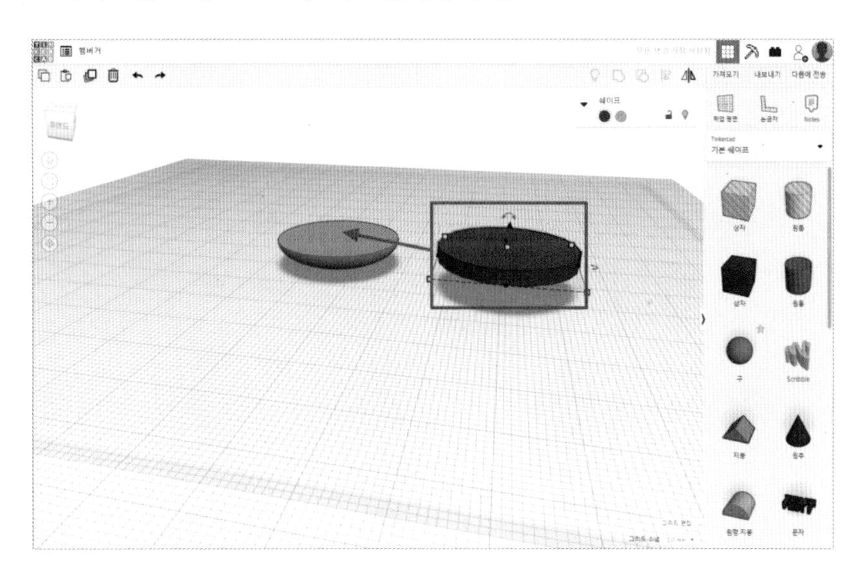

12 작업평면 원래대로 바꾸기

- 작업평면을 원래대로 하려면 '작업평면'을 누른 뒤 원래 바닥 아무데나 클릭합니다.

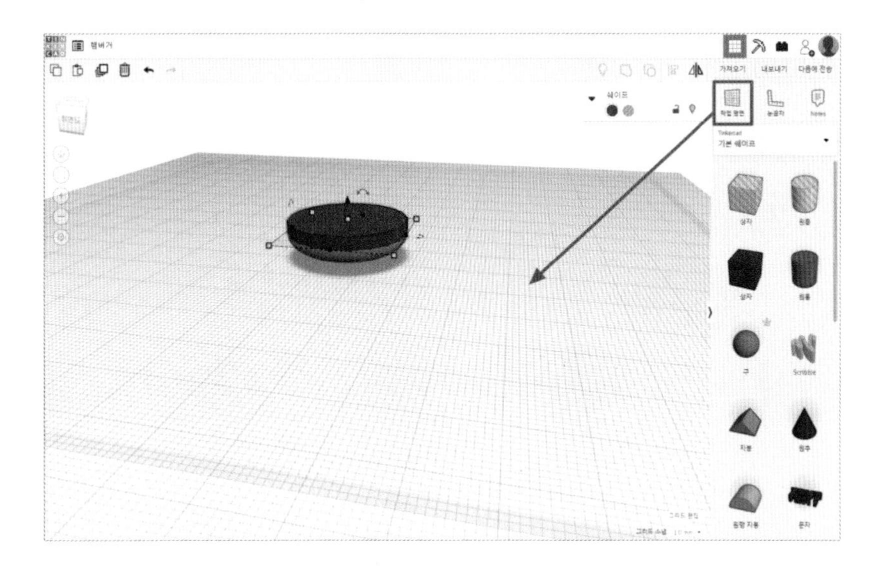

13 'cone metric gear' 쉐이프 가져오기

- 양상추와 가장 비슷해보이는 'cone metric gear' 쉐이프를 가져옵니다.
- 'cone metric gear' 쉐이프는 쉐이프 생성기 '모두' 목록에 있습니다.
- 색깔과 크기를 조절해야 겠네요.

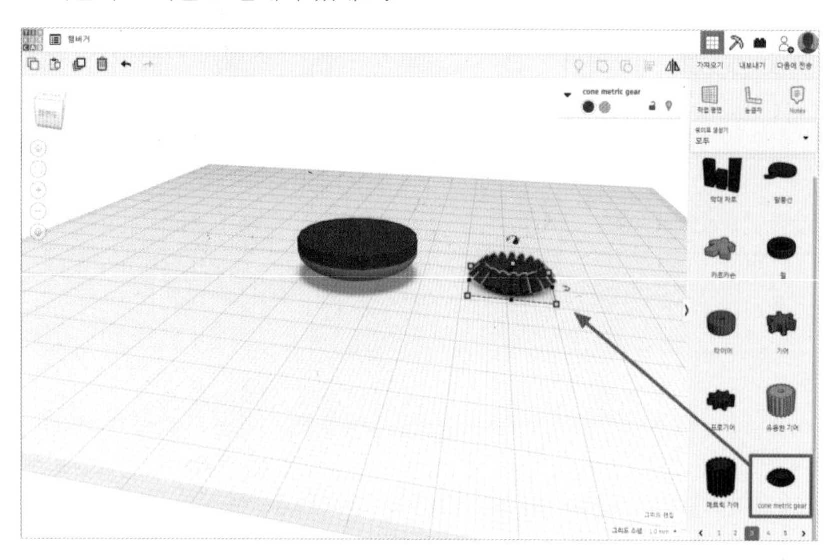

14 양상추 크기와 색상 설정하기

- 색은 초록색으로, 가로 세로는 빵보다 조금 크게 합니다. 양상추는 삐져나오니까요.
- 가로 32, 세로 32, 높이 3

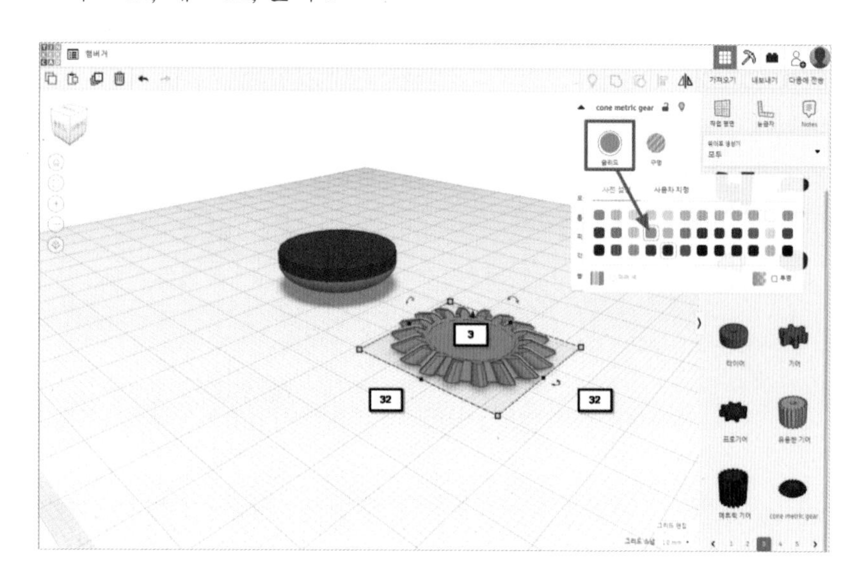

15 작업평면 바꾸기

- '작업평면'을 누르고 토마토 위를 클릭합니다.
- 그 다음은 뭘 해야 할까요? 맞습니다. D키를 눌러줍니다.

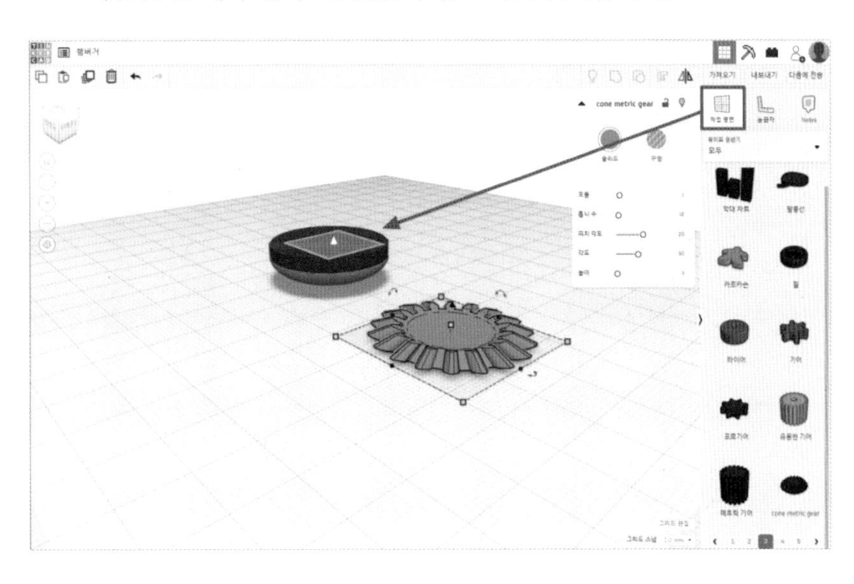

16 작업평면 원래대로하기

- 다시 작업평면을 원래대로 하려면 어떻게 할까요?
- 네, '작업평면'을 누르고 바닥 아무데나 클릭합니다. 이제 더 설명하면 지겹겠죠?

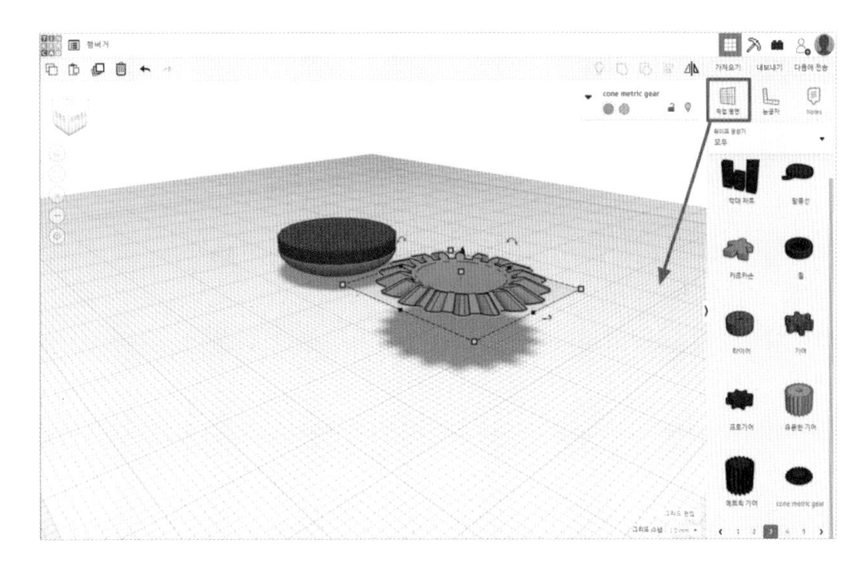

17 양상추 이동하기

– 양상추를 토마토 위로 적절하게 이동시켜줍니다. 약간 삐져나오니까 더 보기 좋네요.

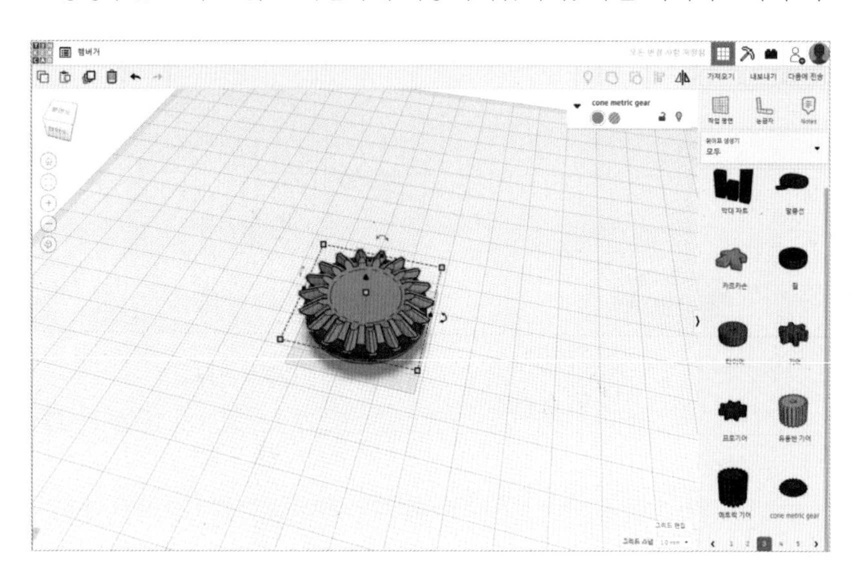

18 패티 만들기

– 패티는 토마토를 복제하여 색깔만 바꿔줍니다.
– 토마토 쉐이프를 클릭하고 복제(단축키 **Ctrl + D**)합니다.
– **Ctrl + 위쪽 방향키**를 6회 정도 눌러 위쪽으로 이동시킵니다.

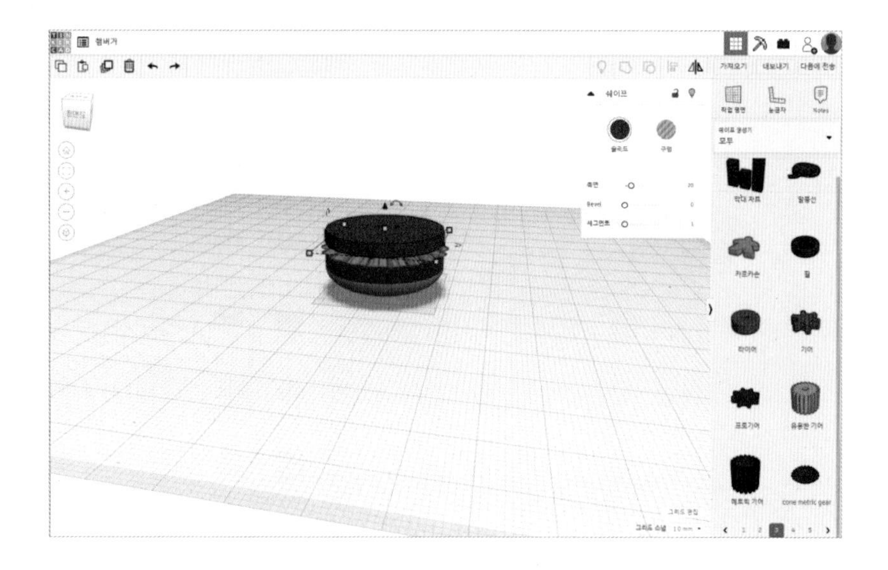

19 패티 색깔 바꾸기

– 선택된 쉐이프의 색깔을 갈색으로 바꿔줍니다.

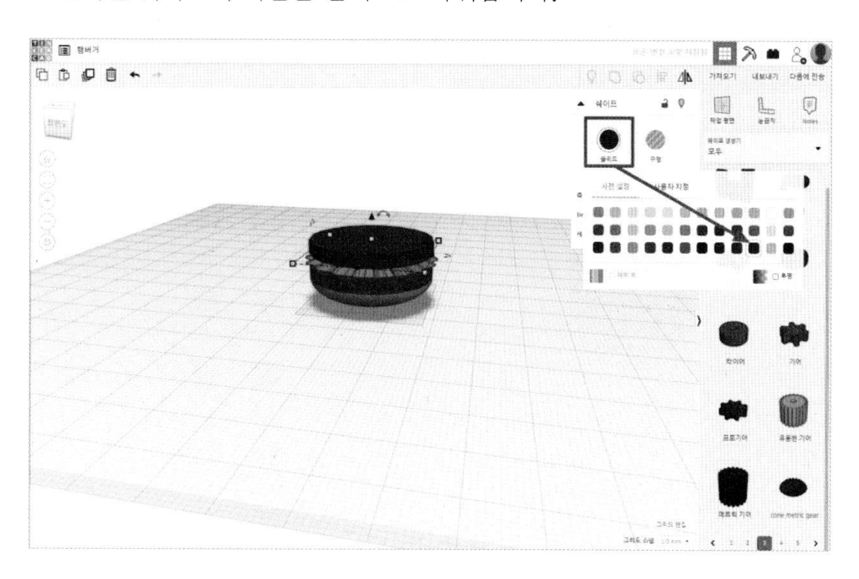

20 빵 만들기

'새로운 작업평면 만들기', D키는 이미 앞에서 활용했었죠?

❶ 빵 쉐이프를 선택하고 복제합니다(단축키 Ctrl + D)

❷ '작업평면'을 패티 위로 하고 빵 쉐이프를 선택한 뒤, D키를 눌러줍니다.

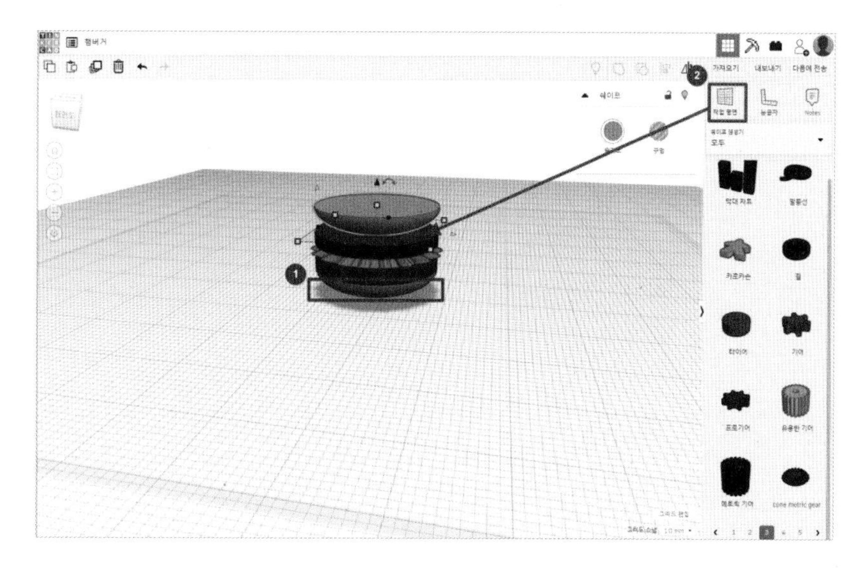

21 햄버거 대칭 뒤집기

- 작업평면을 다시 원래대로 해줍니다.
- 이런, 빵을 뒤집어야 겠네요. 대칭(단축키 M)을 클릭한 뒤 그림의 화살표를 눌러줍니다.

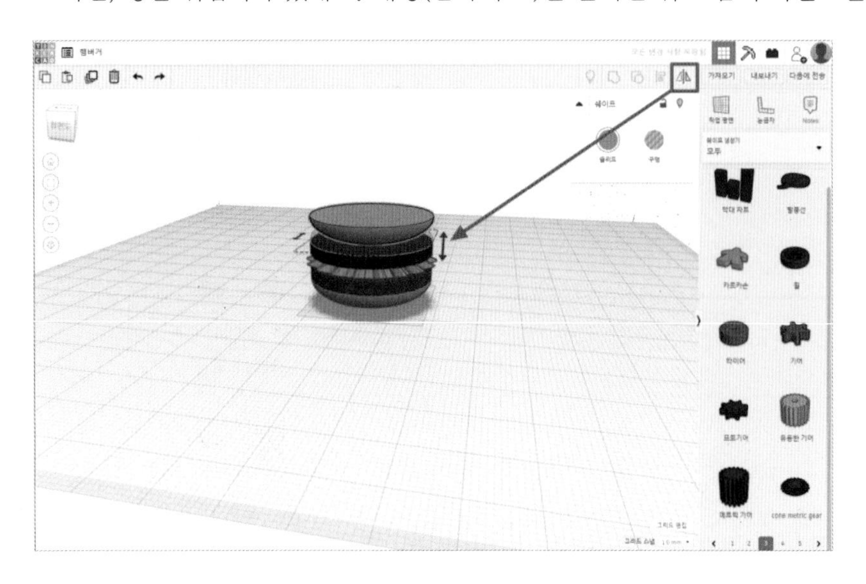

22 햄버거 완성

- 햄버거가 완성되었습니다.
- 아차, 한 가지 빠뜨린 게 있네요? 무엇일까요?

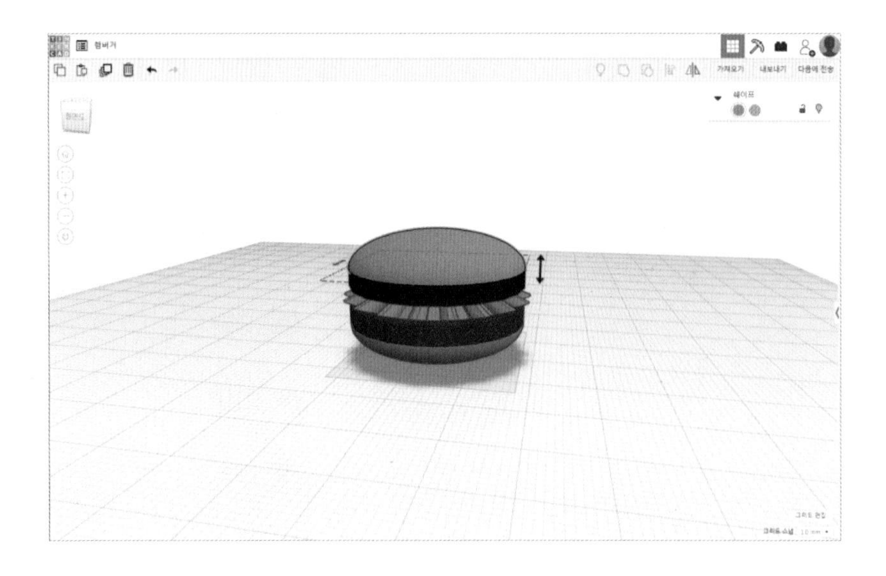

23 그룹화하기

❶ 모든 쉐이프를 선택해줍니다.
❷ 그룹화(단축키 Ctrl + G)를 누르면, 한 가지 색으로 통일됩니다.
❸ '여러 색'을 클릭하여 다양한 색이 나타나도록 합니다.

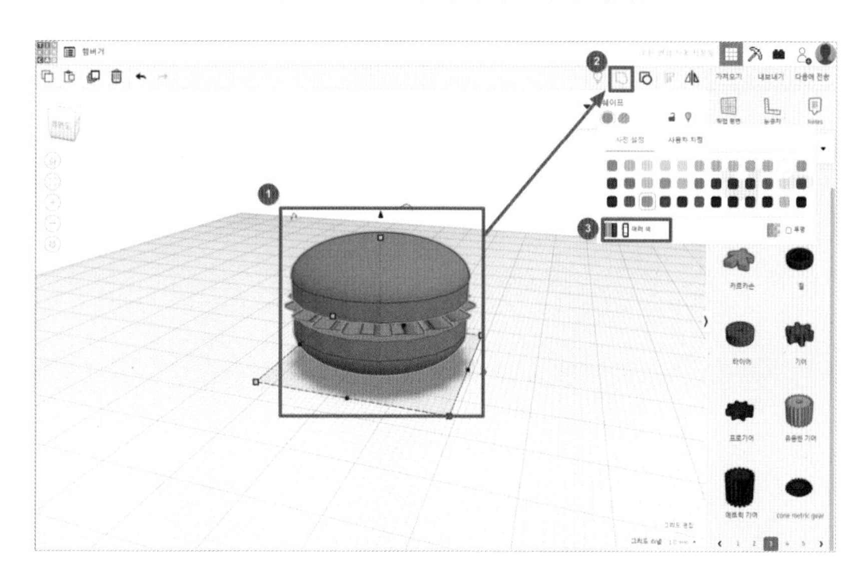

24 햄버거 진짜 완성

– 맛있는 햄버거가 진짜 완성되었습니다.
– 새로운 재료를 추가하여 여러분만의 햄버거를 만들어보세요.

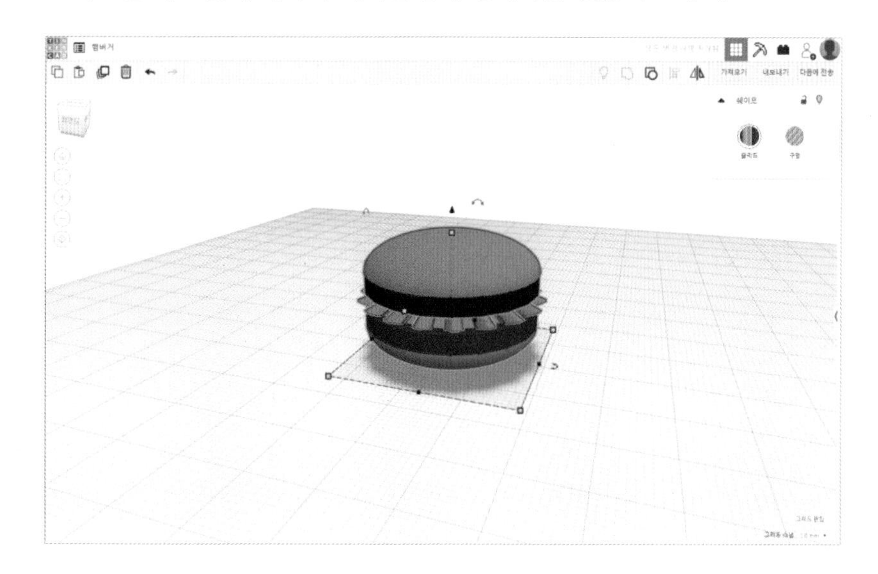

오늘의 요리 05

콜라

앞에서 햄버거만 만들었더니 목이 메는 듯한 느낌입니다. 콜라가 절실합니다.

걱정마세요.
얼음 동동 띄운 콜라를 대접해드릴 테니!

color

Shape

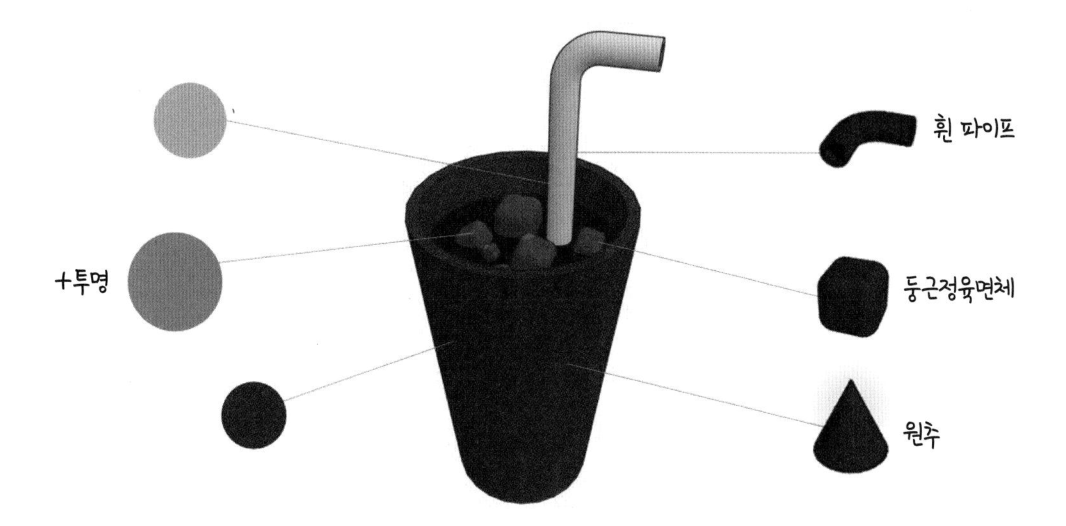

새 디자인 작성

01 새 디자인 작성

– 틴커캐드(https://tinkercad.com) 사이트 로그인 후 대시보드의 '새 디자인 작성'을 클릭합니다.

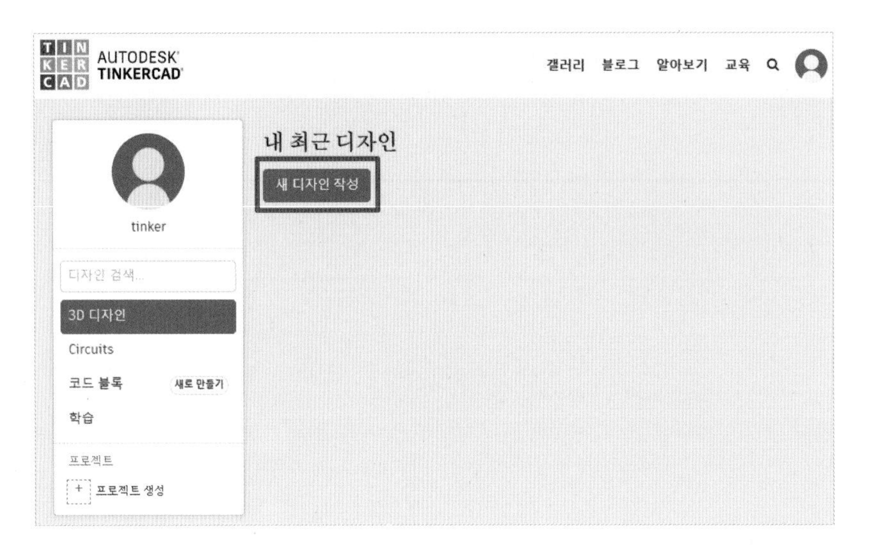

02 디자인 이름 바꾸기

– 영어로 기본 설정된 디자인 이름을 클릭하면 디자인 이름을 바꿀 수 있습니다.
– 디자인 작성을 시작하면 가장 먼저 잊지 말고 디자인 이름을 바꿔주세요.
– 디자인 이름을 한글로도 쓸 수 있습니다. '콜라'로 변경해 줍니다.

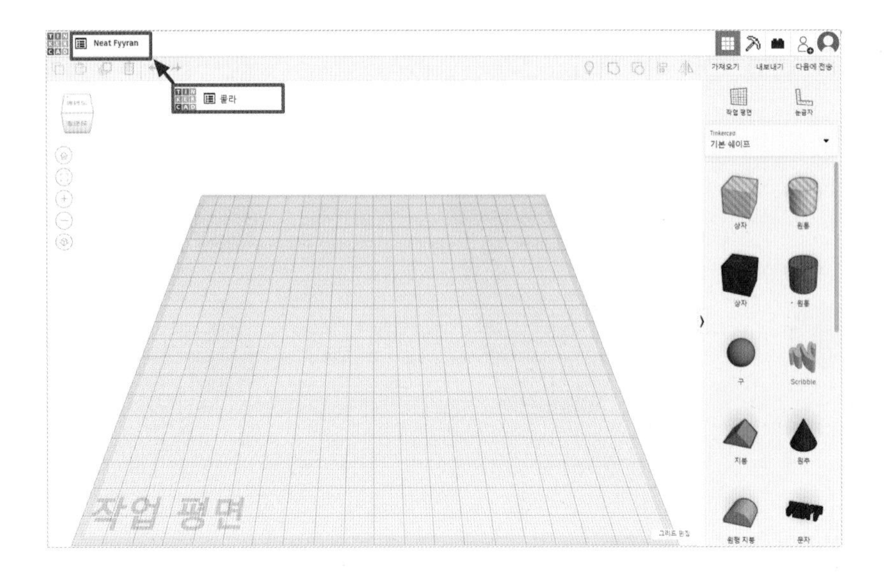

컵 만들기

03 쉐이프 가져오기

- 먼저 콜라 컵에 어울리는 쉐이프를 찾아볼까요?
- '원추' 쉐이프를 찾아 드래그하여 작업평면으로 가져옵니다.
- 앗! '원추' 쉐이프가 어떻게 컵이 되냐고요? 저만 믿으세요~

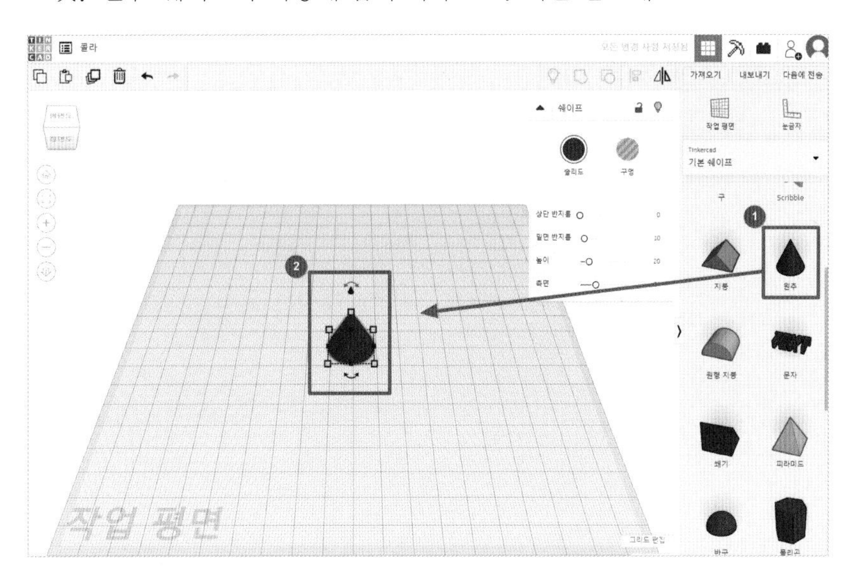

04 컵 모양 만들기

❶ '원추' 쉐이프를 선택하면 오른쪽에 쉐이프 속성 창이 나옵니다.

❷ 속성을 변경해 줍니다.

- 상단 반지름 16, 밑면 반지름 11, 높이 50
  어때요~ 컵 모양이 되었죠?

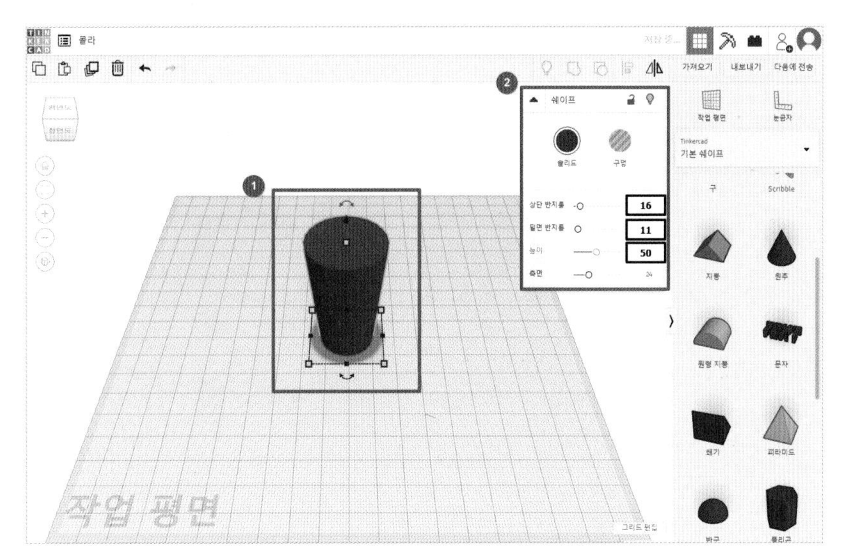

05 컵 색상 변경

– 콜라 컵은 역시, 빨간색이죠!

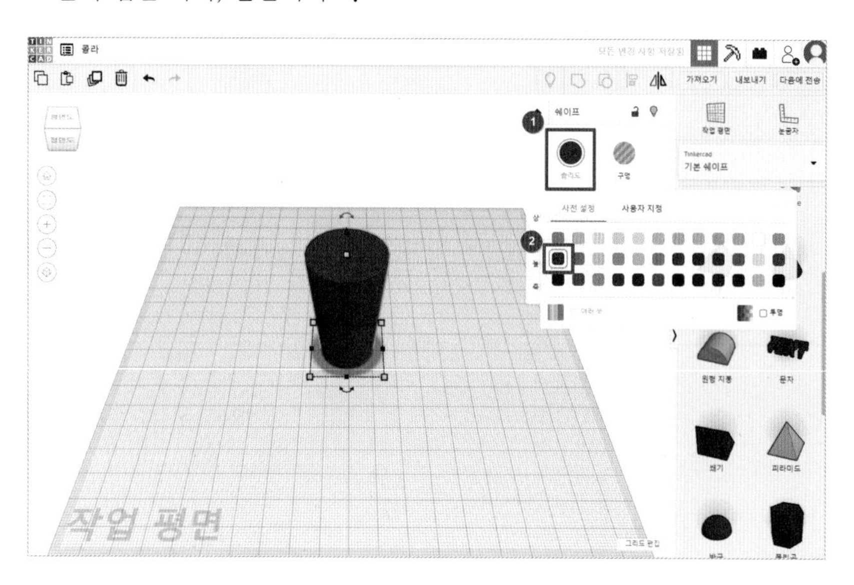

06 컵 구멍 뚫기

– 지금은 너무 막혀 있는 느낌이지요? 컵에 구멍을 뚫어 봅시다.
– 먼저 오른쪽 위의 'Duplicate and repeat(복제 및 반복)(단축키 **Ctrl + D**)'를 클릭합니다.
– 그러면 '번쩍' 하더니 아무 것도 일어나지 않은 것처럼 보여요.
– 하지만 같은 자리에 똑같은 컵 쉐이프가 하나 더 생겼답니다.

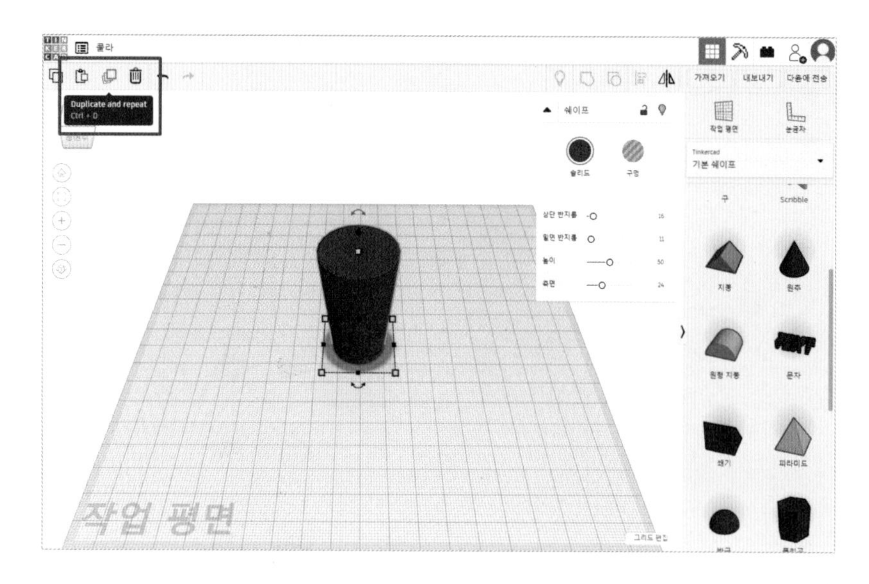

07 컵을 뚫을 구멍 만들기

❶ 복제한 상태에서 Alt와 Shift를 누른 채로 높이 핸들을 아래로 높이 46까지 내립니다.
❷ Alt와 Shift를 누른 채로 핸들을 조절하면 동일한 비율과 대칭으로 크기가 수정됩니다.

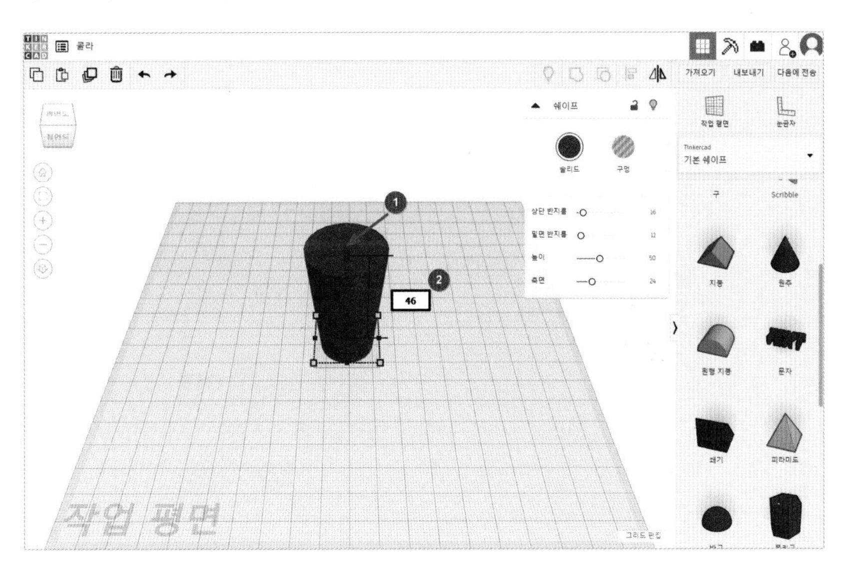

08 컵을 뚫을 구멍 크기 맞추기

❶ 안쪽 동그라미 컵 윗부분을 눌러 높이 핸들을 끌어 올려주세요.
❷ 높이가 52정도 될 때까지 올려줍니다.
❸ 안쪽 컵 쉐이프 속성을 '구멍'으로 변경해 줍니다.

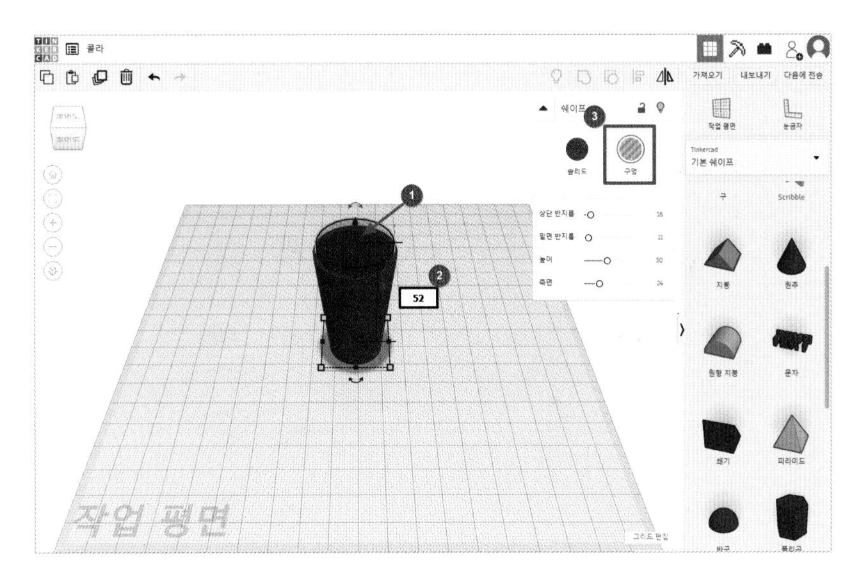

09 하나 더 복제해 두기

❶ 안쪽의 구멍 속성의 컵 쉐이프만 선택한 후

❷ 왼쪽 위의 '복제 및 반복' 버튼을 클릭해서 하나 더 복제해 두세요. '번쩍' 하면서 같은 자리에 하나 더 생겼지요?

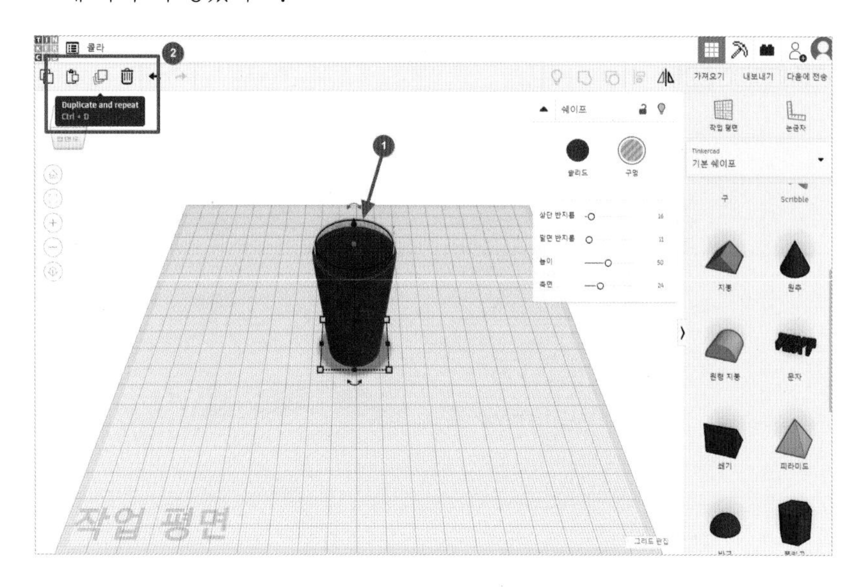

10 옆으로 밀어 놓기

– 키보드의 왼쪽 방향키를 이용해서 옆으로 살짝 빼두세요.

– 이건 나중에 콜라가 될 거에요.

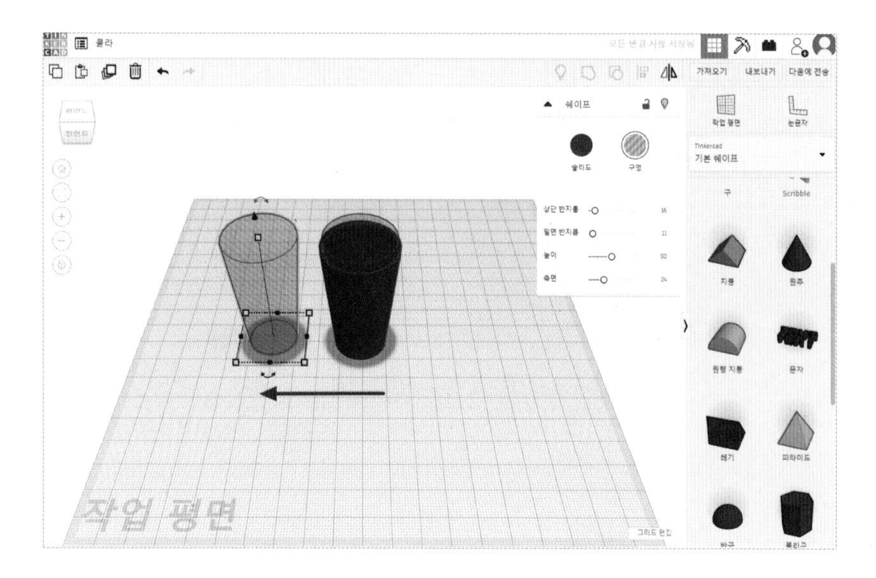

11 컵 구멍 뚫기

❶ 이쪽 쉐이프만 드래그 해서 선택합니다.

❷ 오른쪽 위의 '그룹화(단축키 Ctrl + G)'를 눌러주면 됩니다.

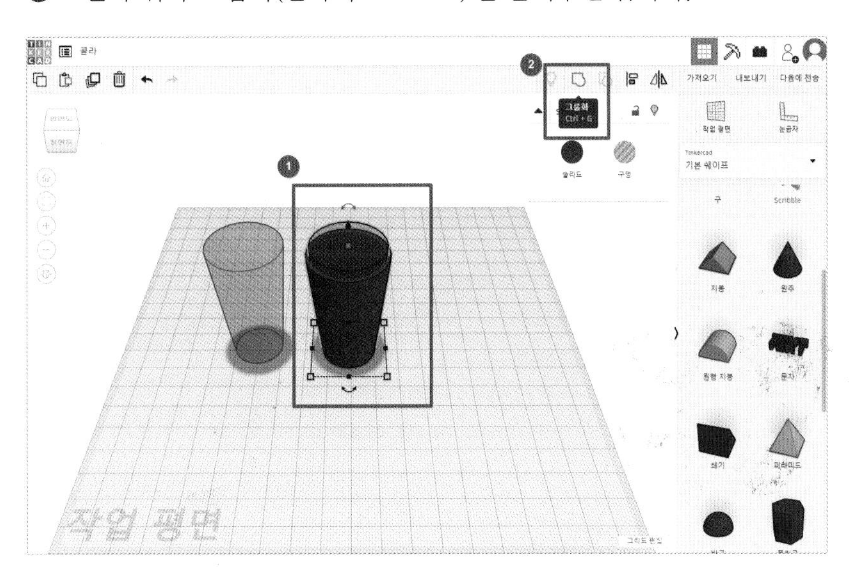

12 컵 완성

– 드디어 컵이 완성되었습니다.

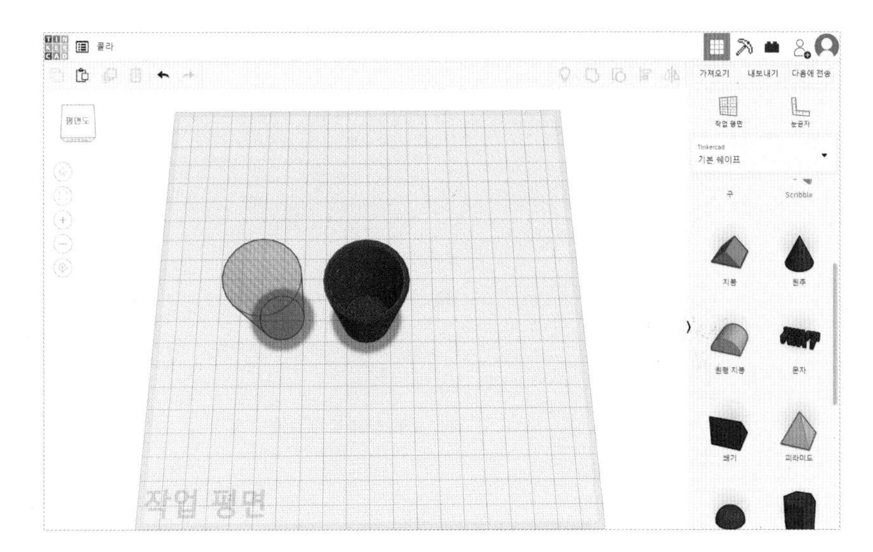

콜라 넣기

13 콜라 색상 바꾸기

❶ 왼쪽에 있던 '구멍' 쉐이프를 선택합니다.
❷ 왼쪽 속성창에 솔리드를 클릭하고
❸ 콜라 색으로 변경해 줍니다.

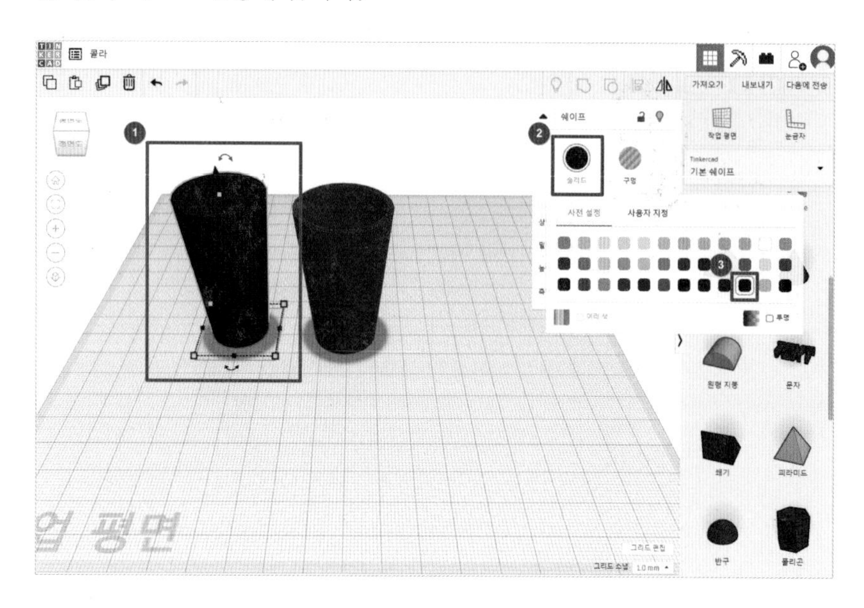

14 컵 속으로 자리잡기

– 키보드의 오른쪽 방향키를 이용해서 컵 속에 자리잡아 줍니다.

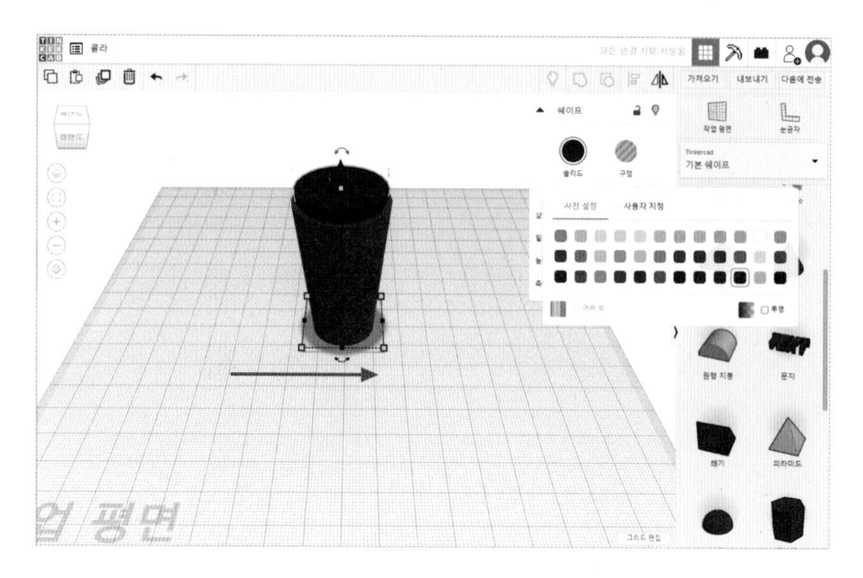

15 콜라 쉐이프 크기 조절하기

❶ 콜라 쉐이프를 선택한 채로 윗면의 높이 핸들을 아래로 내려줍니다.
❷ 높이 42까지 내려주면 콜라가 완성됩니다. 컵 속에 콜라가 들어갔죠?

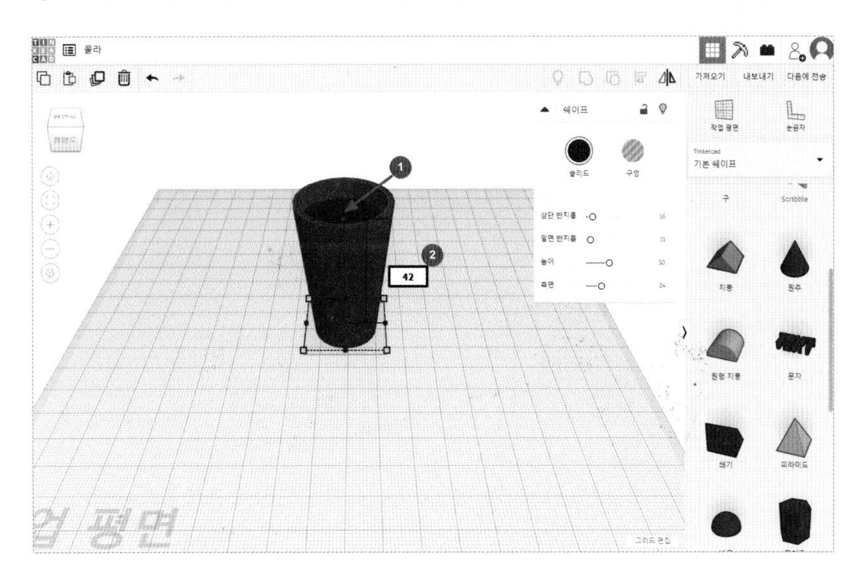

16 빨대 찾기

❶ 오른쪽의 기본 쉐이프를 클릭하면 아래 주루룩 많은 쉐이프 묶음 종류(카테고리)가 나옵니다.
❷ 여기서 '추천'을 클릭합니다.

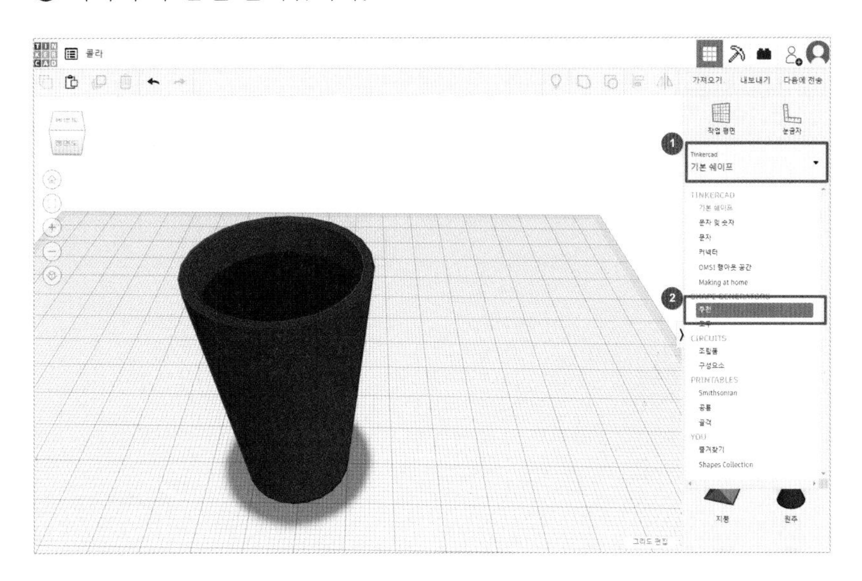

17 ‘휜 파이프’ 가져오기

– 추천 쉐이프 속에 다양한 쉐이프들을 살펴보세요. 어떤 쉐이프들이 있는지 미리 알아두면, 필요한 쉐이프를 쉽게 찾아낼 수 있답니다.

– ‘휜 파이프’ 쉐이프를 작업평면으로 가져옵니다.

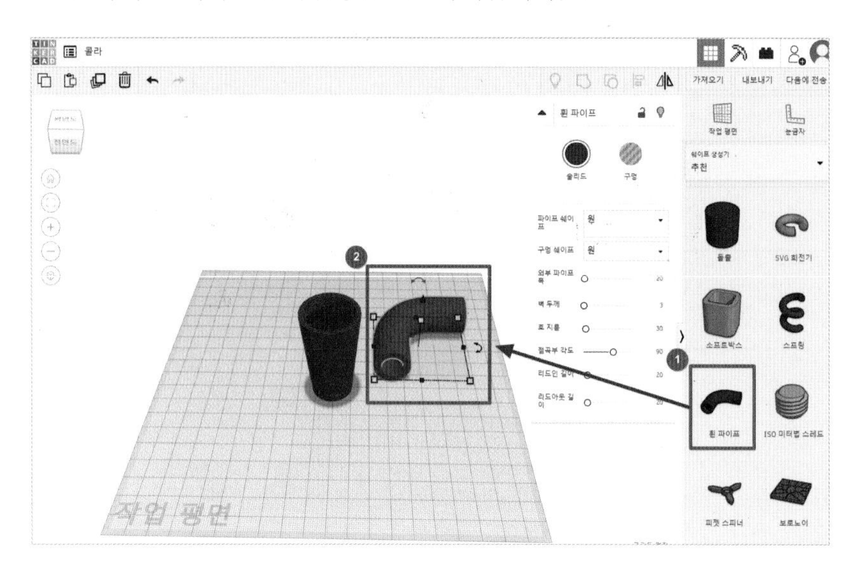

18 빨대 모양 만들기

– ‘휜 파이프’ 속성을 변경하여 길쭉한 빨대를 만들어줍니다.

– 리드인 길이 200, 리드아웃 길이 39

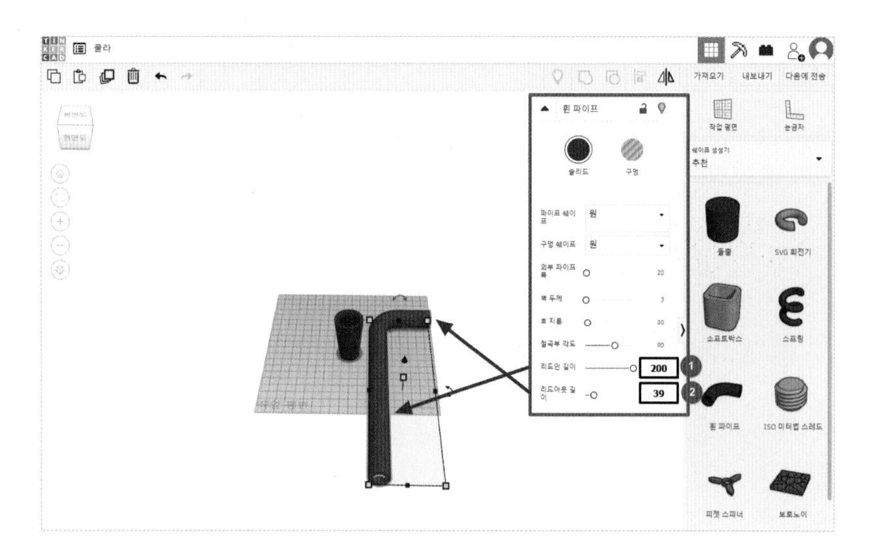

19 빨대 세우기

- 오른쪽 마우스를 누른 채로 드래그 하면서 화면을 우측면으로 돌려줍니다.
- 빨대를 90도 회전하여 위로 세워 줍니다. 이때 **Shift**를 누르면서 회전하면 45도씩 회전됩니다.

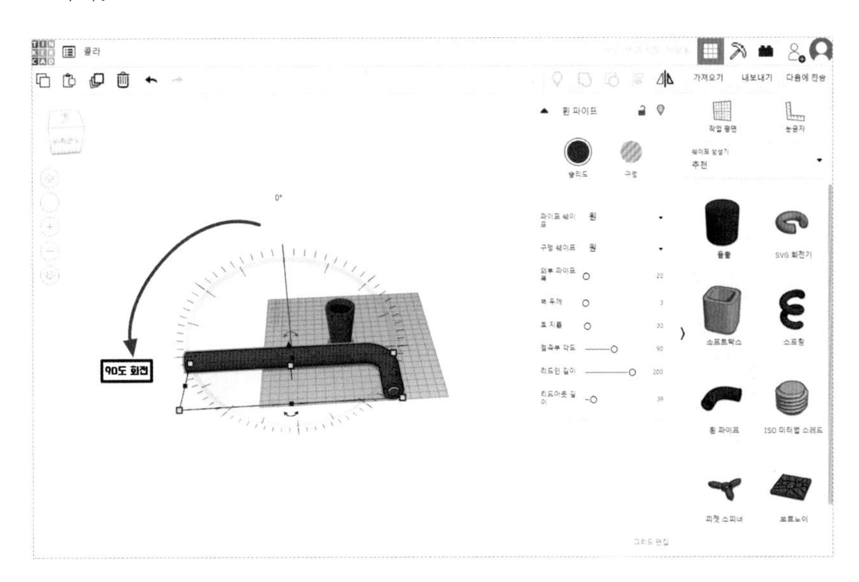

20 빨대 위치 잡기

- 다시 오른쪽 마우스를 누른 채로 드래그 하면서 화면을 정면으로 돌려줍니다.
- 키보드의 방향키를 누르며 컵 속으로 빨대를 자리 이동시킵니다.
- 거대한 빨대가 컵 속에 있네요.

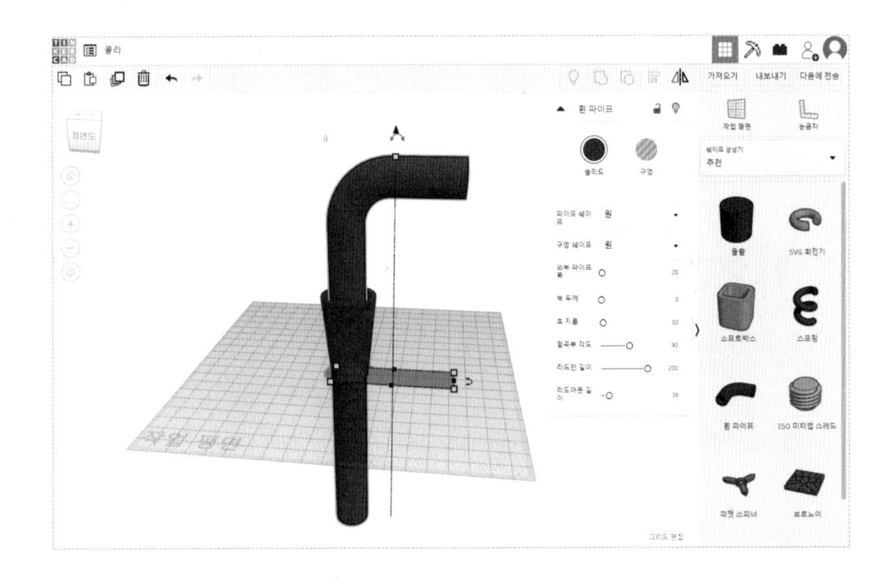

21 빨대 크기 조절하기

- 빨대의 크기를 컵에 어울리게 조절합니다.
- 가로 13, 세로 4, 높이 42
- 크기를 조절하면 또 위치가 변경됩니다. 키보드의 방향키를 이용해서 자리를 잡아줍니다.
- 높이를 높이거나 낮출 때는 쉐이프 위의 고깔을 잡아당기거나, **Ctrl + 위아래 방향키**를 눌러 조절합니다.

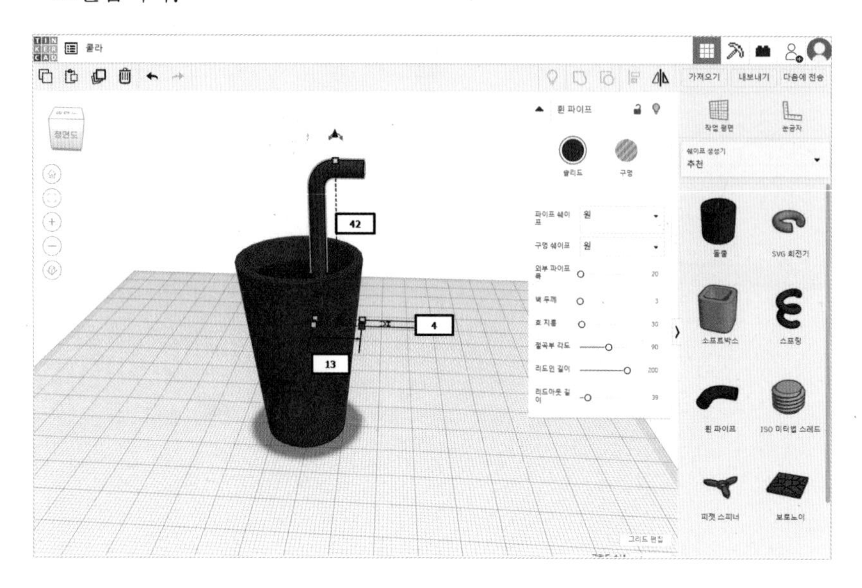

22 빨대 색 변경하기

- 연한 노란색으로 빨대 색을 변경해주면 완성!

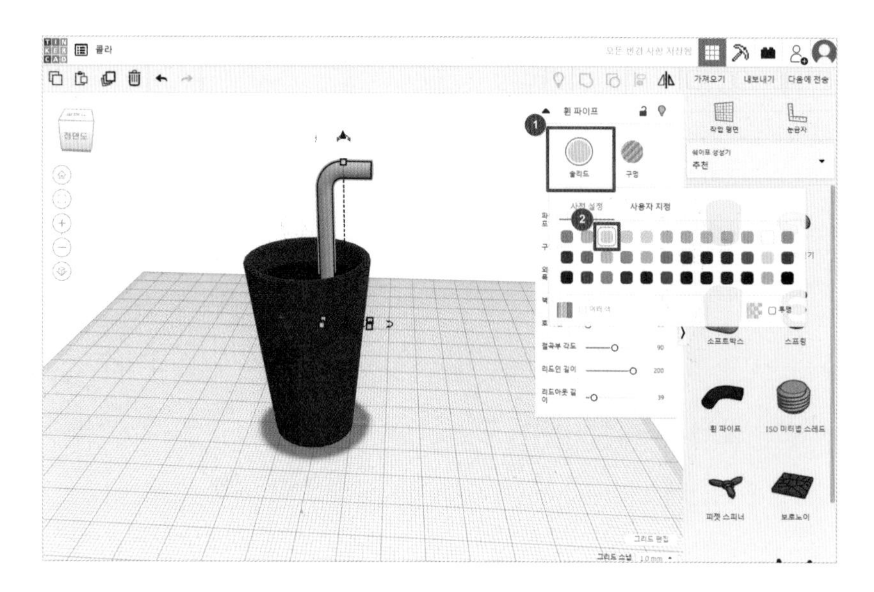

얼음 띄우기

23 얼음 쉐이프 찾기

- 콜라에 얼음이 빠지면 섭섭하지요.
- 오른쪽의 추천 쉐이프를 누르고, '모두' 쉐이프로 변경합니다.

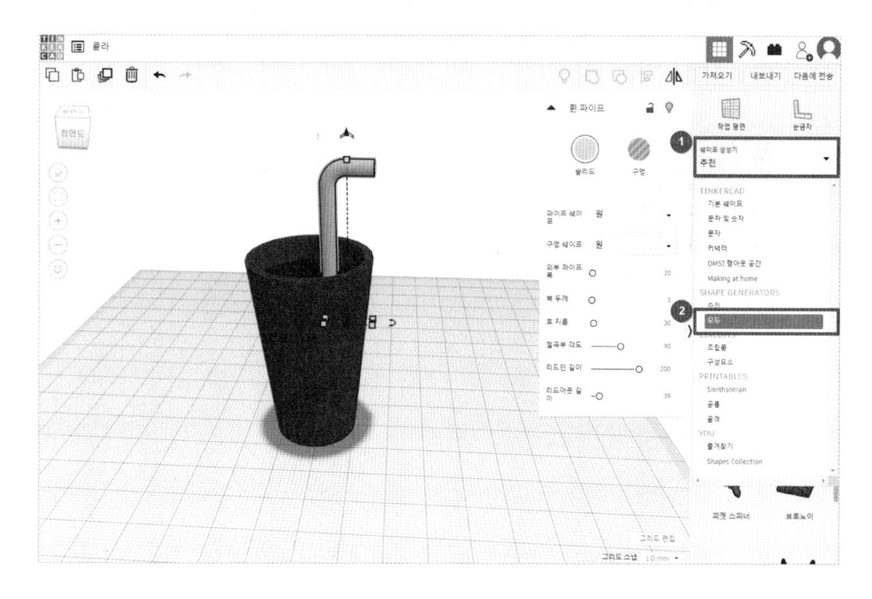

24 '둥근 정육면체' 쉐이프 가져오기

- 모두 쉐이프 10쪽에 있는 '둥근 정육면체' 쉐이프를 작업평면으로 가져옵니다.

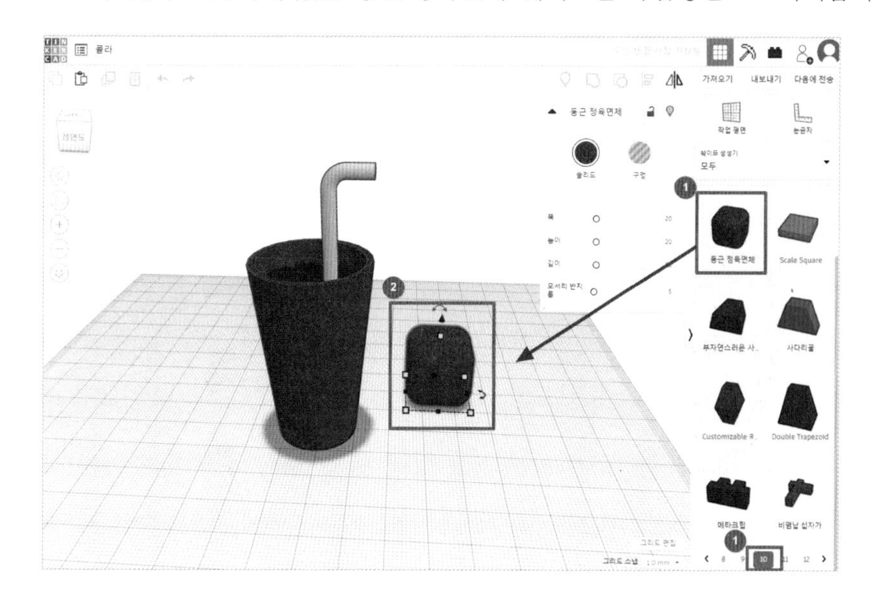

25 얼음 투명하게 만들기

- 얼음 쉐이프의 색상을 변경하고, 아래 '투명'에 체크를 해주면, 정말 얼음처럼 투명하게 연출됩니다.

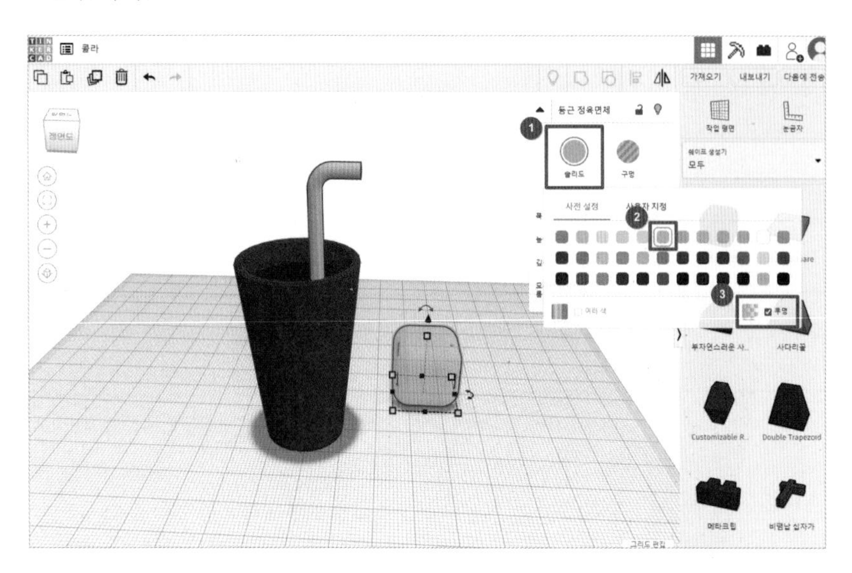

26 콜라 완성

- 얼음을 여러 개 만들어 콜라 위에 자리잡아줍니다.
- 이때, 크기를 다양하게 만들고 회전을 주면 더 실감납니다.
- 이렇게 오늘의 콜라가 완성되었습니다.

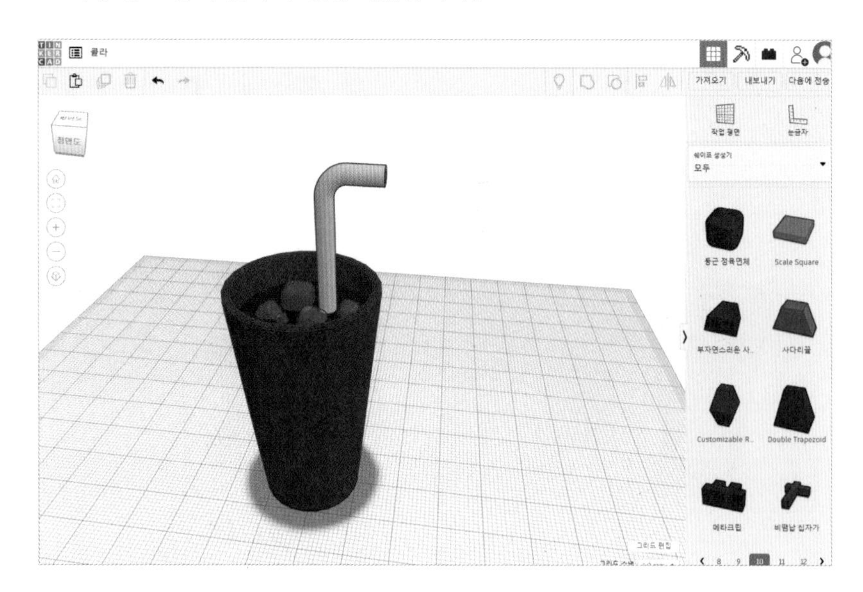

오늘의 요리 06

카레라이스

점점 모델링에 자신감이 붙고 있어요! 기본 쉐이프들을 이용해서 좀 더 멋진 한 그릇 음식을 만들고 싶어요!

그렇다면 적합한 요리가 있지요! 바로 카레라이스랍니다. 그룹화를 이용해서 쉐이프 삭제도 함께 실습해 봅시다.

color

Shape

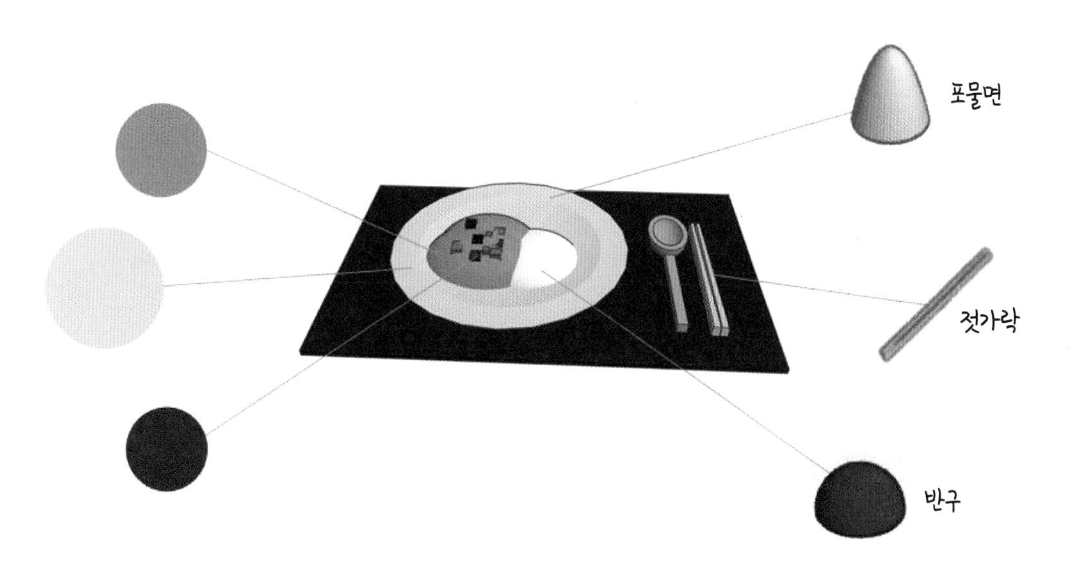

접시 만들기

01 새 디자인 작성

– 틴커캐드(https://tinkercad.com) 사이트 로그인 후 대시보드의 '새 디자인 작성'을 클릭합니다.

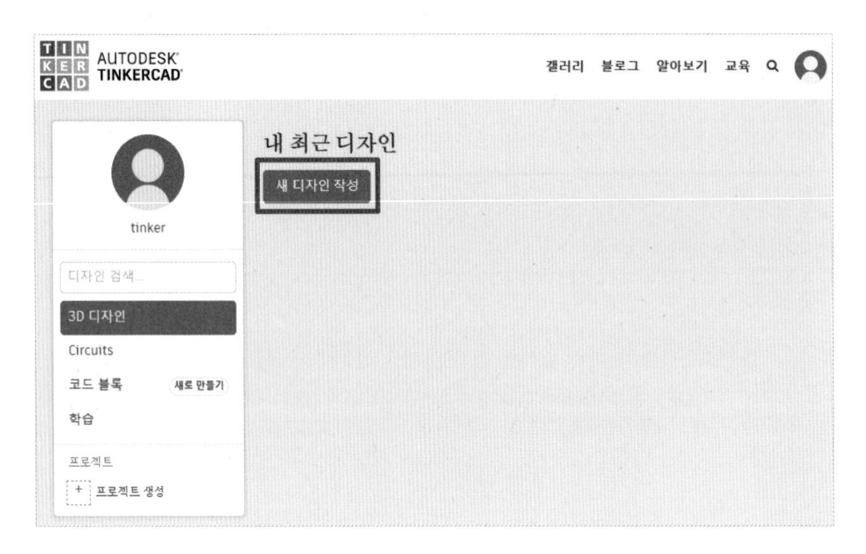

02 디자인 이름 바꾸기

– 영어로 기본 설정된 디자인 이름을 클릭하면 디자인 이름을 바꿀 수 있습니다.

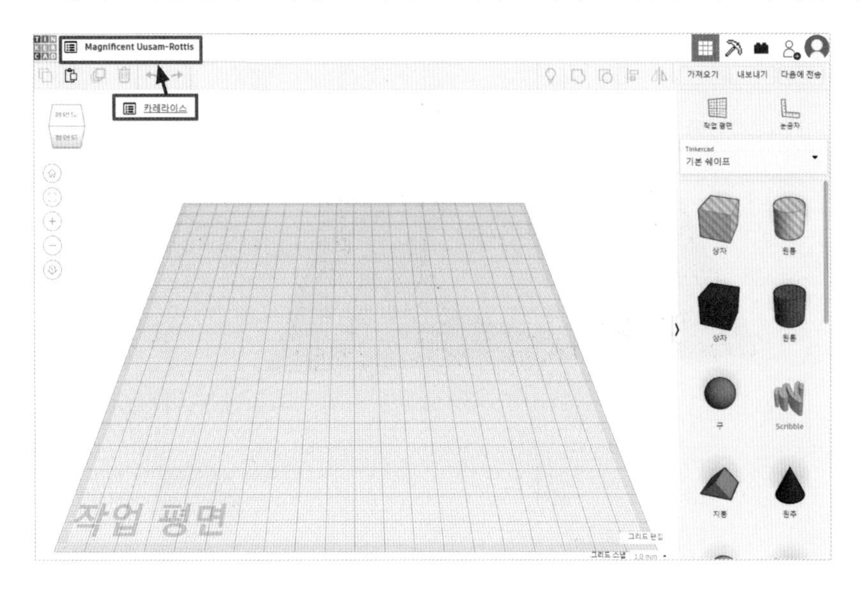

03 '포물면' 쉐이프 가져오기

- 기본 쉐이프의 목록을 아래로 내려서 '포물면' 쉐이프를 찾습니다.
- '포물면' 쉐이프를 드래그해서 작업평면으로 가져옵니다.

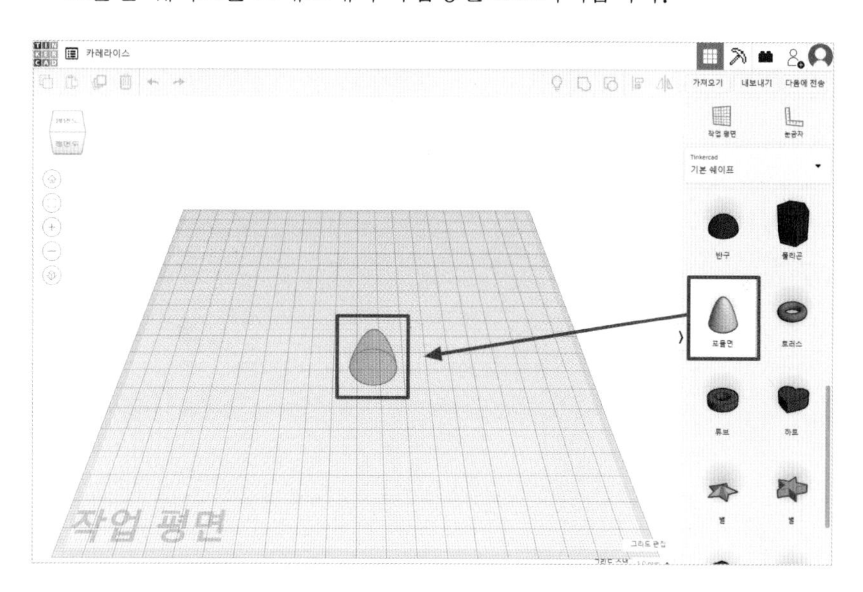

04 포물면 상하 대칭

❶ 오른쪽 위에 있는 '대칭(단축키 M)'을 클릭합니다.
- 3차원 모델링이므로, 3개의 축(가로, 세로, 높이)을 기준으로 대칭시킬 수 있습니다.

❷ 높이를 기준 축으로 하여 대칭을 클릭합니다.

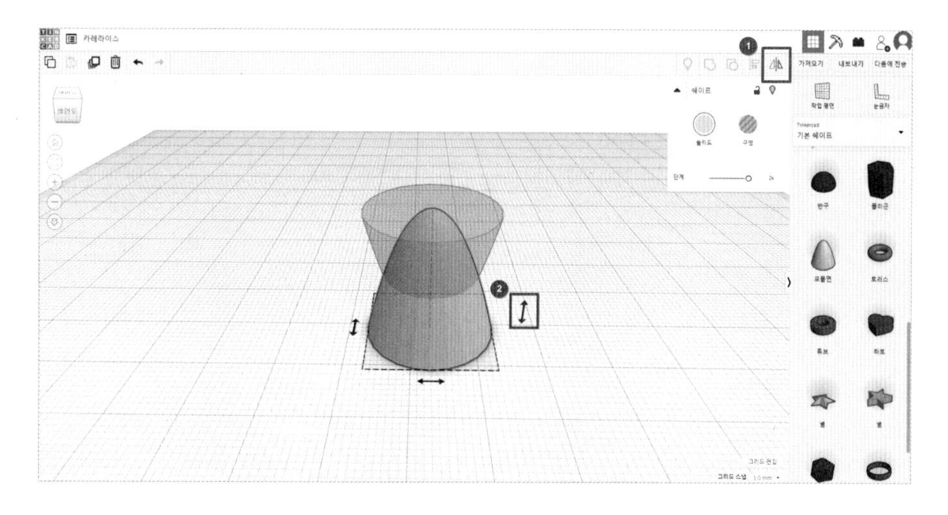

05 '포물면' 쉐이프 크기 정하기

– 넓은 접시를 표현하기 위해, 포물면 쉐이프를 넓적하게 만들어줍니다.

– 가로 50, 세로 50, 높이 5

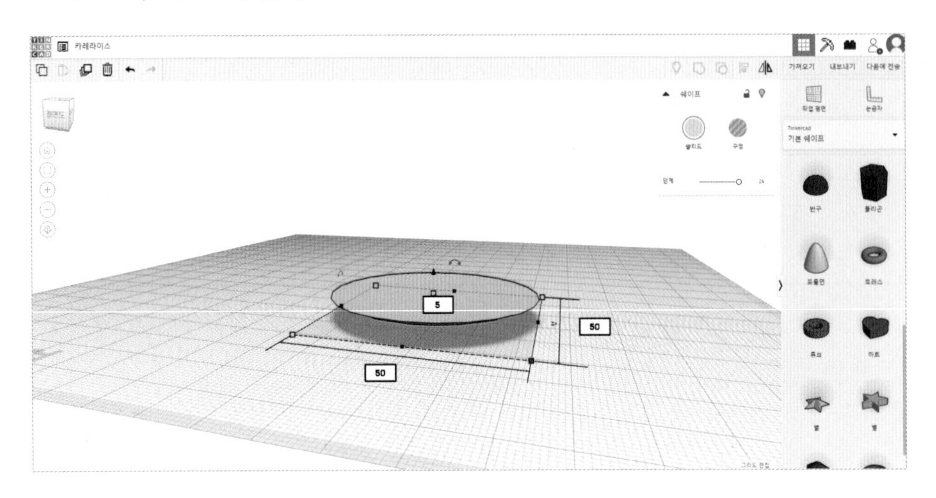

06 '포물면' 쉐이프 복제하기

– 넓은 접시를 옴폭하게 표현해주기 위해서, '포물면' 쉐이프를 클릭한 채로 왼쪽 위의 '복제 및 반복(단축키 Ctrl + D)'을 클릭합니다.

– 그러면 '번쩍' 하며 같은 자리에 똑같은 쉐이프가 하나 더 복제됩니다.

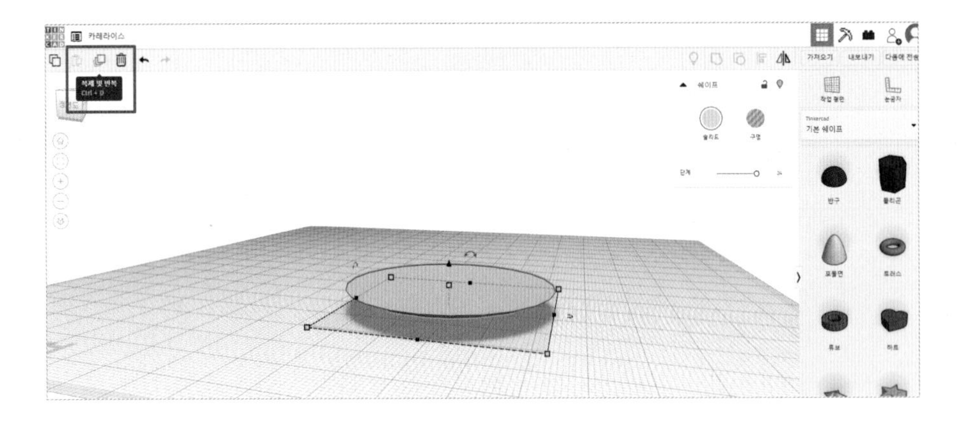

07 복제된 '포물면' 쉐이프 높이 높이기

– 옴폭하게 표현해 줄 쉐이프를 만들고 있습니다. 그러기 위해서는 복제된 '포물면' 쉐이프의 고깔 모양의 높이 조절 핸들러를 잡고 높이를 2 정도로 높여줍니다.

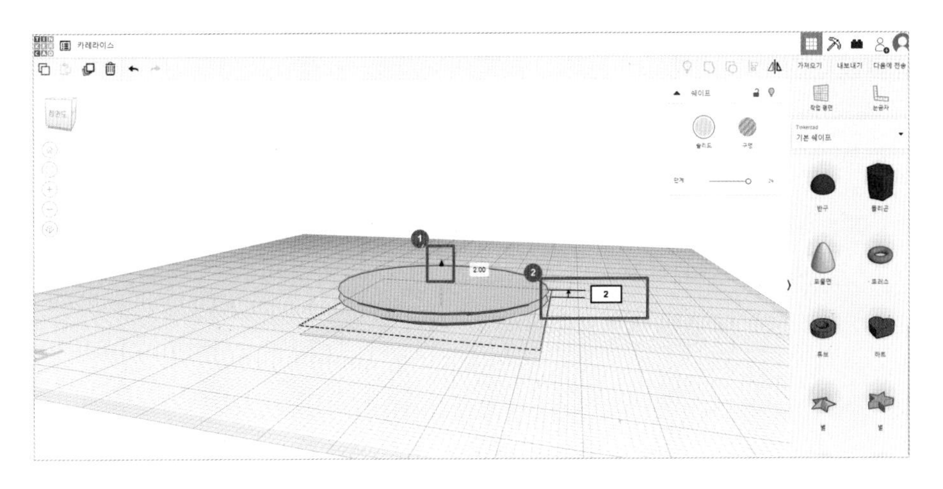

08 구멍 쉐이프 만들기

❶ 쉐이프 속성의 '구멍'을 클릭합니다.

– 쉐이프를 잘라내거나 구멍을 뚫을 때 '구멍' 속성을 이용합니다.

❷ 이렇게 빗금 모양의 쉐이프로 모양이 바뀝니다. 하지만 아직 구멍은 뚫리지 않았습니다.

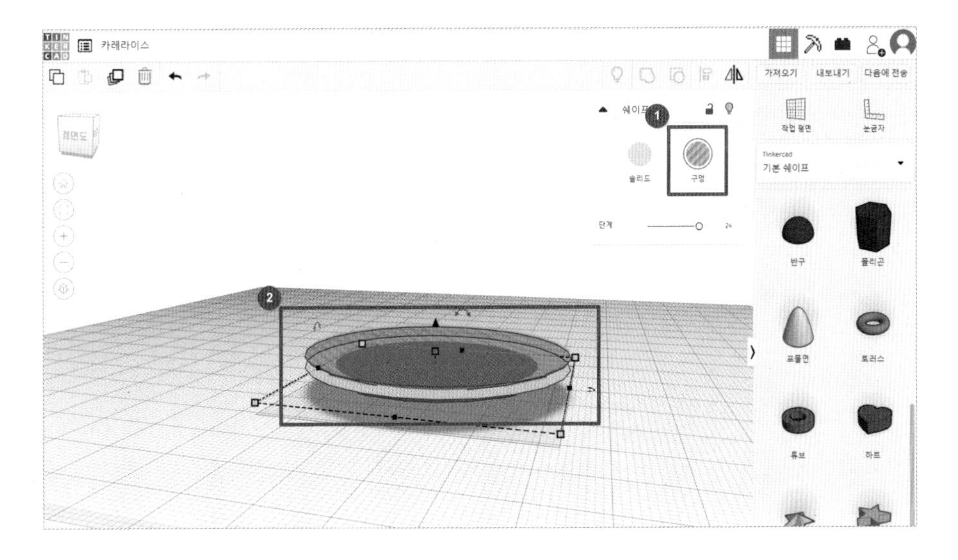

09 두 개의 '포물면' 쉐이프 선택하기

- 마우스로 드래그 해서 두 개의 '포물면' 쉐이프를 모두 선택합니다.
- 선택된 쉐이프는 테두리가 하늘색으로 표시됩니다.

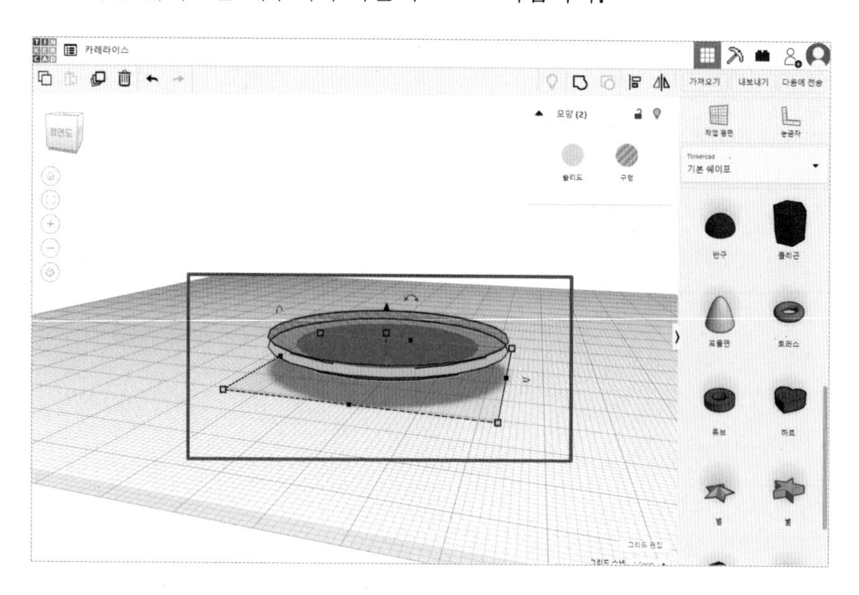

10 그릇에 구멍 뚫기

❶ 이제 이 두 쉐이프를 왼쪽 위의 '그룹화(단축키 Ctrl + G)'를 눌러주면, 구멍 쉐이프의 부분이 뚫어지면서 구멍이 뚫어집니다. 틴커캐드에서는 '솔리드' 속성의 쉐이프와 '구멍' 속성의 쉐이프를 그룹화 하면 쉐이프의 일부분을 삭제할 수 있습니다.

❷ 카레라이스를 담을 접시 완성!

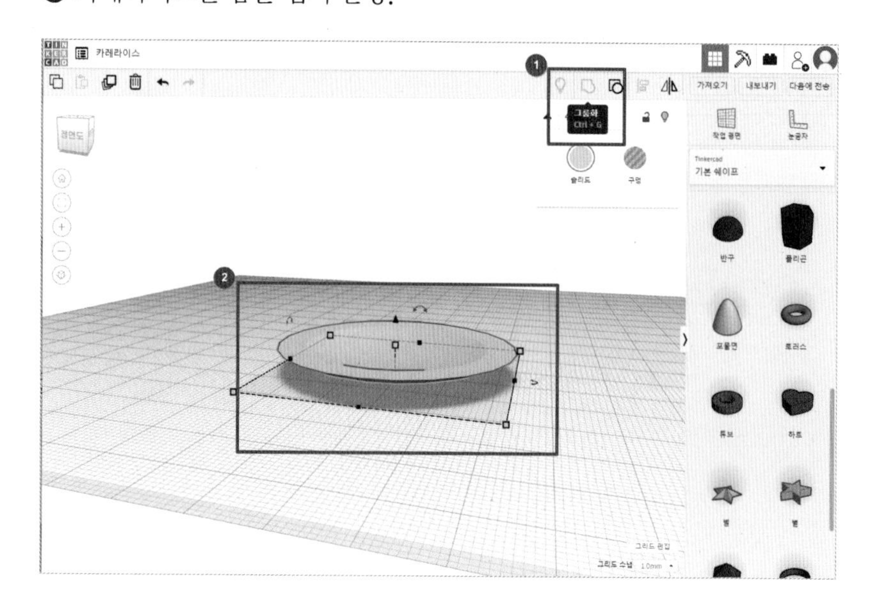

카레와 밥 담기

11 '반구' 쉐이프 가져오기

– '반구' 쉐이프를 이용해서 '밥'을 만들어 봅시다.

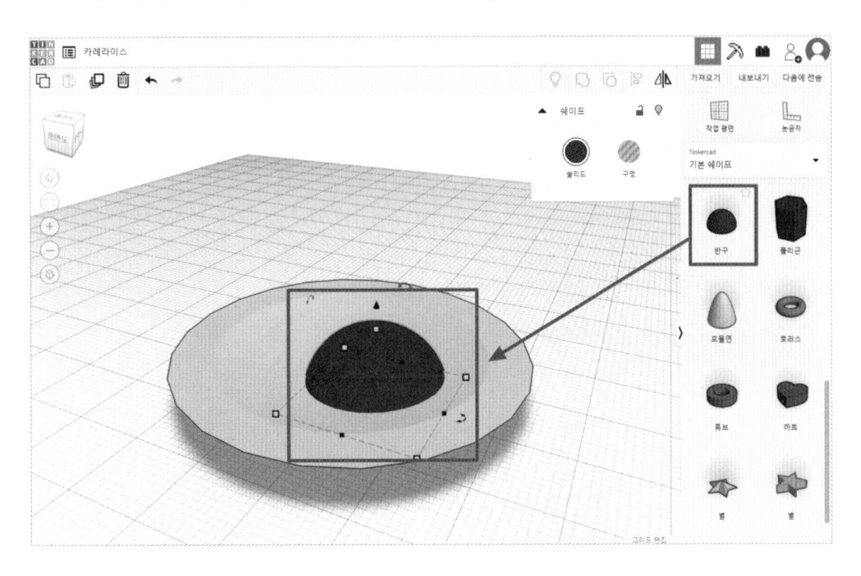

12 쉐이프 색상 변경

– 밥이니까 색깔은 흰색으로 할까요?

❶ '반구' 쉐이프의 속성창에 '솔리드'를 클릭하고

❷ 색상을 흰색으로 해 줍시다. 현미밥을 원한다면 '누런색'을 선택해주세요.

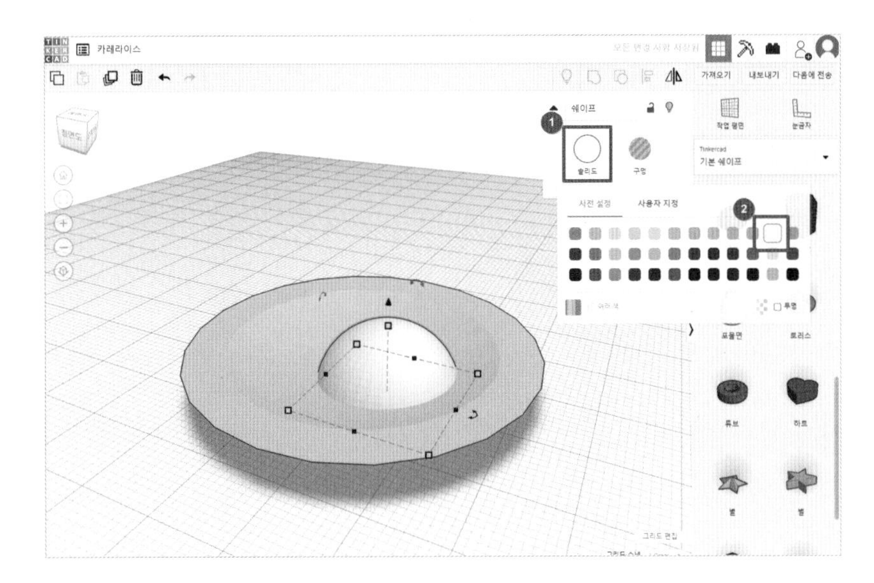

13 밥의 높이 조절하기

- 저런! 밥이 작업평면에 붙어있어서 접시보다 아래에 있습니다.
- 높이를 조절하는 고깔 모양의 핸들러를 드래그해서 높이를 2 정도 높여줍니다.

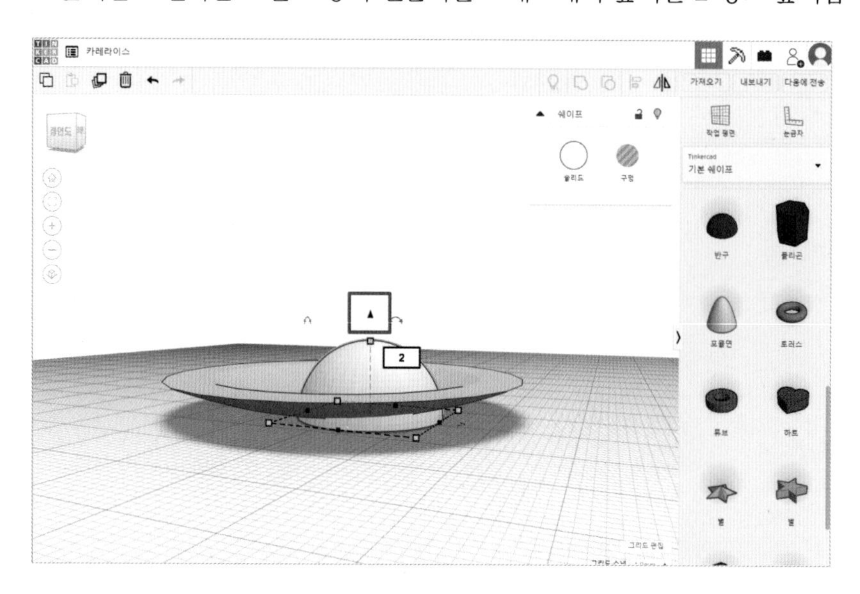

14 밥의 양 조절하기(높이 조절하기)

- 밥이 너무 높으니, 쉐이프 높이를 5 정도로 낮춰서 조절해 줍니다.
- 적당해 보이지요?

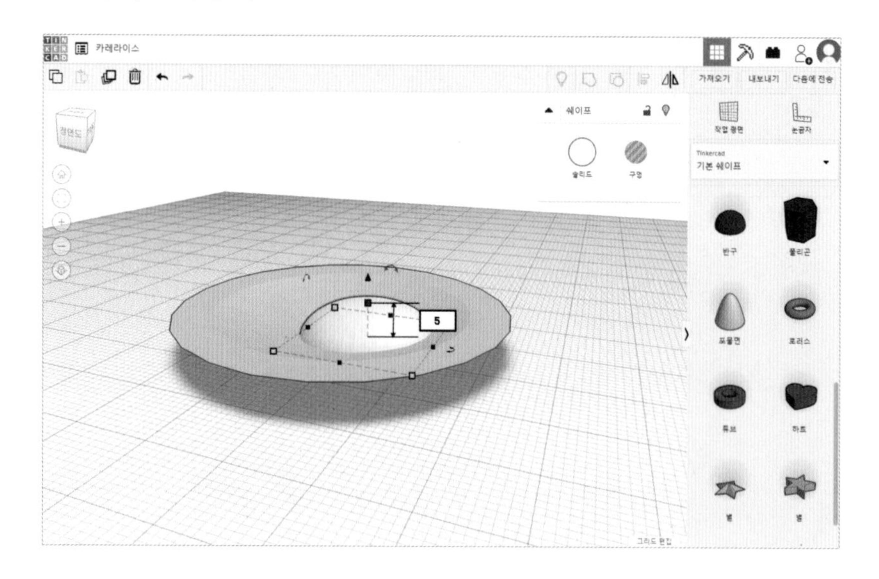

15 카레 만들기 - 밥 복제하기

– '밥'인 '반구' 쉐이프를 하나 더 복제해서 '카레'를 표현해 봅시다.

– 밥을 선택한 후 왼쪽 위의 '복제 및 반복(단축키 Ctrl + D)'을 클릭하면 같은 쉐이프가 하나 더 같은 자리에 복제됩니다.

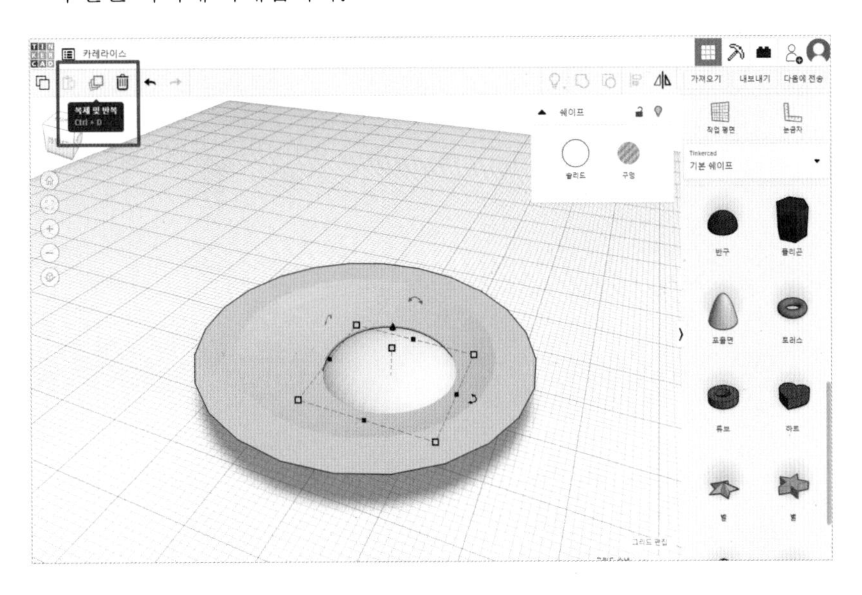

16 카레 위치 잡기

– 복제된 쉐이프를 키보드의 왼쪽 화살표를 이용하여(또는 마우스 드래그로) 왼쪽으로 이동시킵니다. 적당하게 자리를 잡아 줍니다.

– 이때, 초보자들은 드래그 보다는 키보드로 이동하는 것이 원하는 위치를 조절하기가 쉽습니다.

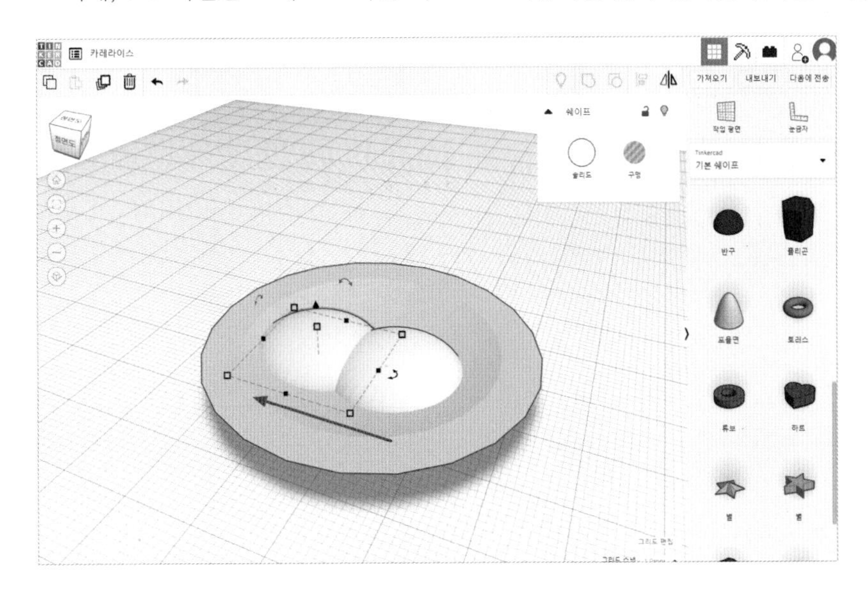

17 카레 크기 조절하기

– 밥과 같은 크기면 식상하겠지요? 카레의 크기를 넉넉하게 키워줍니다.
– 가로 24, 세로 21, 높이 7

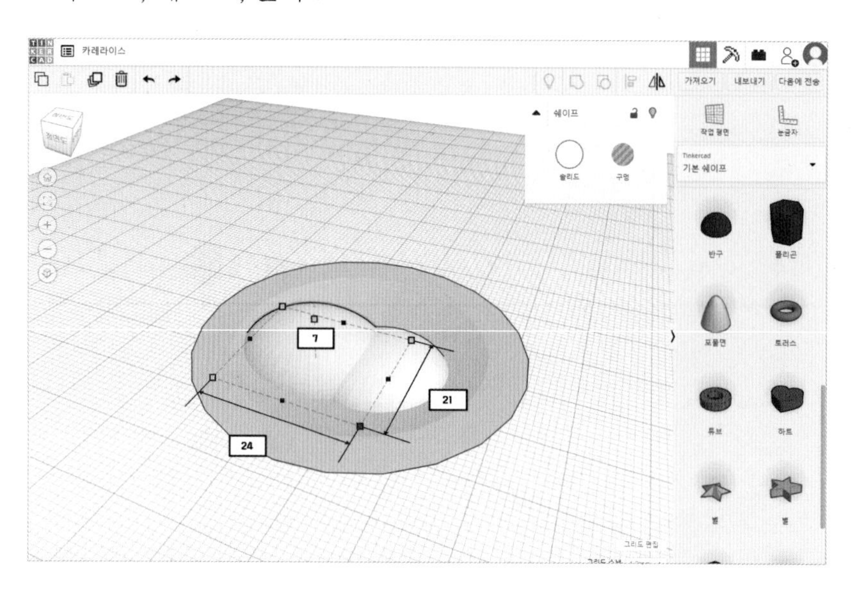

18 카레 색 입히기

❶ 카레의 색을 입혀줍니다. '반구' 쉐이프 속성의 솔리드를 선택하고
❷ 가장 비슷한 황토색의 카레의 색상을 선택합니다.

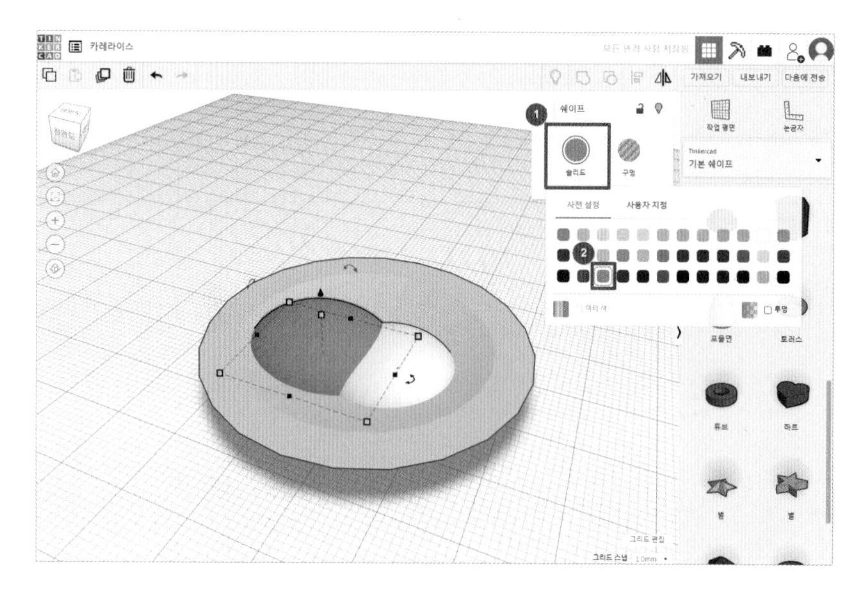

19 카레 건더기 만들기

– '상자' 쉐이프를 선택하여 카레 위에 올려줍니다.

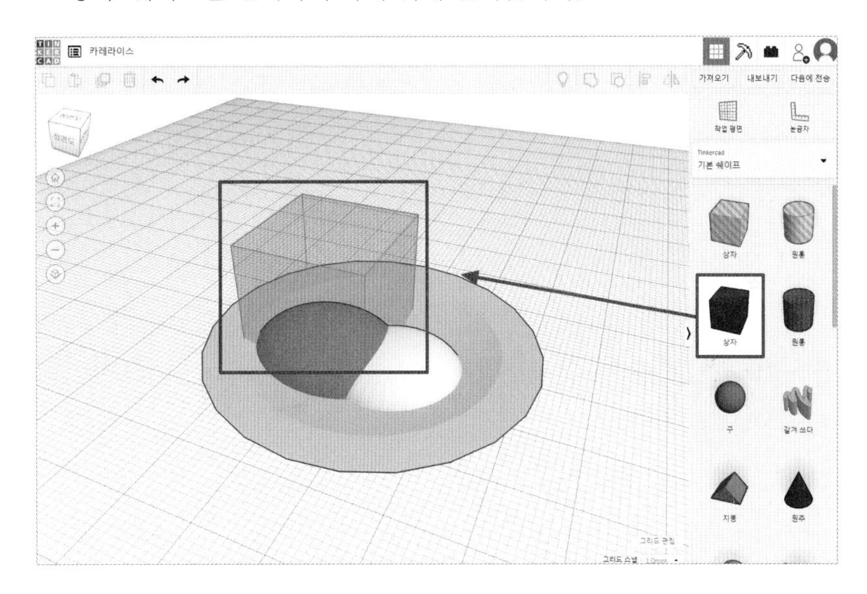

20 카레 건더기 크기 조절하기

– 건더기의 크기를 가로 2, 세로 2, 높이 1.5 정도로 조절해 자리를 잡아줍니다.

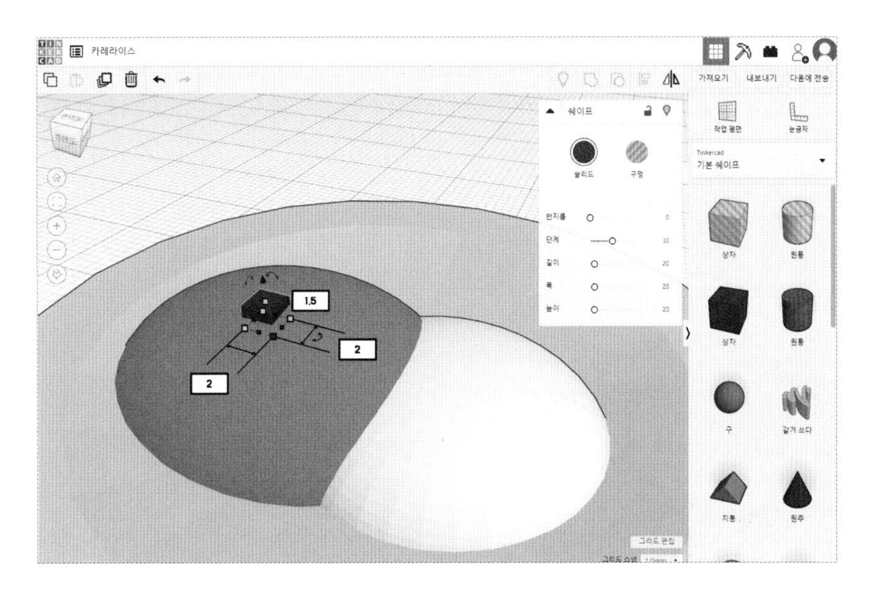

21 카레 건더기 여러 개 만들기

– 같은 방법으로 '상자' 쉐이프를 이용하여 크기 및 색상을 달리해서 다양한 건더기를 만들어 줍니다. 이때 '복제 및 반복(단축키 Ctrl + D)'을 이용하면 쉽게 건더기를 여러 개 만들 수 있을 거에요.

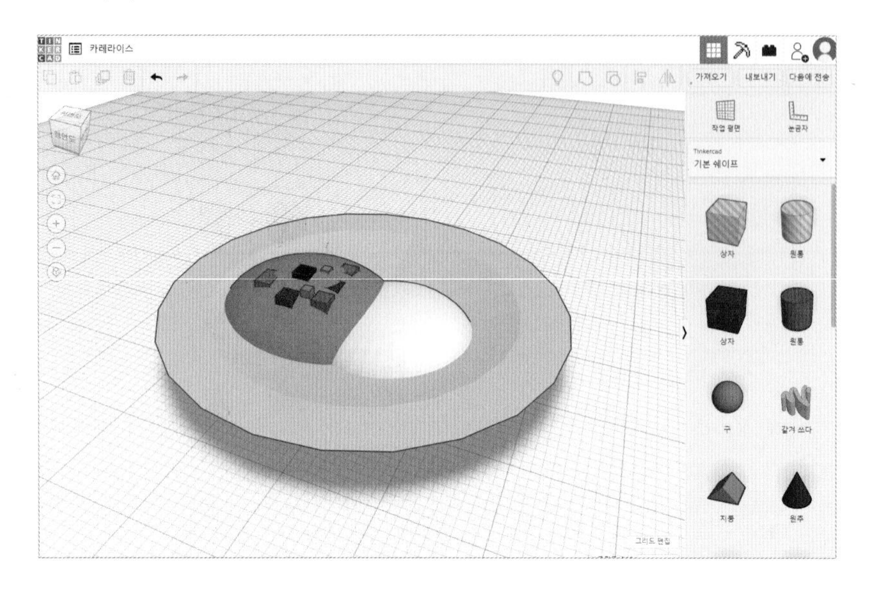

22 카레라이스 완성!

– '상자' 쉐이프와 '반구' 쉐이프, '젓가락' 쉐이프를 이용해서 맛있게 세팅도 해주면 오늘의 요리 완성!

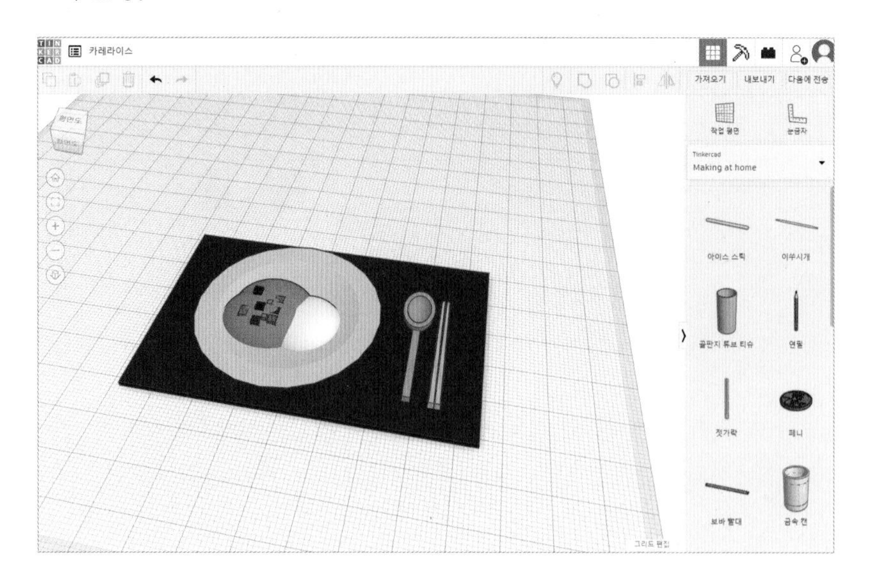

오늘의 요리 07

샐러드

치킨샐러드~ 두부샐러드~ 치즈 샐러드~ 난 샐러드라면 뭐든 좋아요!

후후, 일단 기본적인 샐러드를 만들어볼까요?
그 다음 원하는 치즈, 치킨, 두부 원하는대로 만들어보는 거에요!

color

Shape

샐러드 그릇 만들기

01 새 디자인 작성

- 틴커캐드(https://tinkercad.com) 사이트 로그인 후 대시보드의 '새 디자인 작성'을 클릭합니다.

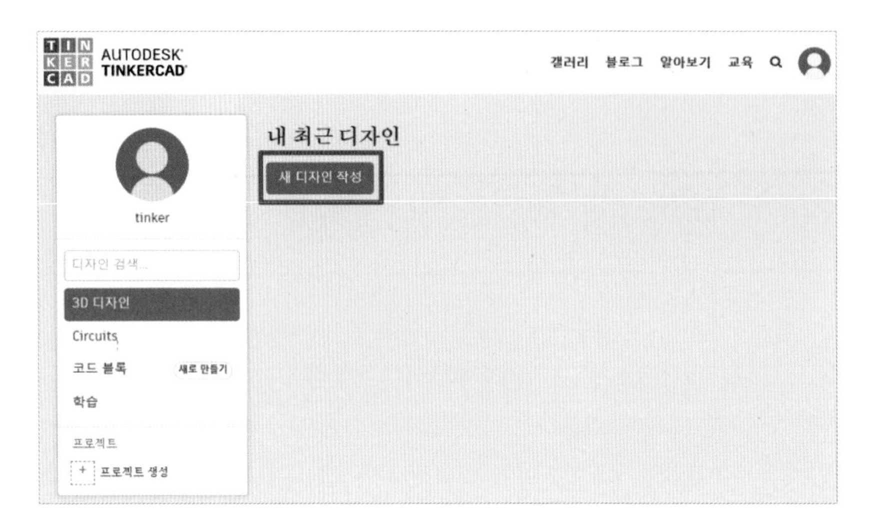

02 디자인 이름 바꾸기

- 영어로 기본 설정된 디자인 이름을 클릭하여 '샐러드'로 바꿔주세요

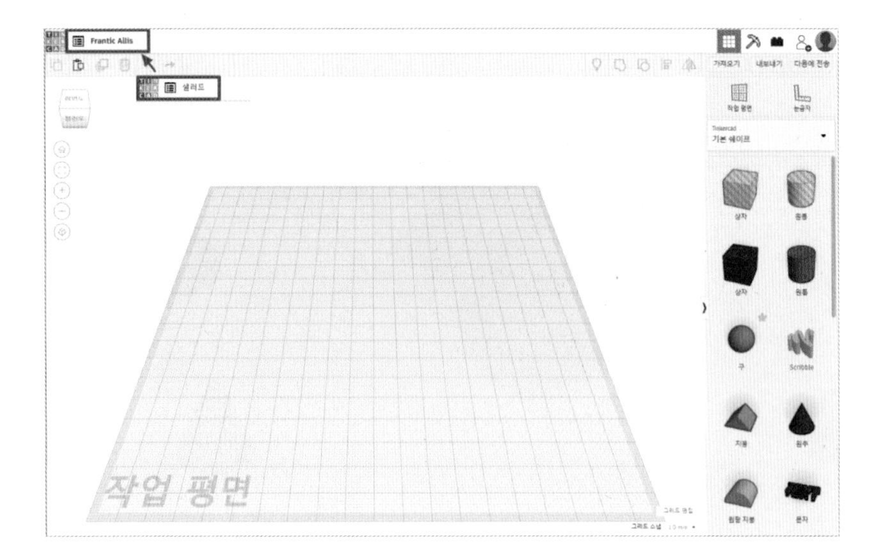

03 '원추' 쉐이프 가져오기

- 기본 쉐이프의 목록에서 '원추' 쉐이프를 찾아 작업평면으로 가져옵니다.
- '원추' 쉐이프는 상단 반지름, 밑면 반지름, 측면 등을 조절할 수 있어 유용합니다.

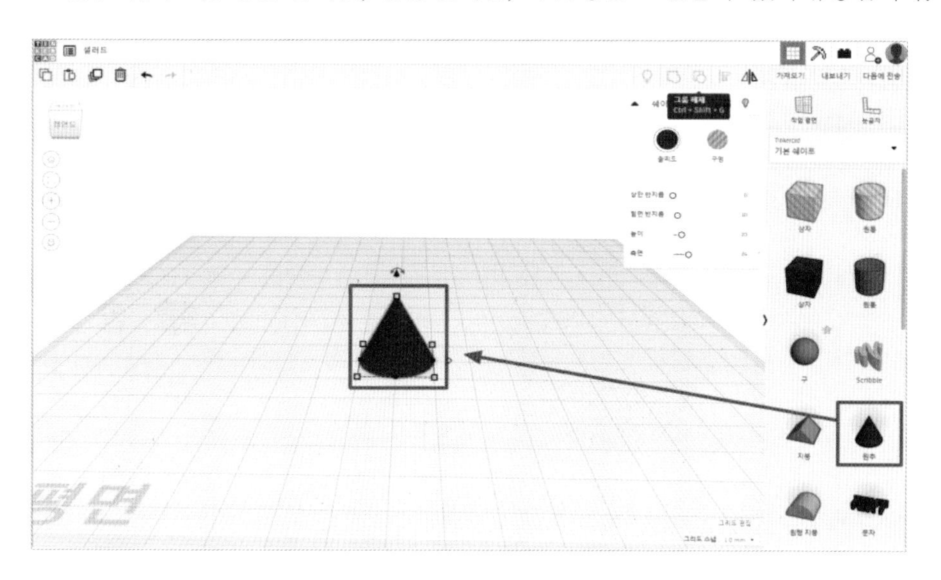

04 크기 설정하기

- 그릇을 여러분이 원하는 크기로 알맞게 설정합니다. (측면을 12로 하면 12각형이 됩니다)
- 상단 반지름 20, 밑면 반지름 10, 높이 20, 측면 12

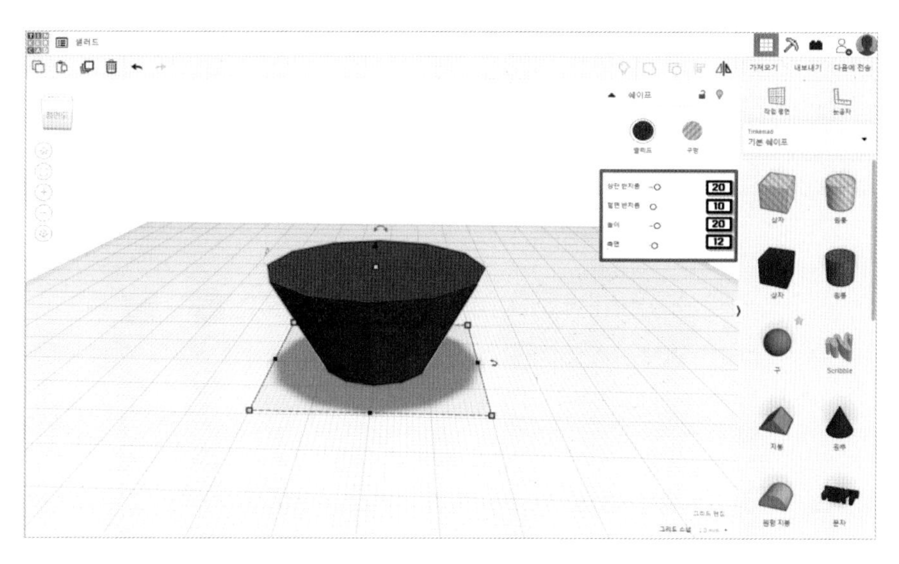

05 쉐이프 복제하기

- 쉐이프를 누른 상태로 복제(단축키 **Ctrl + D**)합니다.
- 원본 쉐이프: 가로 40, 세로 40, 높이 20
- 복제 쉐이프: 가로 38, 세로 38, 높이 20

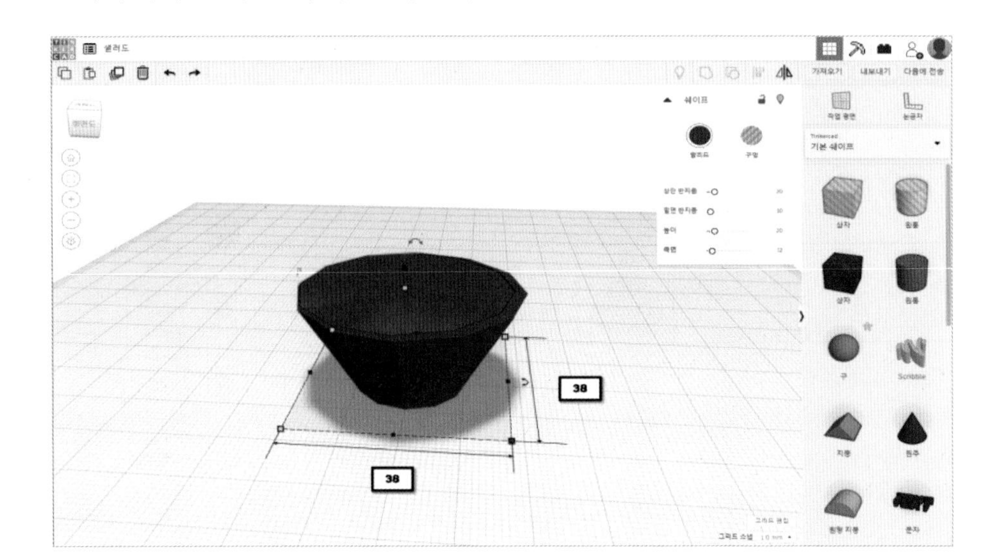

06 쉐이프 구멍으로 만들기

- 복제된 쉐이프의 키보드 방향키로 위아래 한 칸씩 조절하여 가운데로 맞춰줍니다.
- 높이도 한 칸 올려준 뒤(**Ctrl + 위쪽 방향키**) '구멍'을 눌러줍니다.

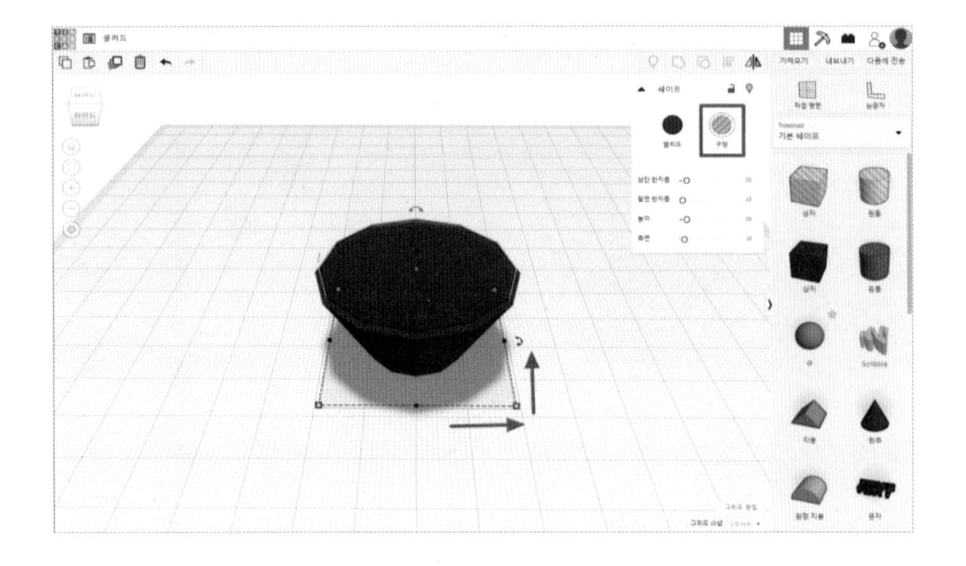

07 선택하여 그룹화하기

❶ 쉐이프와 구멍 쉐이프를 모두 선택합니다.
❷ 상단의 그룹화(단축키 Ctrl + G) 버튼을 눌러 그룹화하면 그릇처럼 움푹한 모양이 됩니다

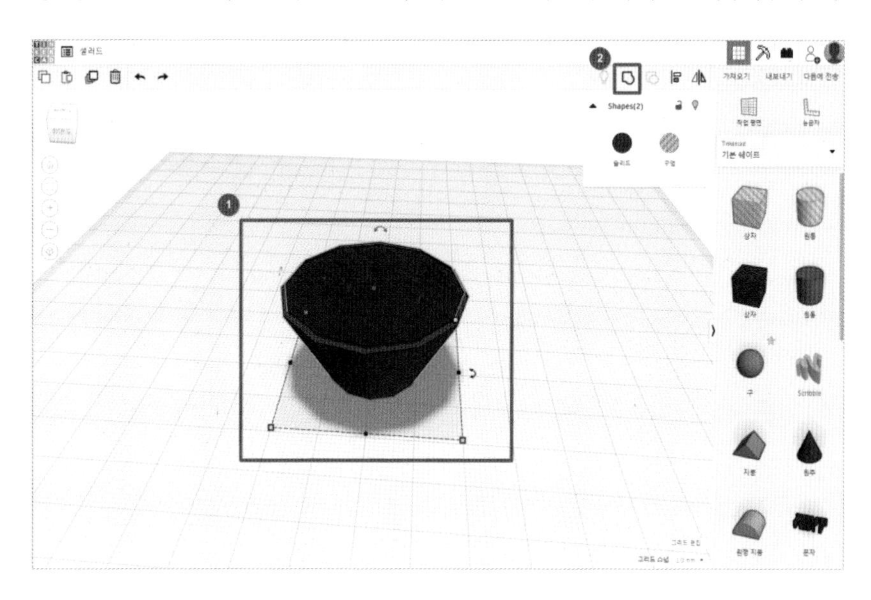

08 투명 그릇 만들기

– 쉐이프 속성의 '솔리드'를 클릭하여 원하는 색상으로 바꿔줍니다.
– 흰색으로 한 뒤, '투명'을 클릭하여 투명한 그릇을 만들어 주었습니다.

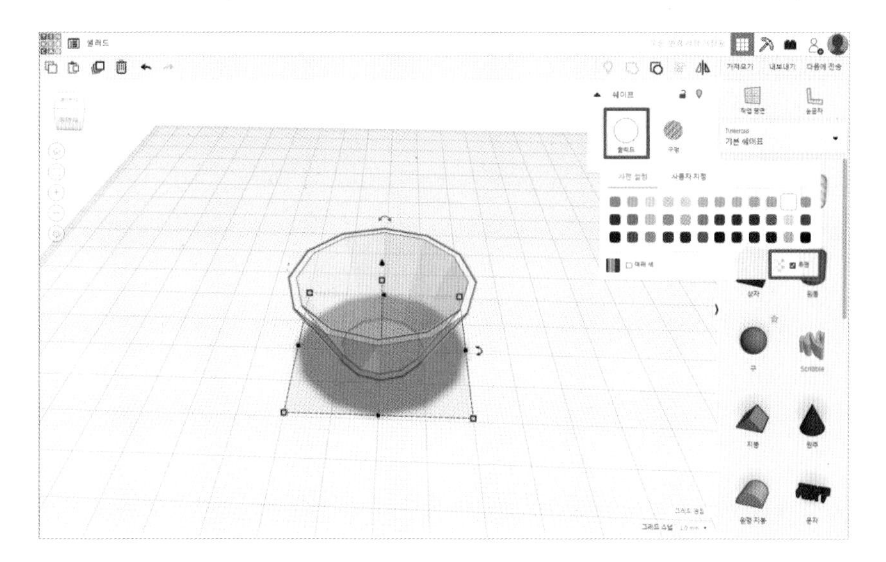

야채와 과일 만들기

09 'Scribble' 쉐이프 가져오기

- 기본 쉐이프에서 'Scribble' 쉐이프를 가져옵니다.
- 어라, 이 쉐이프는 핫도그에서 케첩을 만들 때 썼었죠?

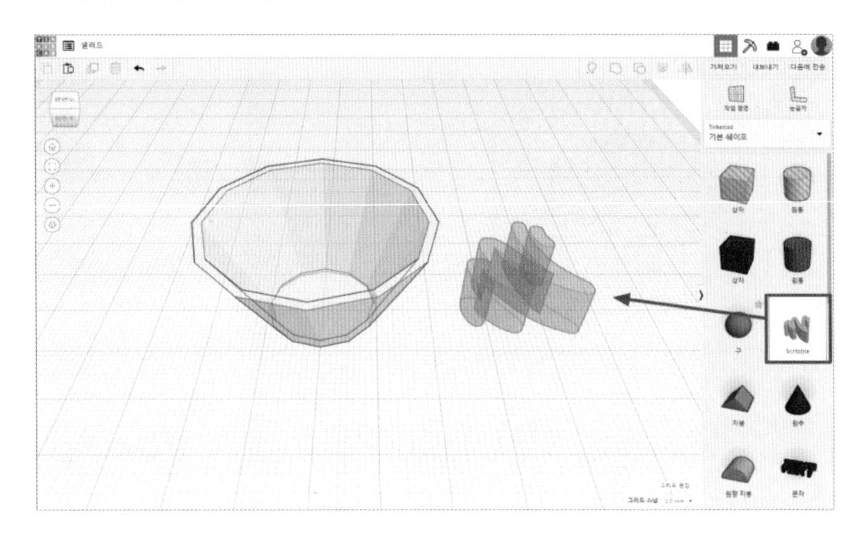

10 파프리카 만들기

- 파프리카 썰은 모양처럼 그려줍니다.(파프리카일까요? 피망일까요?)
- 자유롭게 그려준 뒤 '종료' 버튼을 누릅니다.

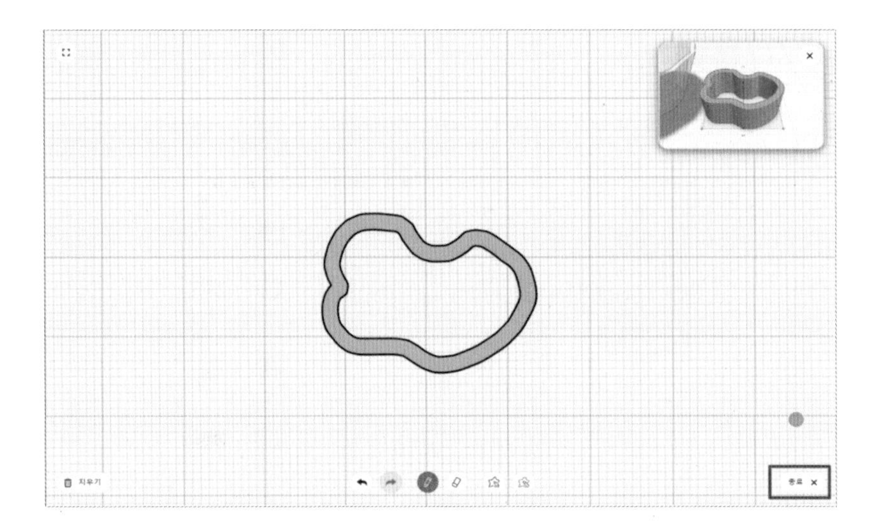

11 파프리카 크기 조절하기

– '솔리드' 아래 있는 '높이'를 조절해도 되지만 쉐이프를 클릭한 뒤 1로 정하겠습니다
– 가로 10, 세로 10, 높이 1

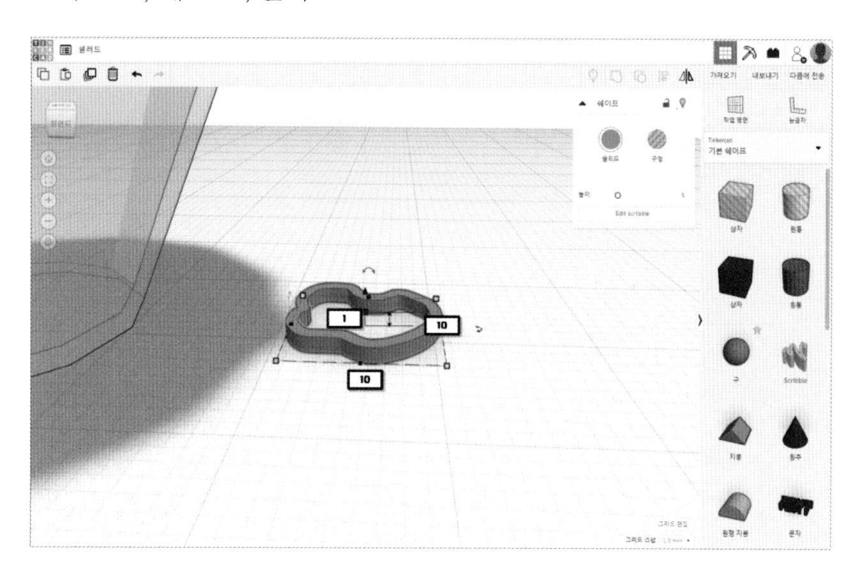

12 방울 토마토 만들기

– 파프리카를 여러 개 복제(단축키 Ctrl + D)하여 옆에 만들어둡니다.
– 방울토마토(반으로 가른)가 될 '반구 쉐이프'를 가져옵니다.

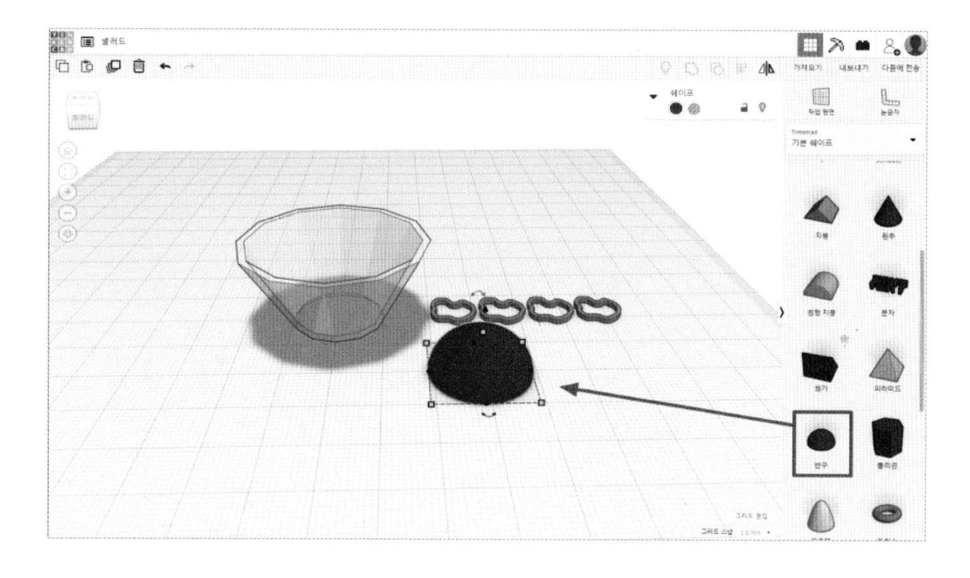

13 방울 토마토 크기 정하기

– 빨간색으로 바꾸고 크기를 조절한 뒤, 옆에 여러 개를 복제(단축키 Ctrl + D)합니다.
– 가로 5, 세로 5, 높이 3

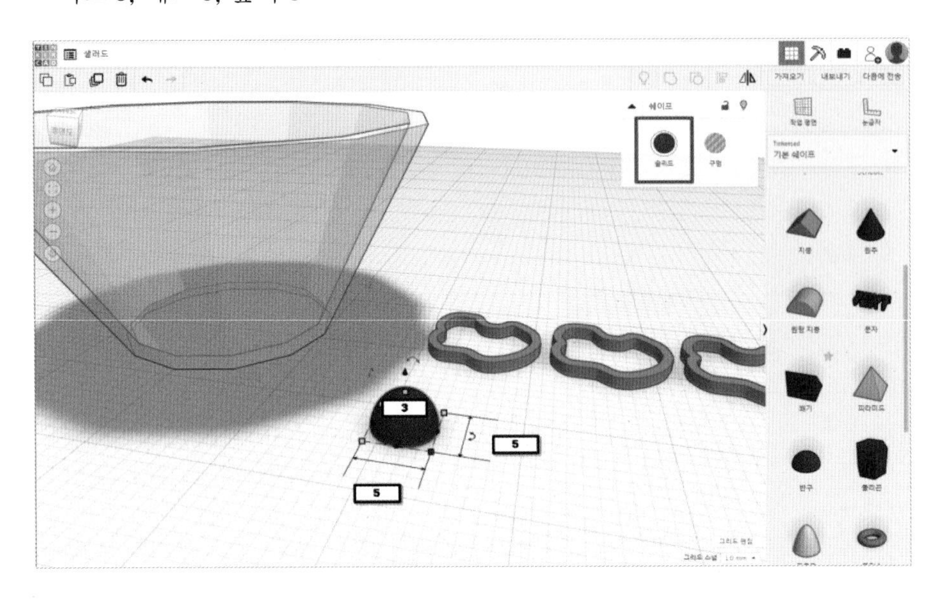

14 파인애플 조각 만들기

❶ '원통' 쉐이프를 가져옵니다.
❷ 색상을 노란색으로 바꿔줍니다.

– 파인애플 조각은 만들기 조금 까다롭지만 만들고 나면 앞으로 어떤 모양이든 자신있게 만들 수 있을 거에요.

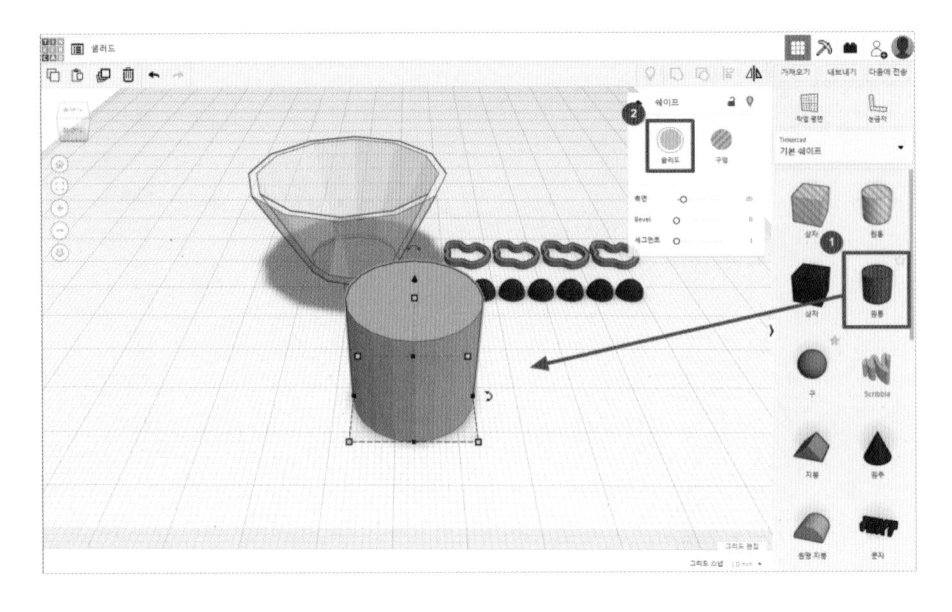

15 파인애플 조각 크기 조절하기

– 파인애플 조각으로 자를 것이기 때문에 조금 넉넉하게 크기를 설정합니다.

– 가로 20, 세로 20, 높이 2

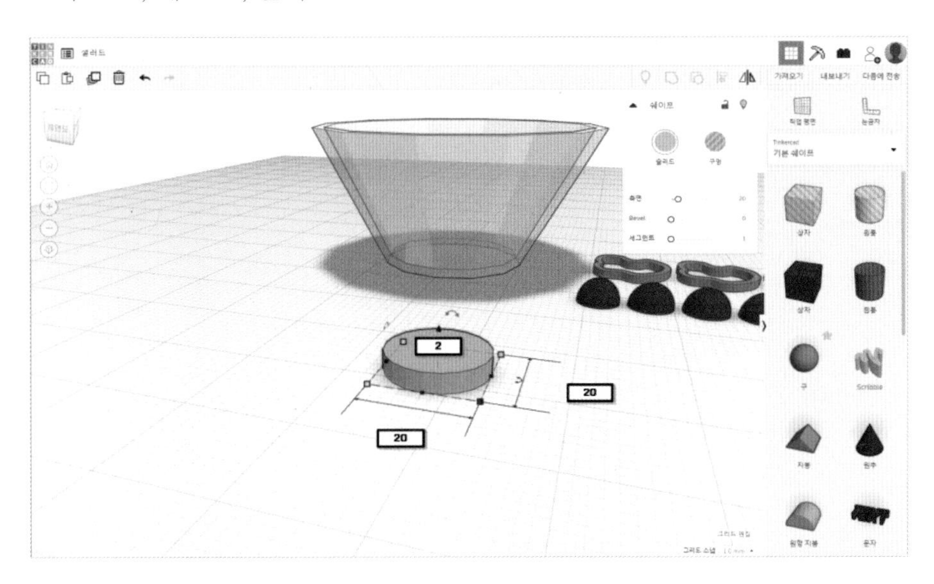

16 구멍쉐이프 가져오기

❶ 기본 쉐이프에서 상자(구멍), 원통(구멍) 쉐이프를 가져옵니다.

❷ 파인애플 조각처럼 잘리도록 쉐이프들을 배치한 뒤, 상자들을 조금 회전시킵니다.

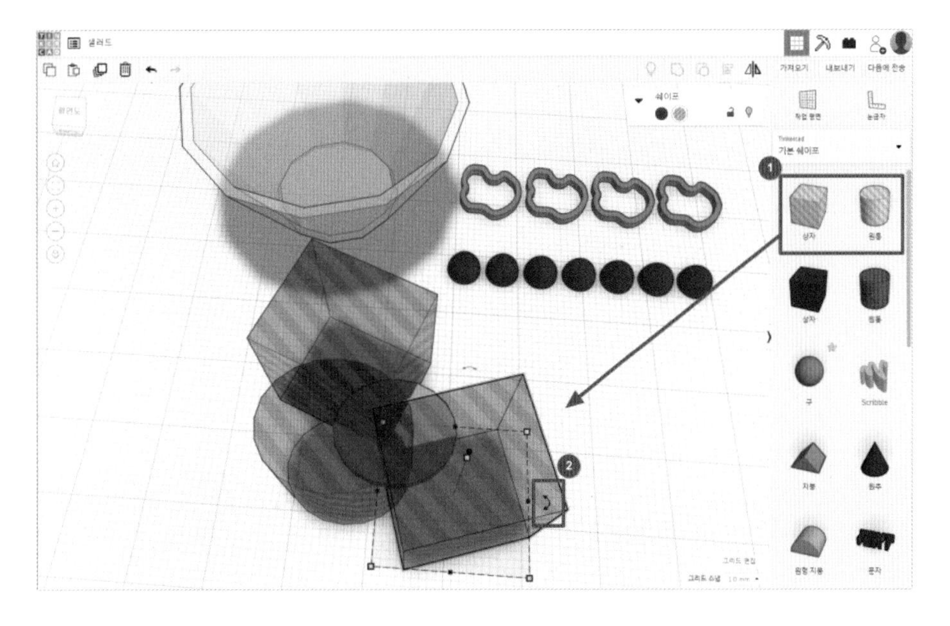

17 파인애플 조각으로 자르기

❶ 구멍 쉐이프들과 노란 원통 쉐이프를 함께 선택합니다.
❷ 그룹화(단축키 Ctrl + G) 버튼을 눌러줍니다.

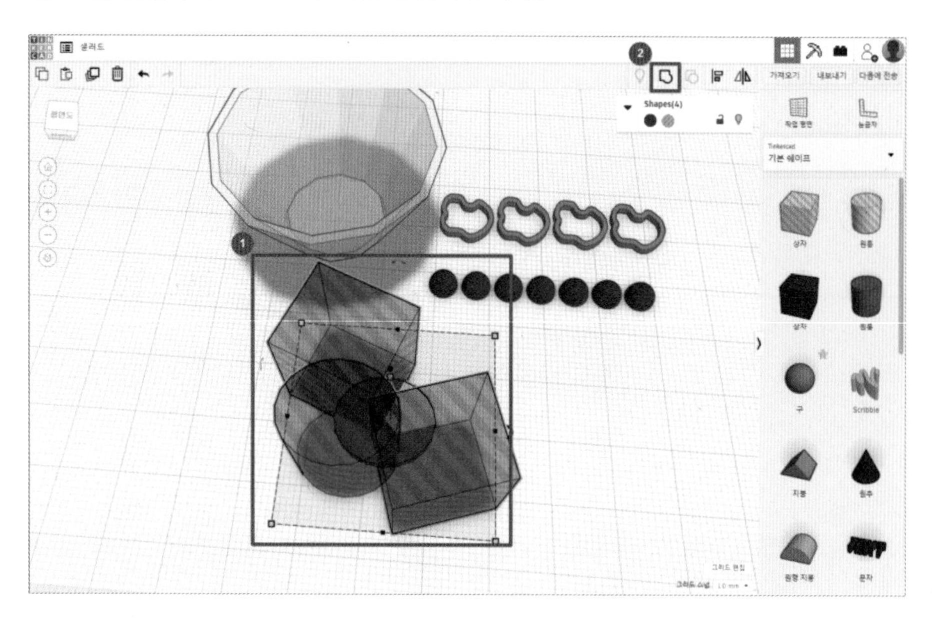

18 파인애플 복제하기

– 조각 파인애플들이 생겼습니다! 복제(단축키 Ctrl + D)하여 배치해둡시다.
– 자, 이제 본격적으로 야채와 과일을 그릇에 담아봅시다.

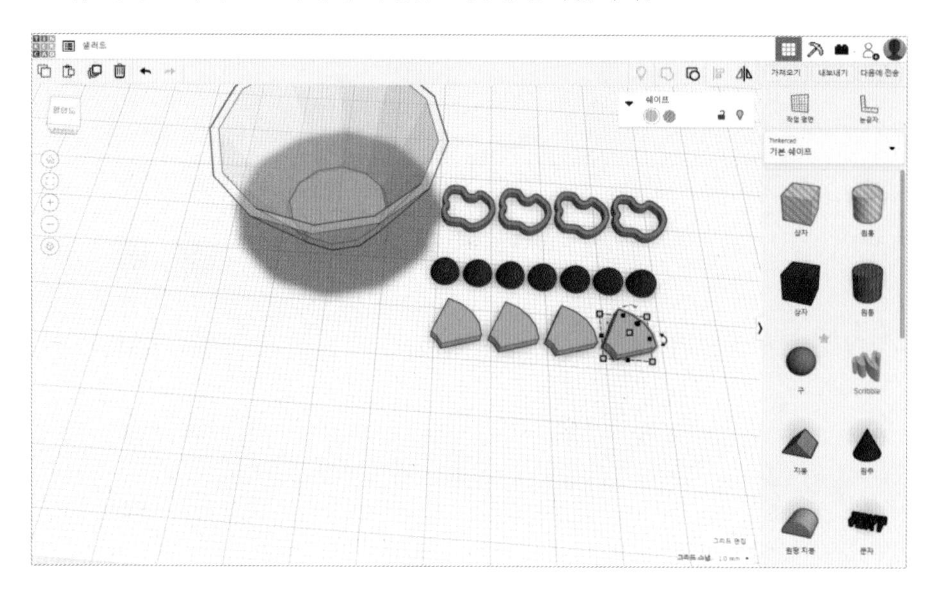

19 그릇에 샐러드 담기

– 만들어둔 야채와 채소들을 복제(단축키 Ctrl + D)하여 그릇 안으로 이동시켜줍니다.
– 복제, 방향키, 회전을 이용하여 적절하게 배치해줍니다.

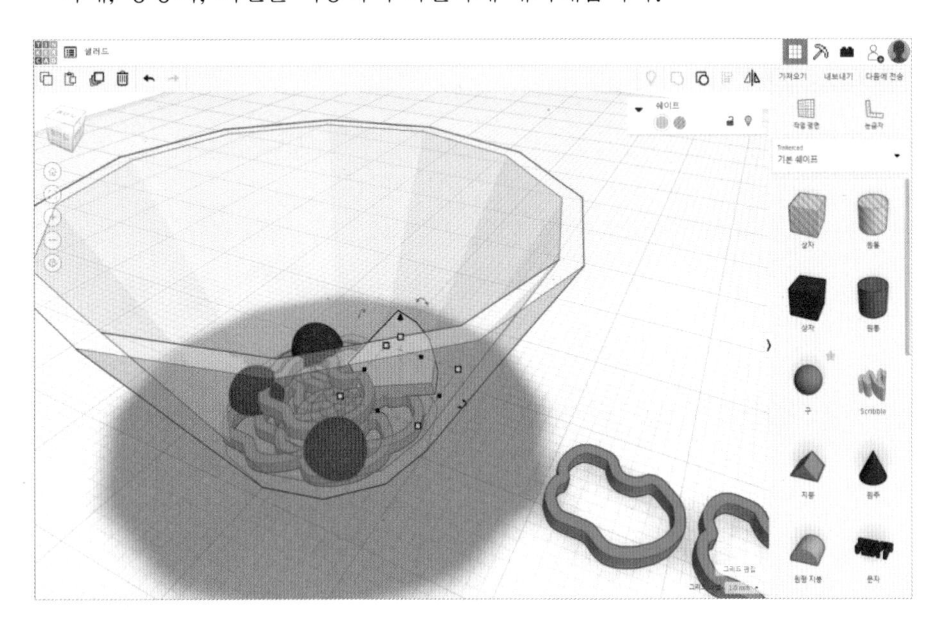

20 샐러드 선택하기

❶ 1번 영역과 같이 드래그하여 전체선택을 해줍니다.
❷ 전체선택 상태에서 그릇만 Shift + 클릭 하여 제외시킵니다.

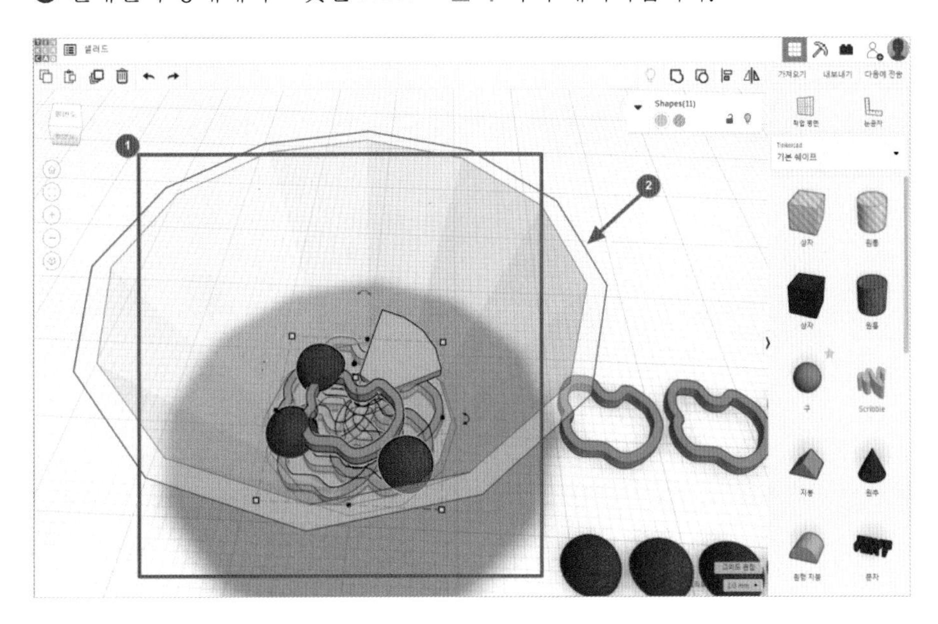

21 샐러드 복제하여 회전시키기

- 선택된 샐러드 쉐이프들을 복제(단축키 **Ctrl + D**) 후, **Ctrl + 위쪽 방향키**로 2칸 높입니다.
- 복제된 샐러드 쉐이프들을 약간 회전시켜서 아래와 같이 만들어줍니다.

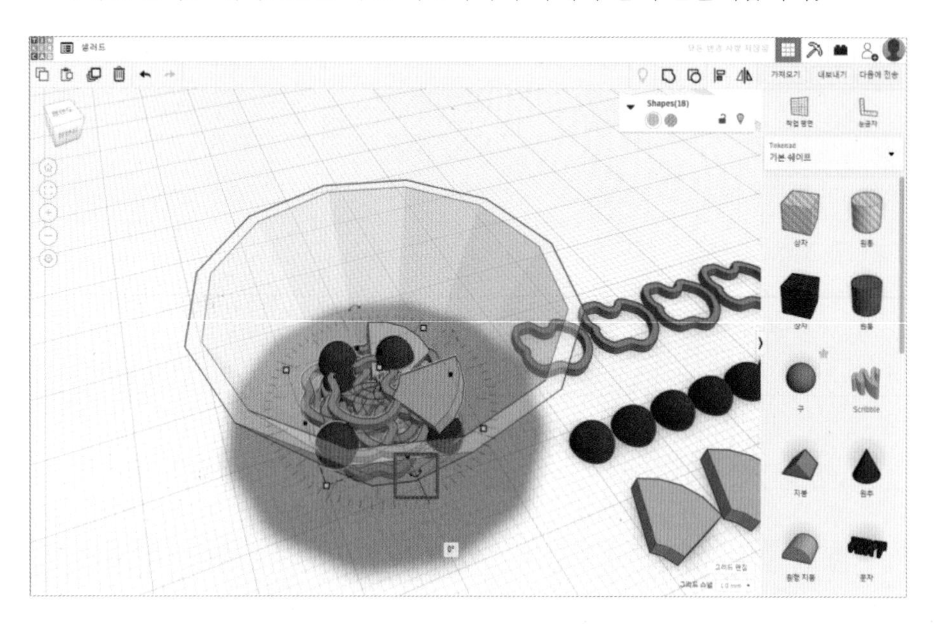

22 샐러드 회전시키기

- 담긴 샐러드들을 조금씩 회전시켜 놓습니다. 그렇지 않으면, 복제하여 쌓았을 때 평평하게 쌓인 이상한 샐러드 모양이 될 거에요.

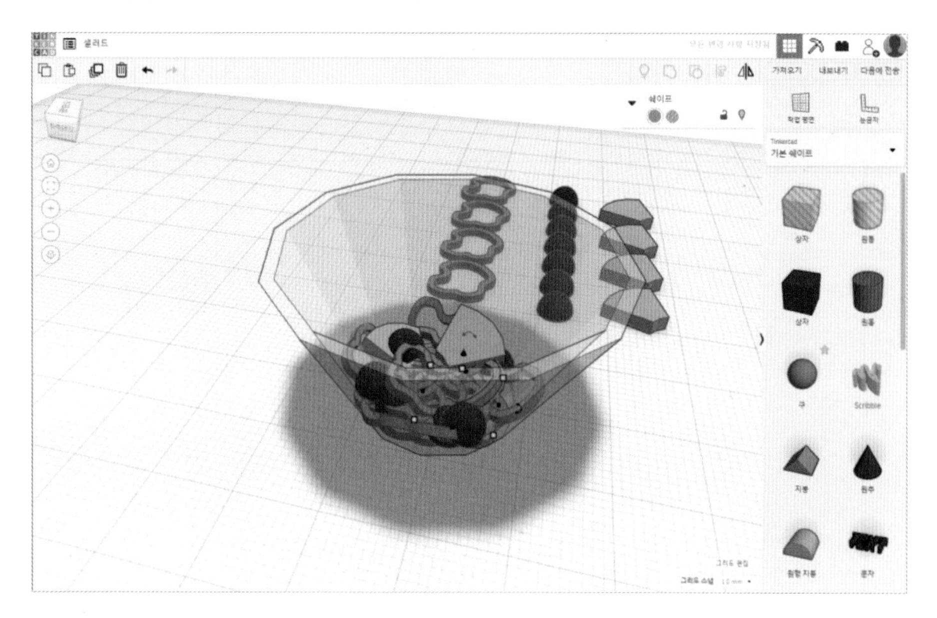

23 샐러드 복제하여 쌓아올리기

- 샐러드를 복제하여 쌓아올리면 꽤 그럴듯한 샐러드 형태가 되었습니다.
- 그릇의 빈 공간은 샐러드 몇 개를 조금씩 이동, 회전시키면서 채워주세요.

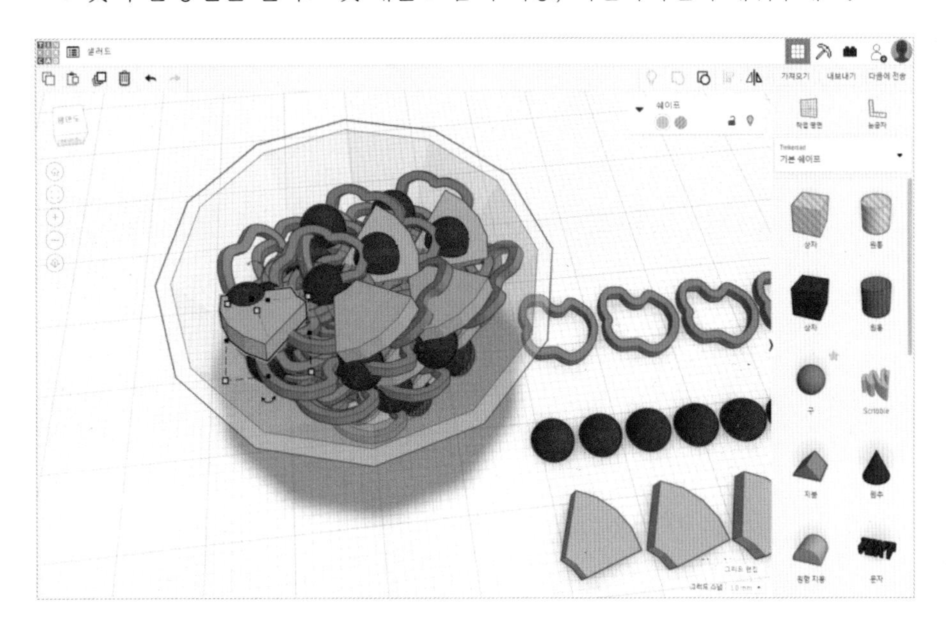

24 당근과 양배추 추가하기

- 방울토마토, 파인애플, 파프리카로는 뭔가 부족해보이네요
- 당근과 양배추가 될 상자 쉐이프를 가져와 주황색으로 바꿉니다.

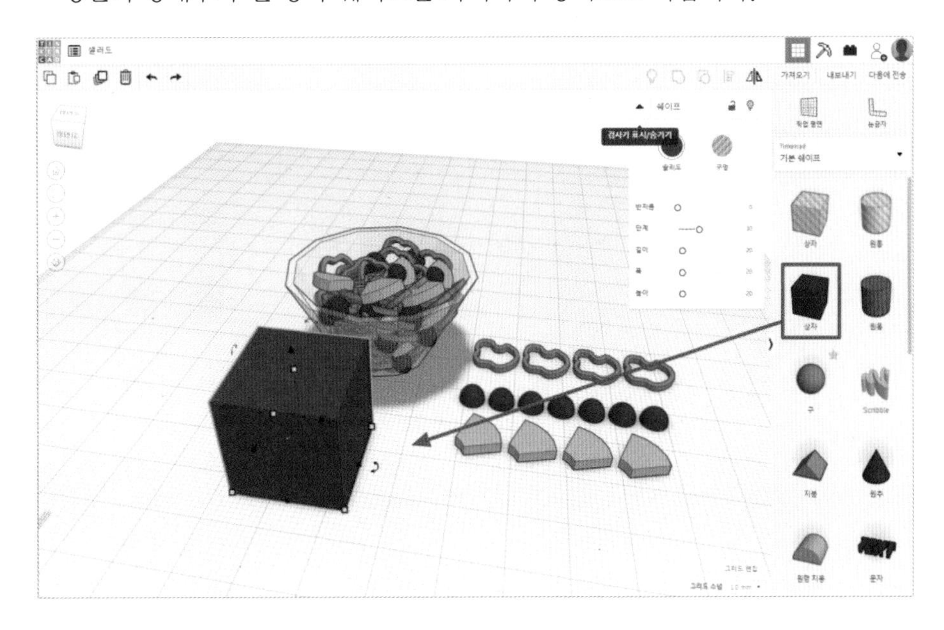

25 당근 크기 정하기

- 당근의 가로, 세로, 높이를 적당한 크기로 정해줍니다.
- 가로 0.5, 세로 0.5, 높이 10

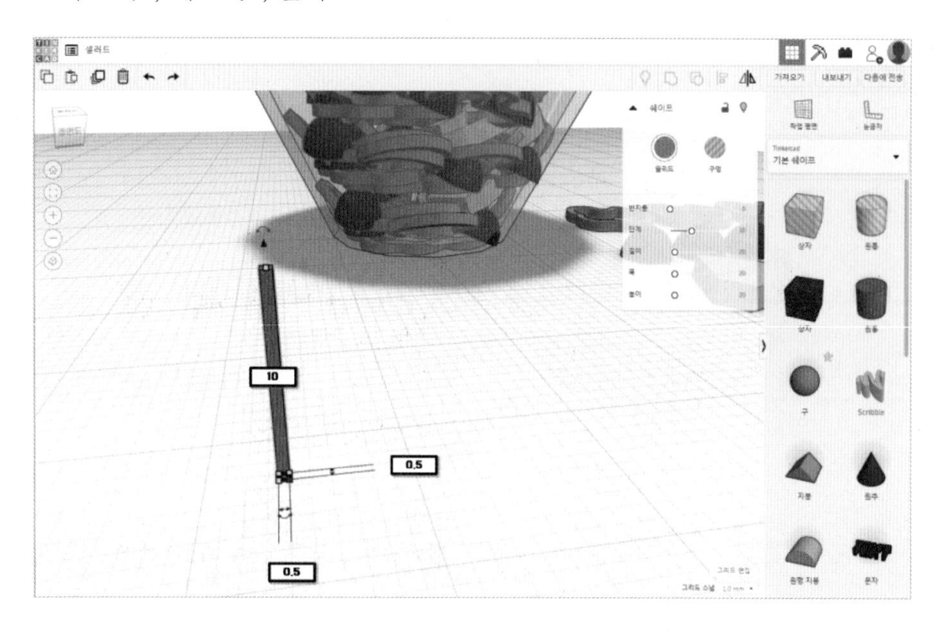

26 샐러드 그릇에 당근 담기

- 만든 당근을 그릇으로 가져와 복제(단축키 Ctrl + D)와 회전을 이용하여 배치해줍니다.
- 당근들을 선택한 뒤 복제하여 다른 공간에도 배치합니다.

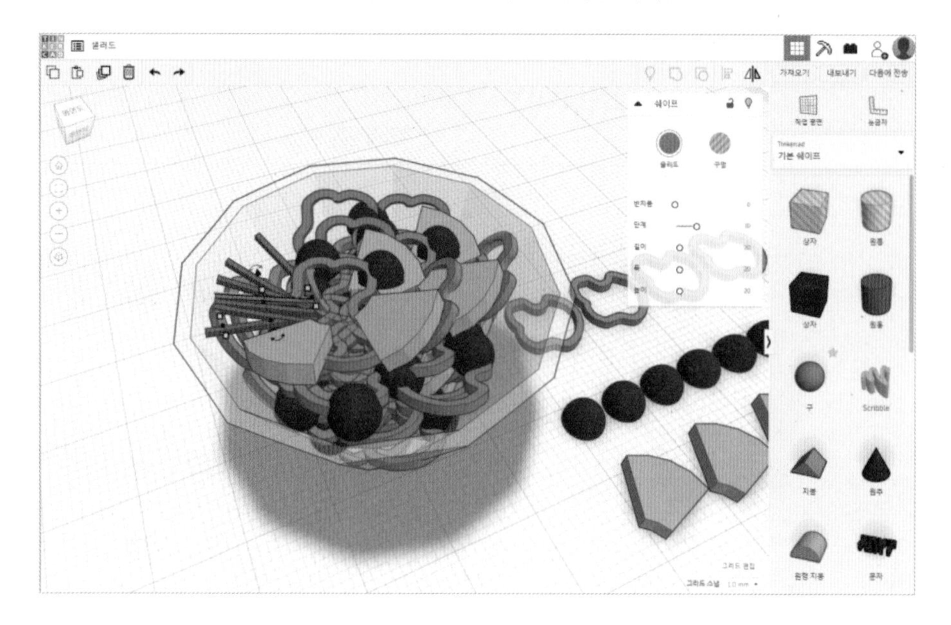

27 양배추 만들기

- 당근으로 만든 쉐이프들 몇 개의 색을 보라색으로 바꾸어 양배추처럼 바꿉니다.
- 여러분이 먹고 싶은 야채와 과일을 더 만들어 넣어보세요!

28 상큼달콤 샐러드 완성

- 미흡한 배치를 마무리 해주세요. 도마와 칼을 추가해보는 것도 좋을 것 같습니다.
- 상큼달콤 샐러드 완성!

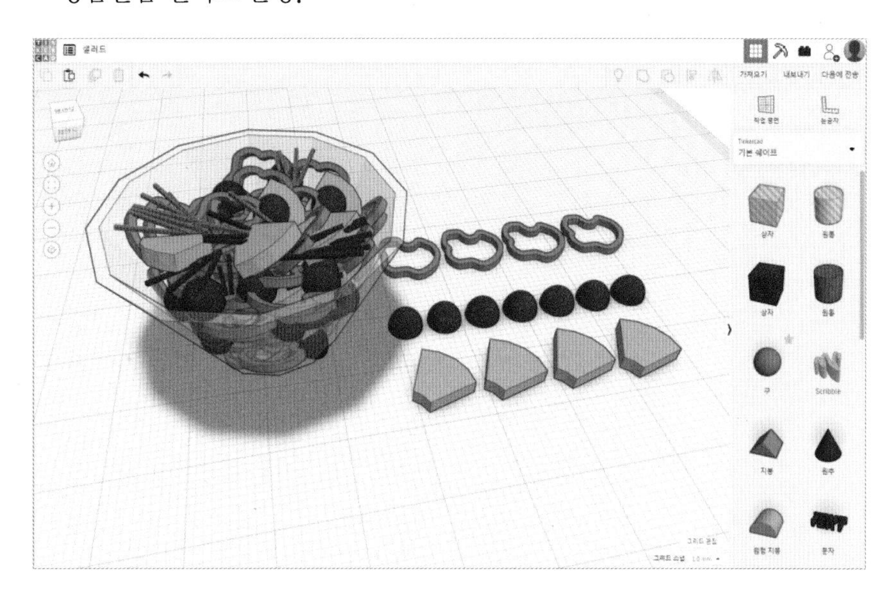

Tip 쉐이프 수가 많아 그룹화했을 때 버벅거림이 있을 수 있기에 그룹화하지 않습니다.

오늘의 요리 08

도넛세트

유후~ 내가 제일 좋아하는 도넛!
도넛은 초코딸기 도넛이 최고에요! 무슨 도넛 먹고 싶어요?

난 오리지널 도넛이 먹고 싶은데...
잠깐, 여러 가지 도넛이 담긴 도넛세트를 만들면 되겠네요!

color

Shape

상자

원통

토러스

도넛 만들기

01 새 디자인 작성

– 틴커캐드(https://tinkercad.com) 사이트 로그인 후 대시보드의 '새 디자인 작성'을 클릭합니다.

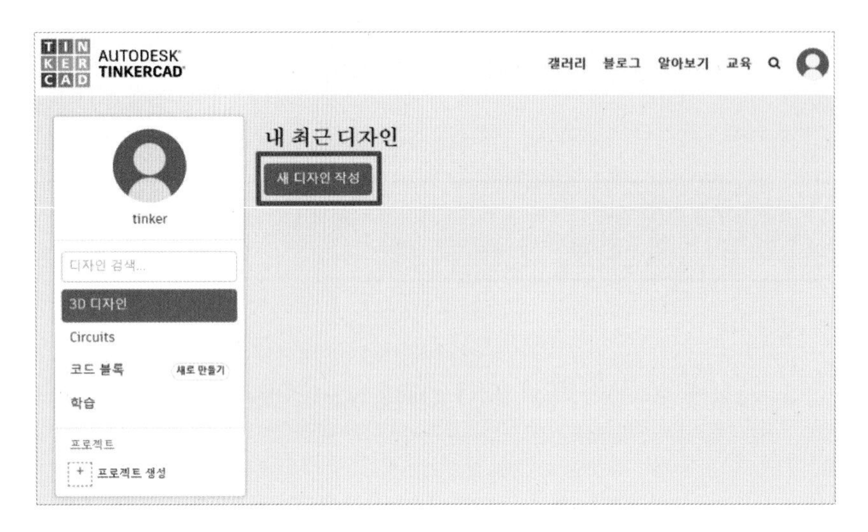

02 디자인 이름 바꾸기

– 영어로 기본 설정된 디자인 이름을 클릭하여 '도넛세트'로 바꿔주세요

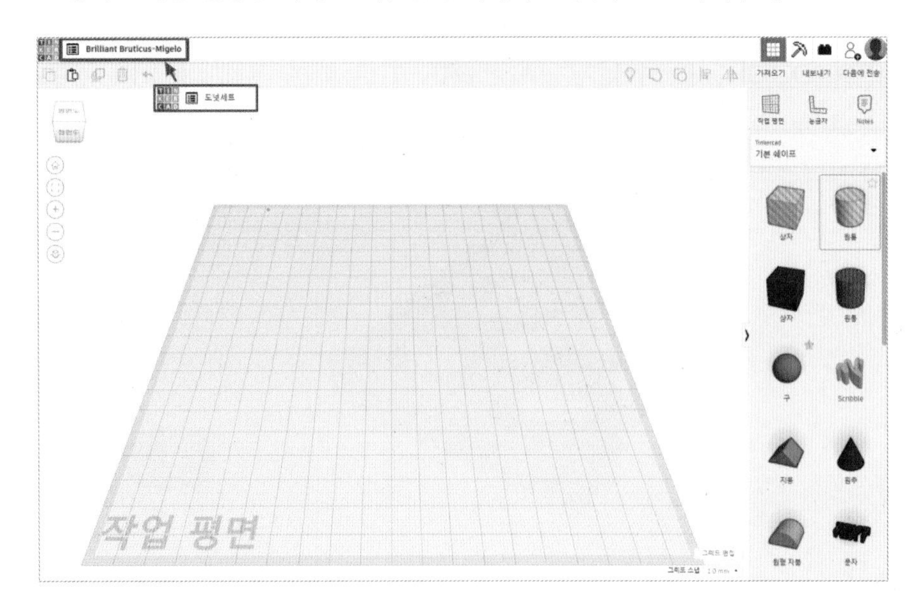

03 '토러스' 쉐이프 가져오기

- 기본 쉐이프의 목록에서 '토러스' 쉐이프를 찾아 작업평면으로 가져옵니다.
- 쉐이프 속성에서 '측면'의 값을 높일수록 더 매끄러워집니다.

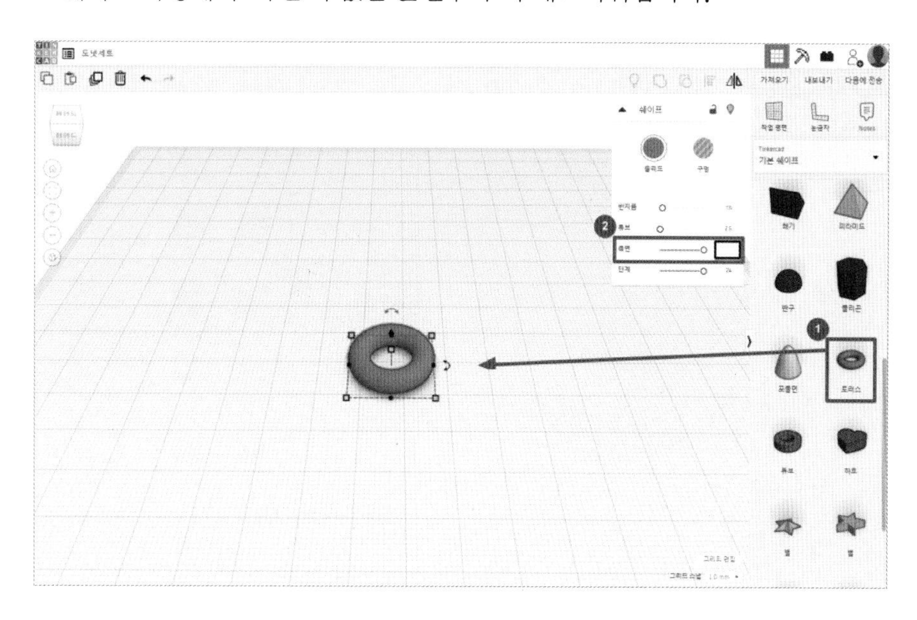

04 색상 설정하기

- 도넛의 색상을 원하는 색으로 해줍니다.
- 초코도넛이라면 초콜릿 색을 택하면 되겠죠?

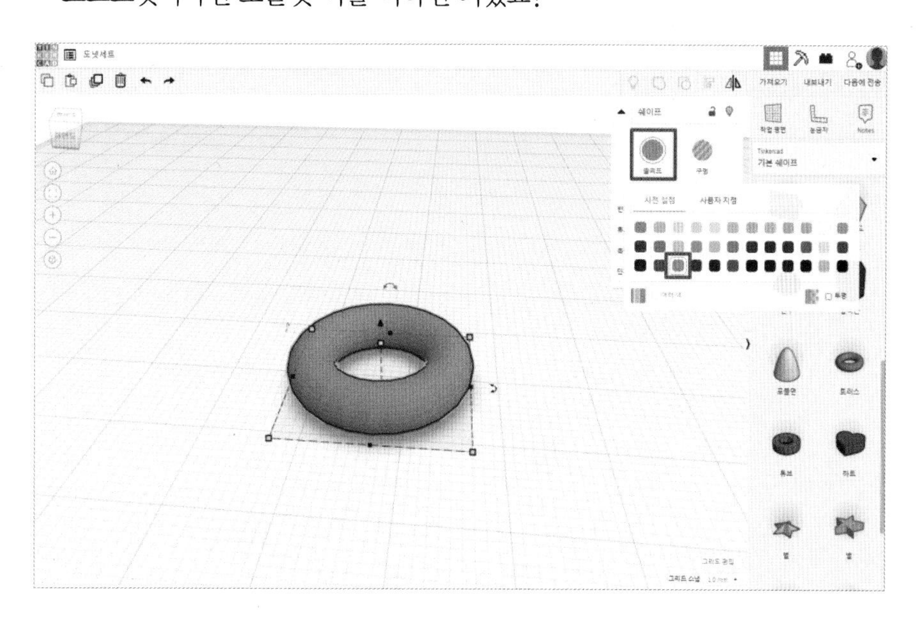

05 아이싱 만들기

- 도넛 위에 뿌려진 달달한 설탕을 본 적 있나요? 이것을 아이싱이라고 합니다.
- 원본 쉐이프를 복제(단축키 **Ctrl + D**)하여 한 칸 올려줍니다.
- 복제된 쉐이프는 흰색, '측면'은 24, '단계'는 12로 바꿔줍니다.

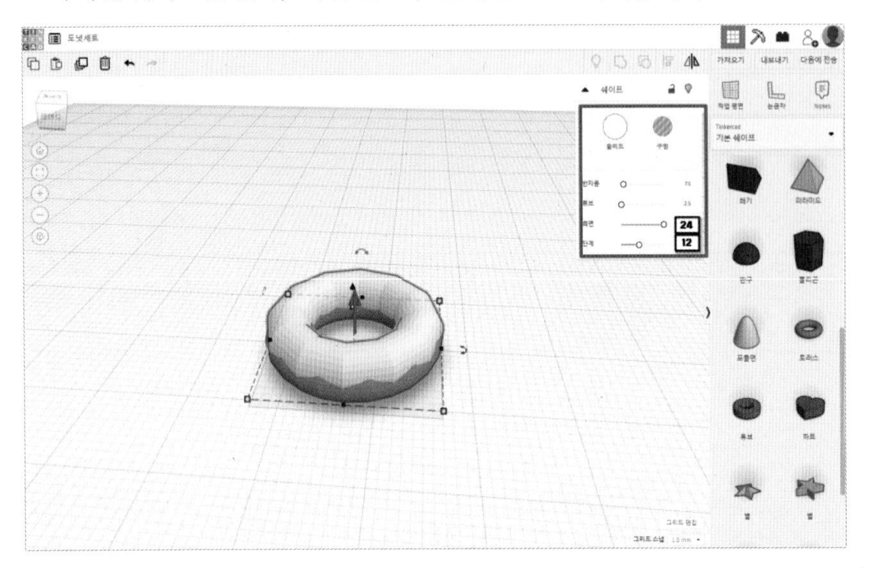

Tip '측면'과 '단계'를 스크롤링하며 값을 바꾸어보고, 차이점을 눈으로 직접 확인해보세요!

06 '원통' 쉐이프 가져오기

- 도넛 위에 알록달록한 토핑이 빠지면 허전하겠죠?
- 기본 쉐이프의 목록에서 '원통' 쉐이프를 찾아 작업평면으로 가져옵니다.

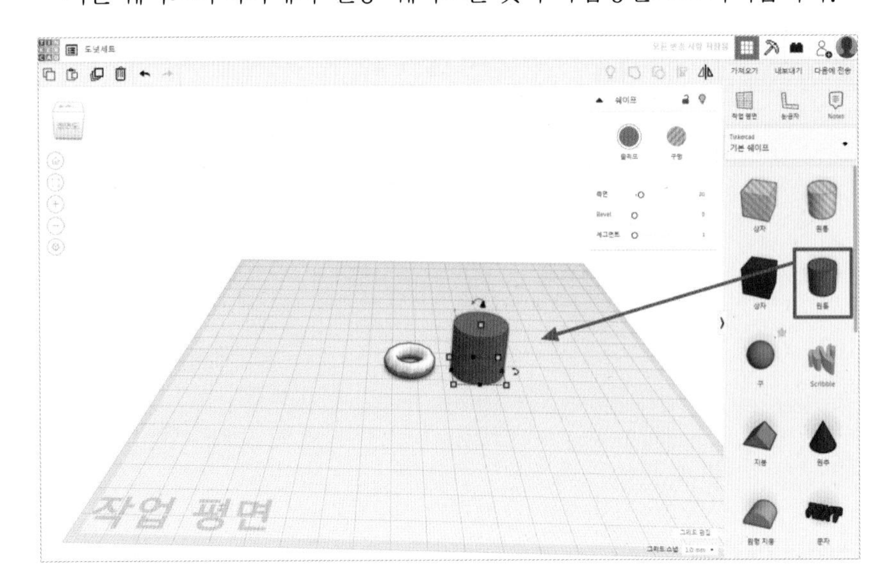

07 크기 설정하기

- 아무래도 토핑은 크기를 아주 작게 해주는 게 좋겠네요.
- 가로 0.3, 세로 0.3, 높이 1

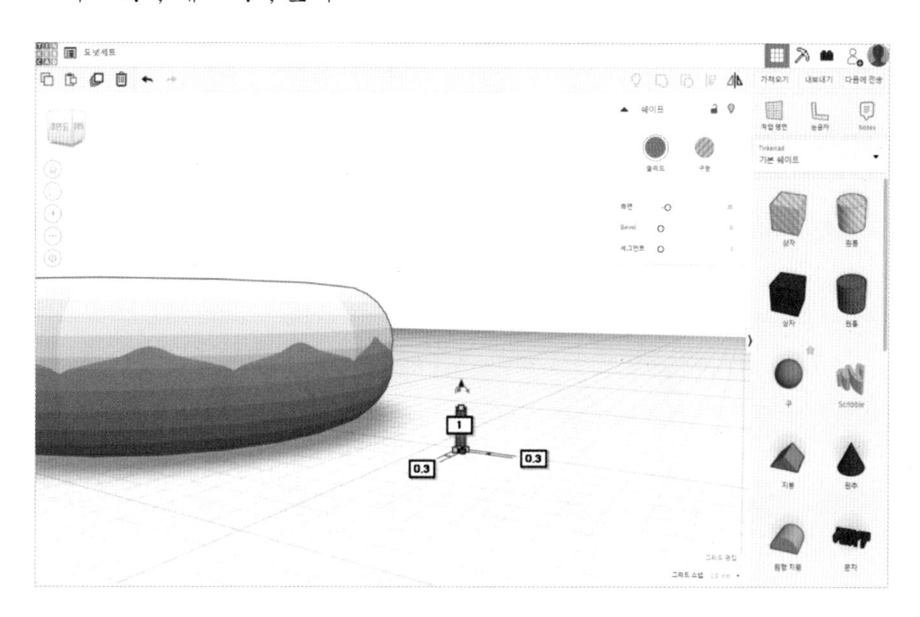

08 여러 가지 토핑 만들기

- 여러 가지 다양한 크기의 토핑을 미리 만들어줍니다.
- 기본 토핑을 옆에 복제(단축키 **Ctrl + D**)하여 색, 높이, 가로, 세로를 조금씩 바꿔줍니다.

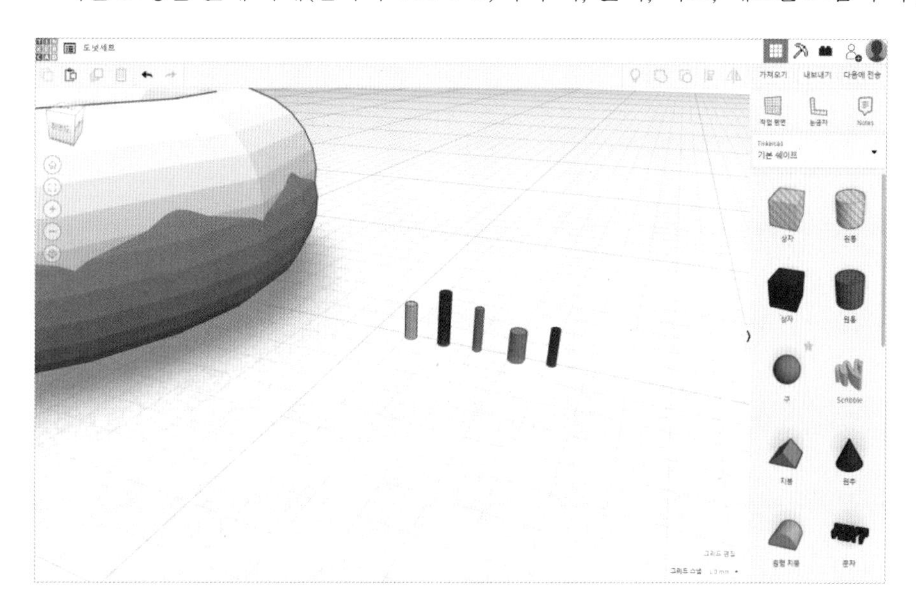

토핑 뿌리기

09 토핑 이동하기

❶ 기본 토핑을 방향키를 이용하여 이동시킵니다. (이동: **방향키** / 높이 이동: **Ctrl + 방향키**)
❷ 진짜 뿌려진 토핑처럼 적절한 각도로 회전시킵니다.

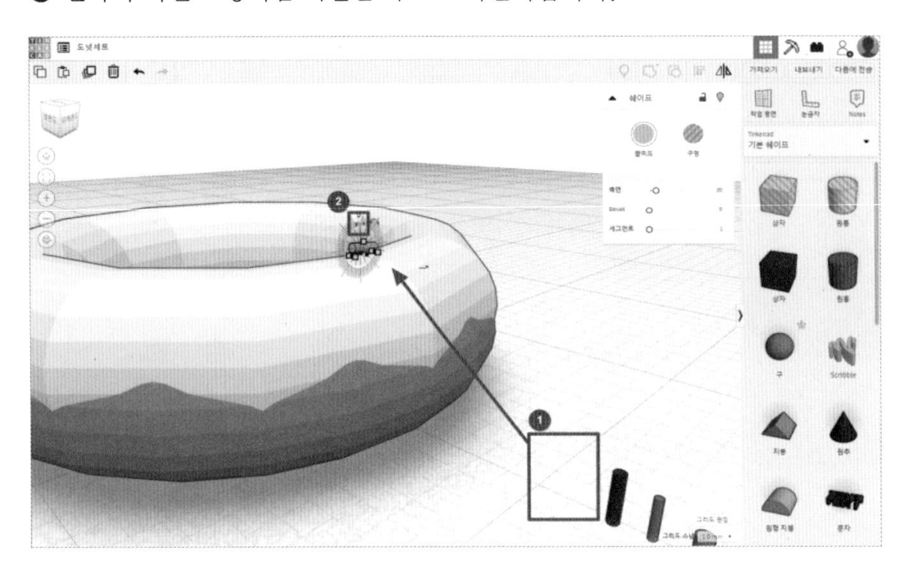

10 높이 조절하기

- **Ctrl + 위아래 방향키**로 높이를 조절하지요? 그런데 미세하게 이동하질 않네요.
- ❶의 화살표를 클릭하여 이동하려고 하면 ❷와 같이 높이를 조절할 수 있는 칸이 나옵니다.
- 여기에 값을 -0.3, -0.2와 같이 적절한 값을 바꿔 넣어보며 높이를 조절합니다.

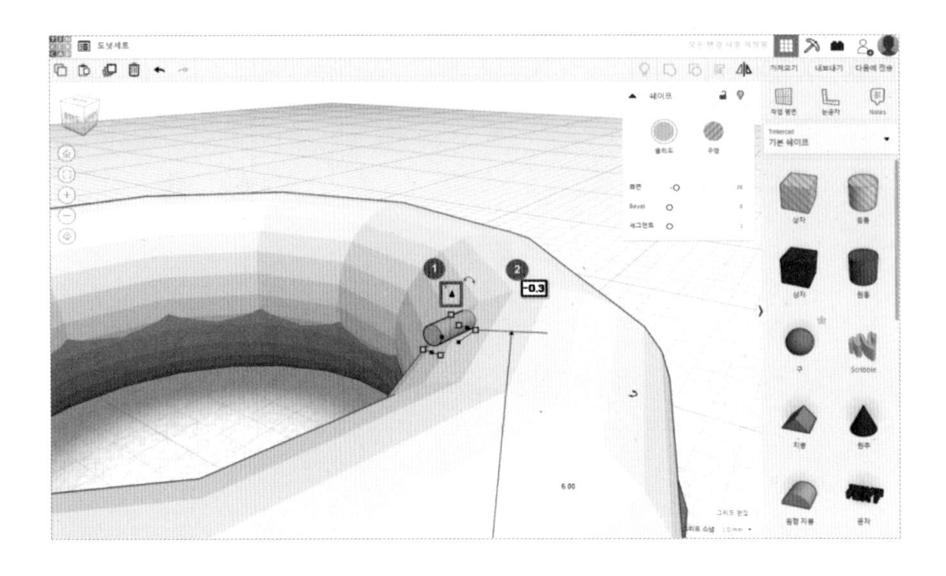

11 토핑 배치하기

- 만들어둔 나머지 토핑도 아이싱 위로 옮겨줍니다.
- 이때 토핑이 여러 각도로, 아이싱에 살짝 파묻히도록 하는 게 중요합니다.

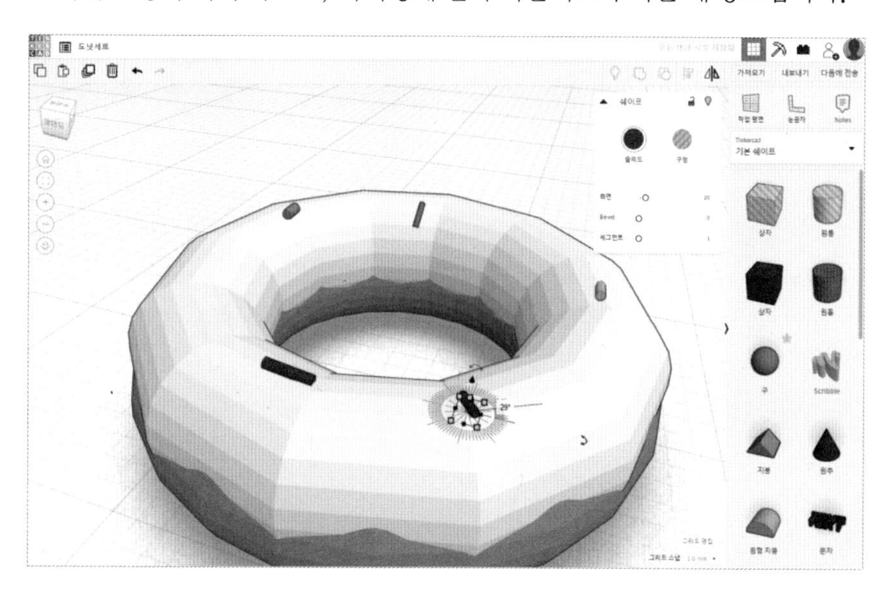

Tip 3D모델링을 할 때는 반드시 여러 각도로 돌려보며 배치가 어긋나 있거나 공중에 떠 있는 등 어색한 부분이 없는지 수시로 확인해야 합니다.

12 토핑 복제하기

❶ 여러 토핑들을 드래그하여 모두 선택한 뒤, 도넛과 아이싱을 Shift + 클릭하여 제외시킵니다.
❷ 복제(단축키 Ctrl + D) 하여 적절히 회전시킵니다.

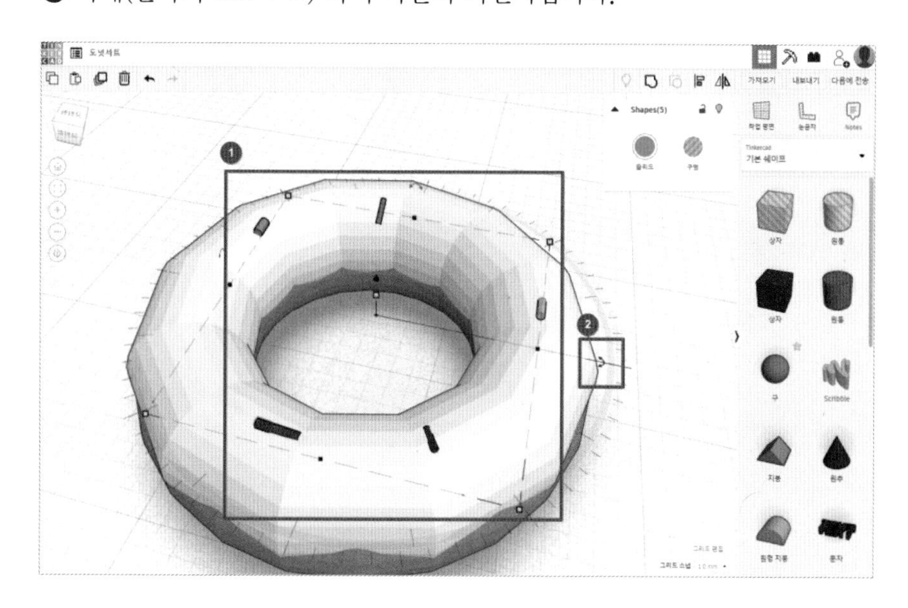

13 토핑 배치 조절하기

- 복제해보니, 아이싱의 안쪽과 바깥쪽에 토핑이 너무 없는 것 같네요.
- 토핑 몇 개를 안쪽과 바깥쪽으로 이동시킵니다.
- 토핑 위치를 미세하게 조절해야 해서 이 과정이 다소 어렵게 느껴질 수 있습니다.

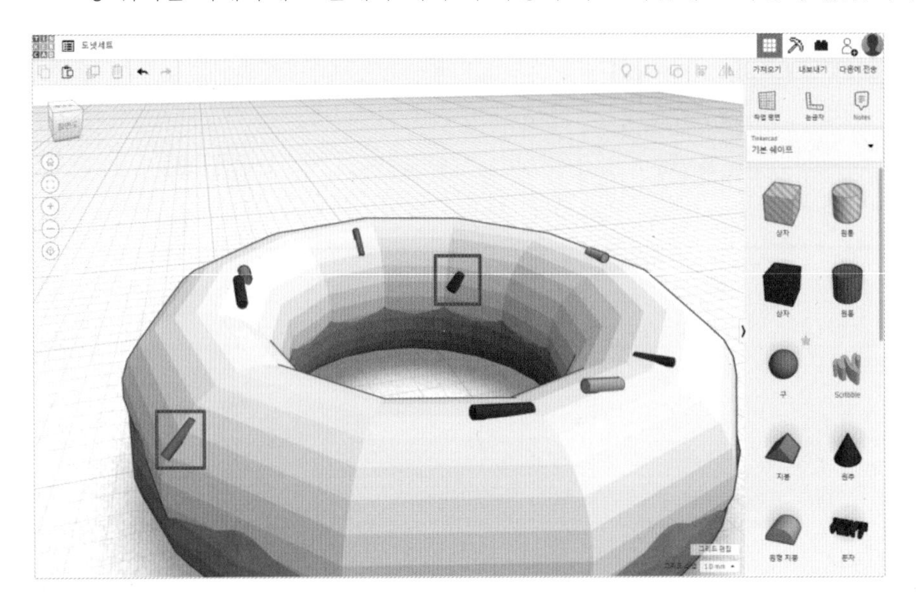

14 토핑 복제하기

❶ 전체 영역을 선택한 뒤, 도넛과 아이싱을 **Shift + 클릭** 하여 제외시킵니다.
❷ 선택한 토핑들을 복제하고 회전시킵니다.

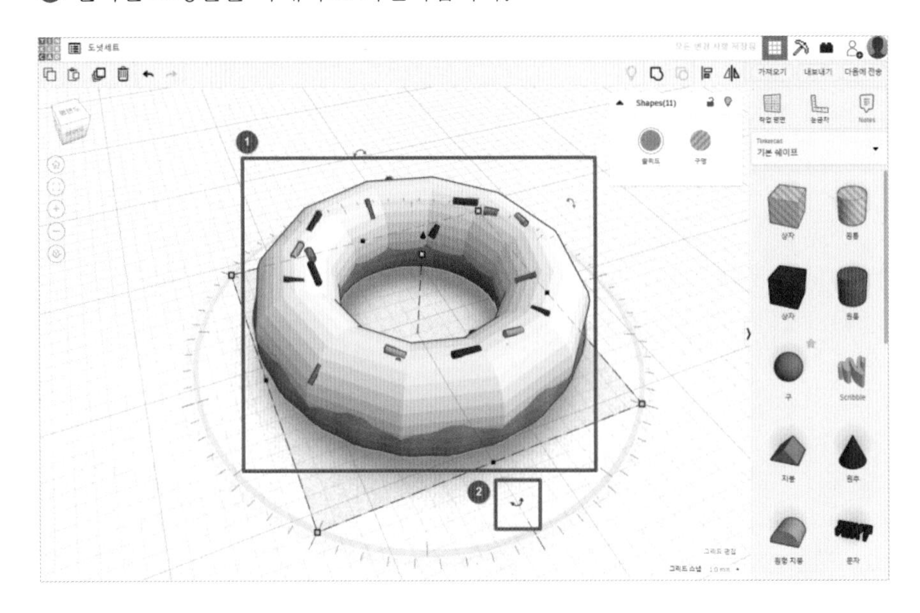

15 기본 도넛 완성

– 어색한 부분을 찾아 높이, 위치, 색상, 회전 등을 조금씩 수정해나갑니다

16 그룹화하기

❶ 도넛빵과 아이싱, 토핑을 전체 선택합니다.
❷ 선택한 쉐이프들을 그룹화(단축키 Ctrl + G)합니다.(※시간이 너무 오래 걸리는 경우는 복제하는 과정에서 겹친 쉐이프들을 여러번 복제한 실수일 수 있습니다.)
❸ '여러 색'을 클릭하여 다양한 색이 나타나게 합니다.

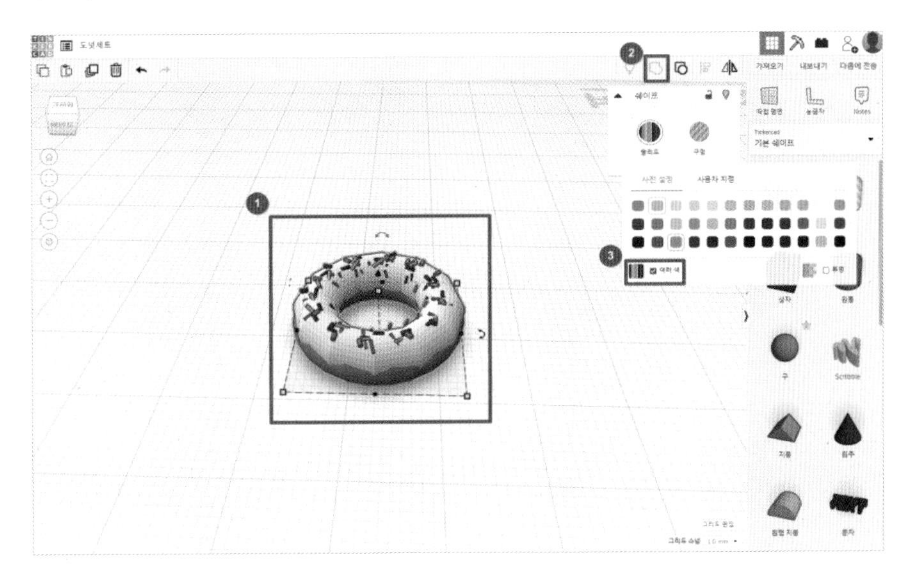

17 도넛 복제하기

- 만든 도넛을 복제(단축키 Ctrl + D)하여 배치합니다.
- 4개~6개 아니, 여러분이 먹고 싶은 만큼 복제해볼까요?

18 초코 딸기 도넛 만들기

❶ 도넛을 선택하고 '그룹 해제' 합니다.

❷ 도넛 빵만 선택하여 색을 바꿔줍니다. 마찬가지로 아이싱만 선택하여 색을 바꿔줍니다.

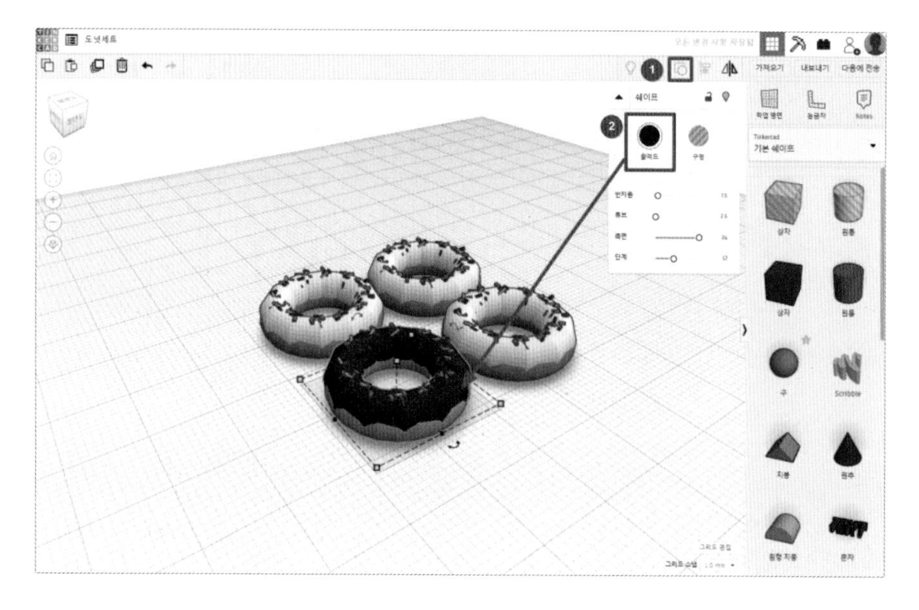

19 여러 가지 도넛 만들기

– 다른 개체들도 ‘그룹 해제’ 후, 빵과 아이싱을 선택하여 원하는 색깔로 바꿔줍니다.
– 사용자 지정 색으로 예쁜 색을 찾아보세요!

20 도넛 세트 완성!

❶ 도넛 각각의 색깔을 다 바꾼 뒤, 다시 각각 그룹화(단축키 Ctrl + G) 합니다.
❷ 그룹화 한 뒤, 다시 속성에서 ‘여러 색’을 클릭해줍니다.

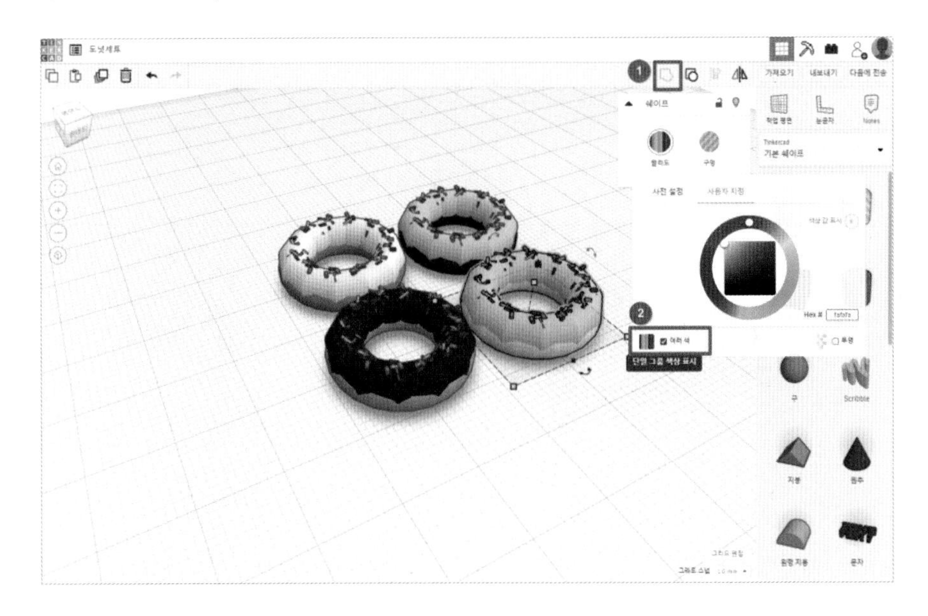

도넛 상자 만들기

21 '상자' 쉐이프 가져오기

– '상자' 쉐이프를 작업평면으로 가져옵니다. 도넛을 덮어도 좋습니다.

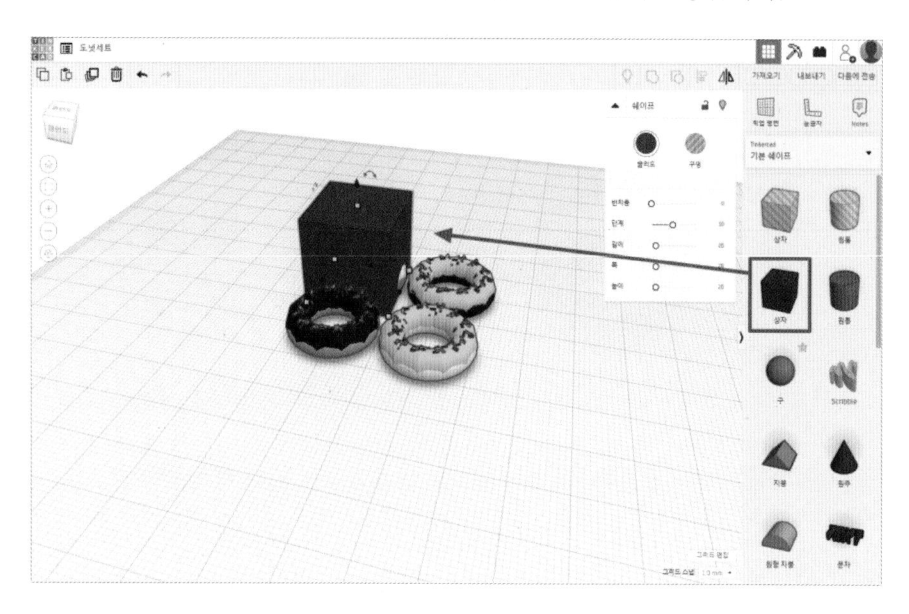

22 상자 만들기

– 도넛을 덮을 정도로 상자 크기를 조절합니다.
– 가로 42, 세로 42, 높이 8 (만든 사람에 따라 다를 수 있습니다)

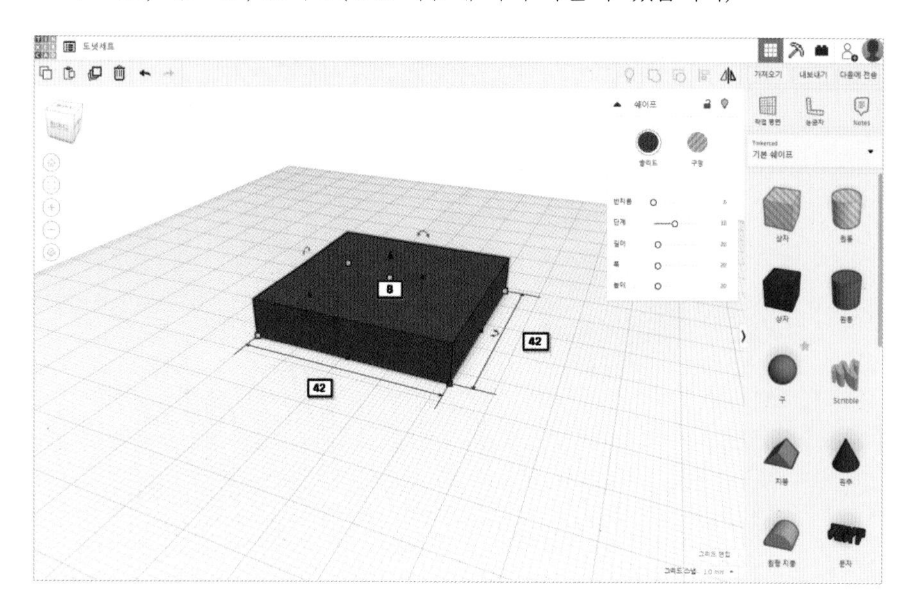

23 쉐이프에 구멍내기

- 밑에 도넛이 있으므로, 원본 쉐이프를 위나 옆에 두고 작업하는 게 편하겠네요.
- 상자 쉐이프를 복제(단축키 Ctrl + D)하여 구멍으로 만들고 가운데 오도록 조절합니다.
- 구멍 쉐이프의 높이를 1~2칸 높여줍니다. 바닥까지 뚫리면 안되니까요!
- 복제된 구멍 쉐이프: 가로 40, 세로 40, 높이 8

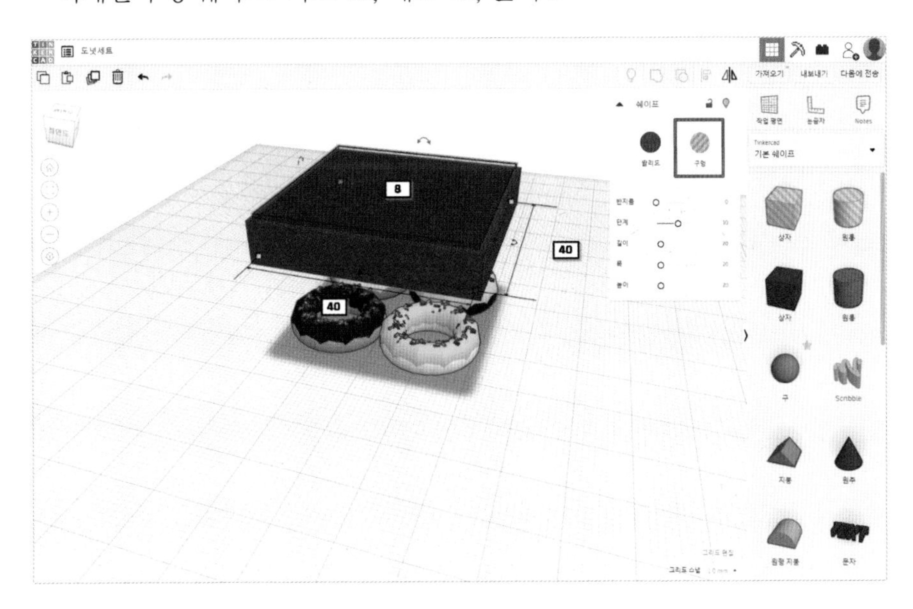

24 도넛을 상자에 담기

- 상자 쉐이프와 구멍 쉐이프를 그룹화(단축키 Ctrl + G) 하여 도넛상자로 만들어줍니다.
- 이제 상자를 아래로 내리고 위치를 조절하여 도넛이 담기도록 합니다.

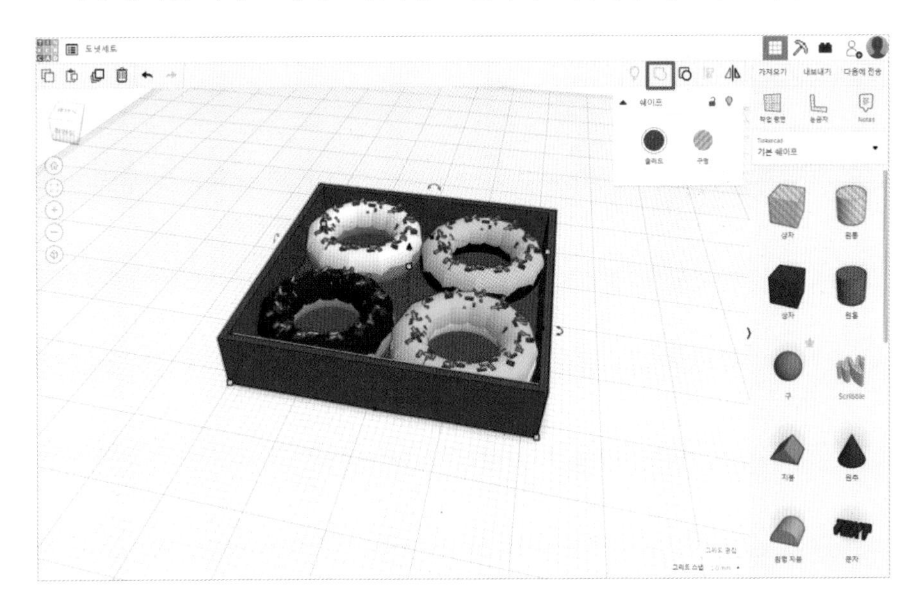

25 사용자 지정 색상 사용하기

- 앞에서도 설명했지만, 기본 색상이 마음에 들지 않을 때는 사용자 지정에서 찾습니다.
- 사전 설정 색으로는 맘에 들지 않을 때가 많아요.

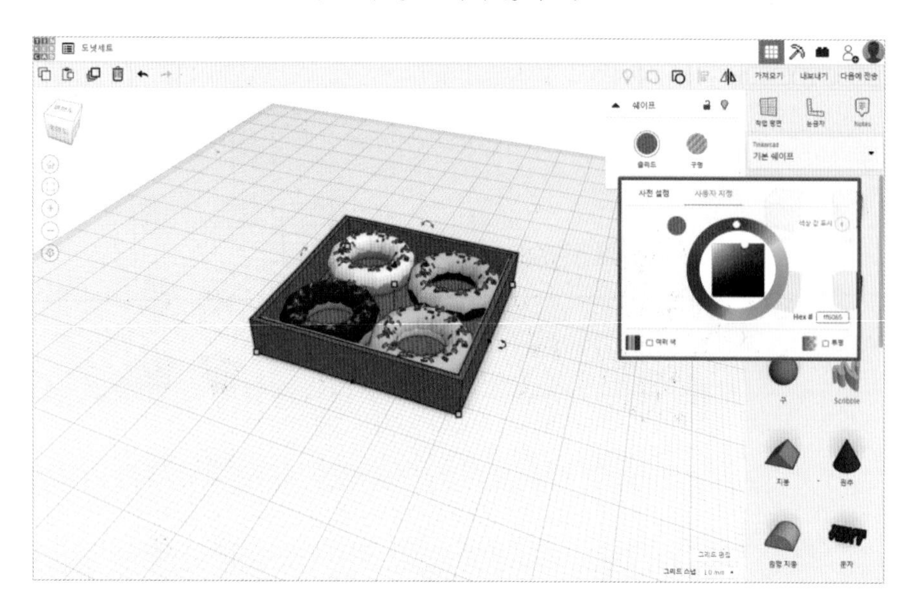

26 상자 밑바닥 만들기

- 도넛을 담고보니 바닥 색깔이 어색합니다. 상자 쉐이프를 가져와 흰색으로 바꿉니다.
- 가로 40, 세로 40, 높이 1

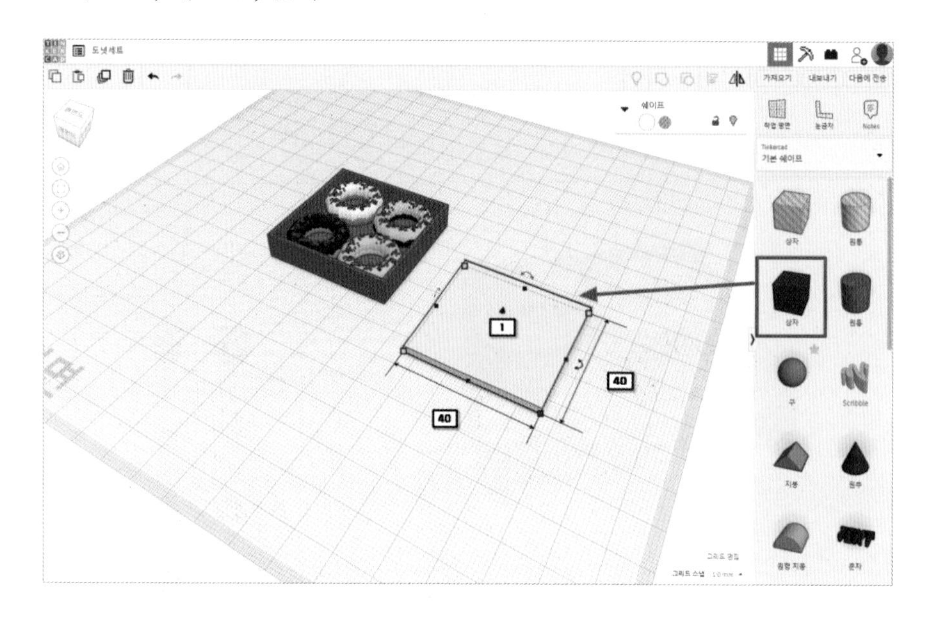

27 바닥 만들기

– 하얀 상자 쉐이프를 도넛상자 바닥으로 옮겨줍니다.
– 도넛들의 높이는 1~2칸 Ctrl + 위쪽 방향키로 높여줍니다.

28 상자 바닥 완성

– 도넛 상자와 상자바닥을 그룹화(단축키 Ctrl + G) 합니다.
– '여러 색'을 클릭하여 두 가지 색이 나타나도록 합니다.

29 뚜껑 만들기

– 도넛 상자를 복제(단축키 Ctrl + D)하여 이동 및 회전시킵니다

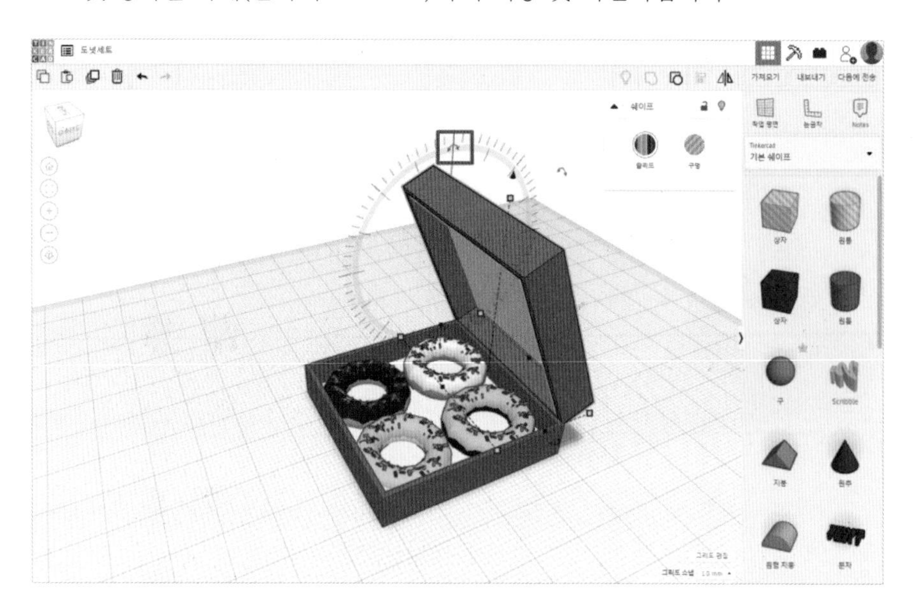

30 달콤한 도넛세트 완성

– 도넛세트가 완성되었습니다.

– 바닥에 떨어진 토핑을 추가하거나, 박스 겉면에 이름을 적어보며 꾸며보세요.

오늘의 요리 09

피자

결정하기 어려운 문제를 내볼게요.
오늘 저녁은 치킨 vs 피자 어떤걸 먹을래요?

음···, 엄마가 좋냐 아빠가 좋냐만큼 어려운 문제네요.
하지만 오늘 저녁은 피자로 합시다!

color

Shape

피자 만들기

01 새 디자인 작성

– 틴커캐드(https://tinkercad.com) 사이트 로그인 후 대시보드의 '새 디자인 작성'을 클릭합니다.

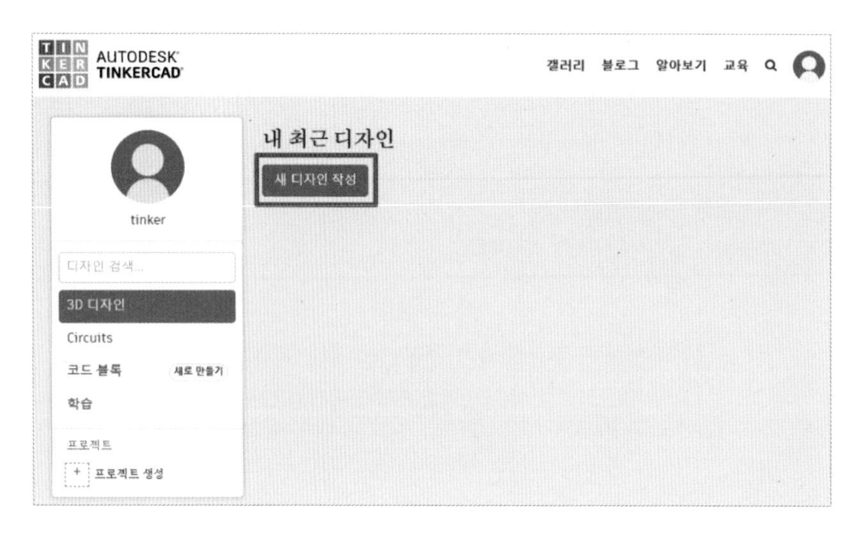

02 디자인 이름 바꾸기

– 영어로 기본 설정된 디자인 이름을 클릭하여 '피자'로 바꿔주세요.

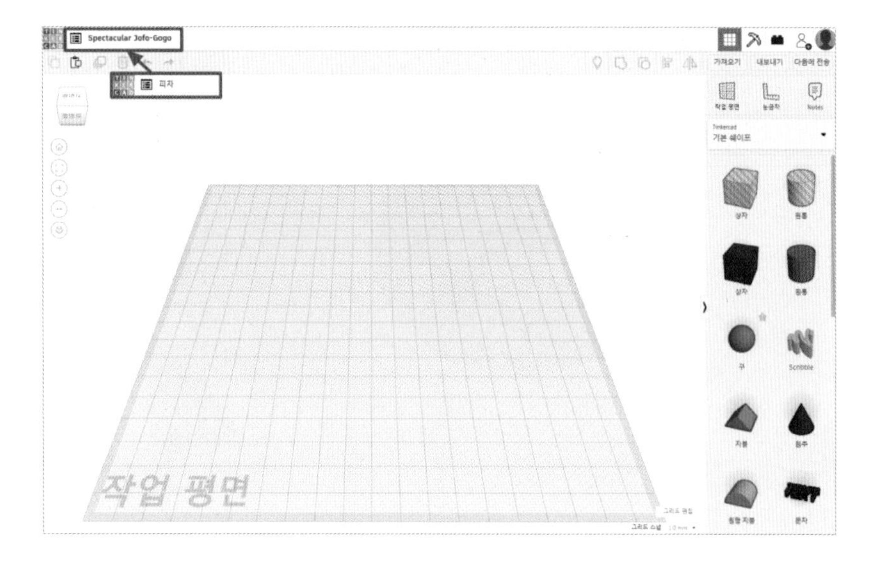

03 '원통' 쉐이프 가져오기

- 기본 쉐이프의 목록에서 '원통' 쉐이프를 찾아 작업평면으로 가져옵니다.
- 피자 만들기에서는 다양한 기본 쉐이프들을 사용해볼 거에요.

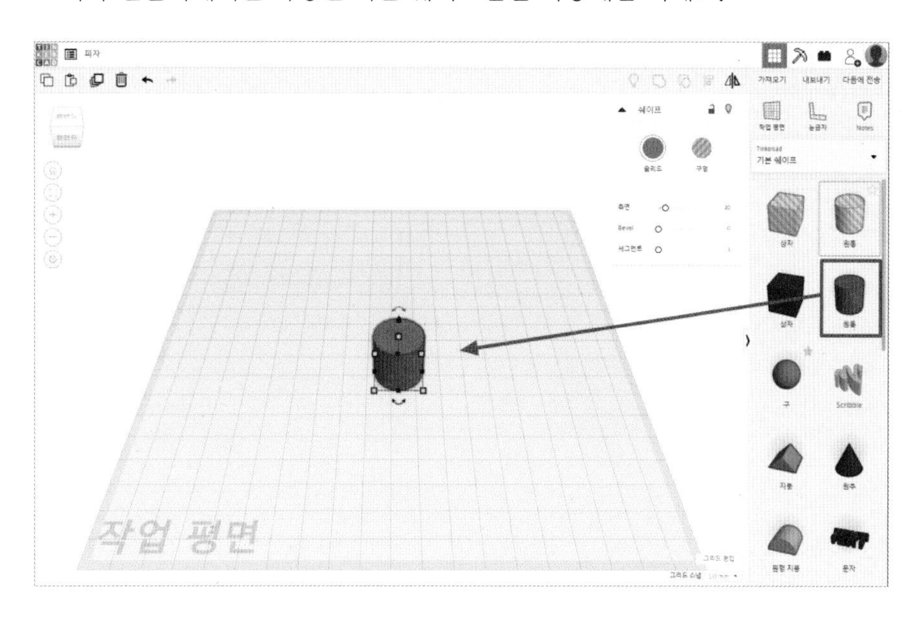

04 피자 만들기

- 원통 쉐이프를 치즈와 비슷한 색으로 바꾸고 크기를 조절합니다.
- 가로 80, 세로 80, 높이 2

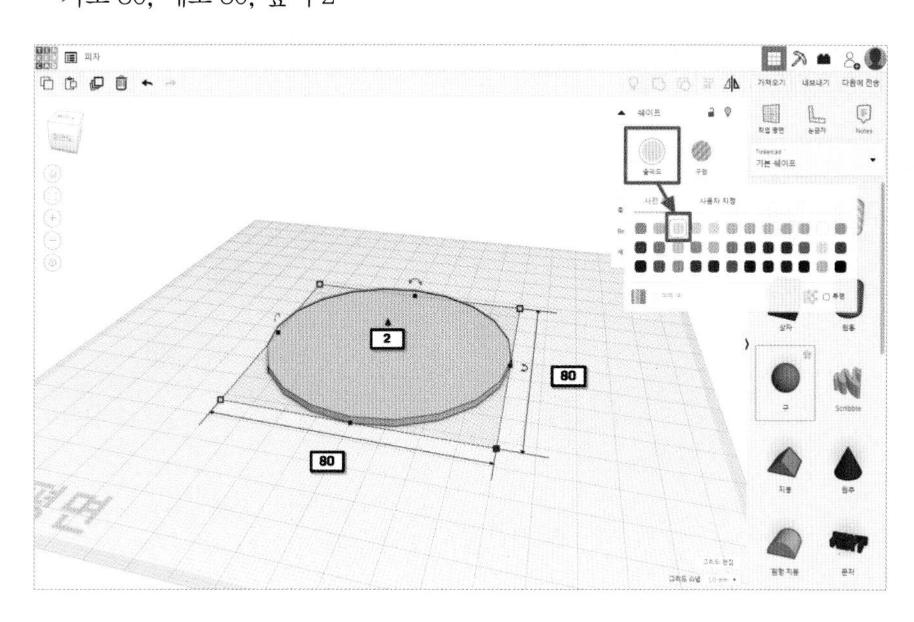

05 '토러스' 쉐이프 가져오기

– 피자 크러스트(테두리)가 될 토러스 쉐이프를 가져옵니다.
– 속성에서 반지름 값을 40으로 변경합니다.

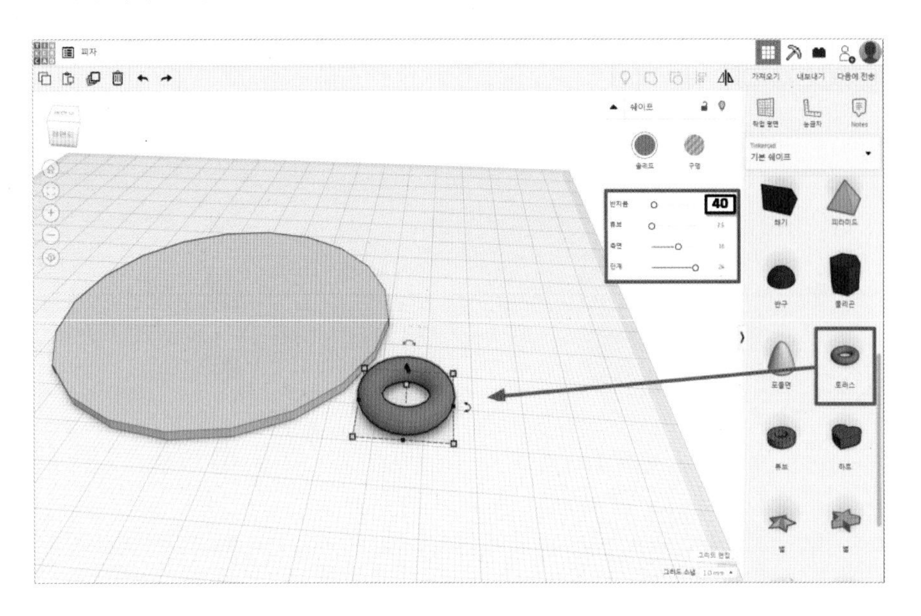

Tip 속성의 반지름 값을 바꿔서 크기를 키웠을 때와 쉐이프를 클릭하여 가로세로 길이를 조절한 것과는 차이가 있습니다. 직접 확인해보세요.

06 쉐이프 이동하기

– 토러스 쉐이프를 이동시켜서 피자를 둘러싸도록 합니다.

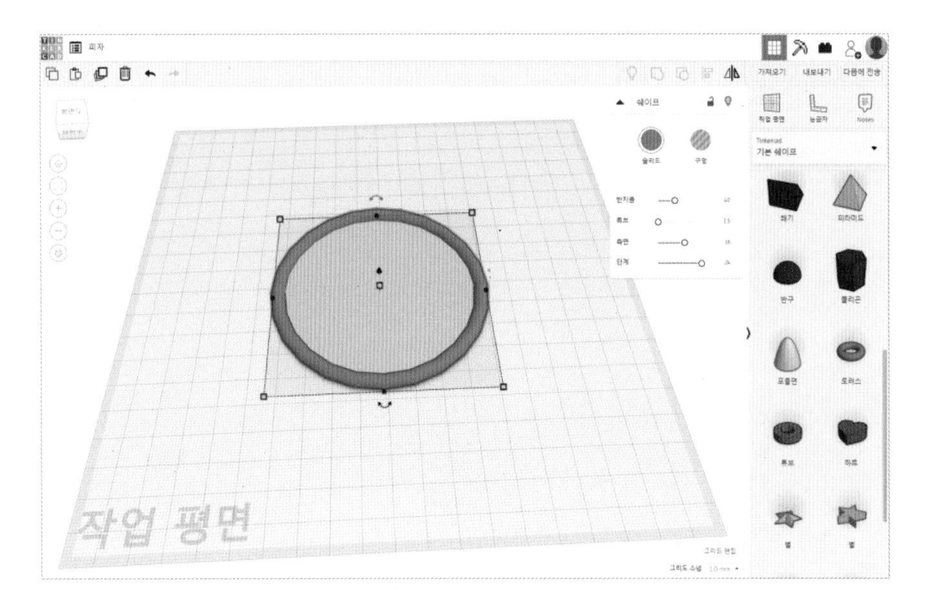

07 색상 변경하기

– 피자 테두리의 색을 황토색으로 바꿔줍시다.

– 이제 피자 토핑들을 올릴 일만 남았네요!

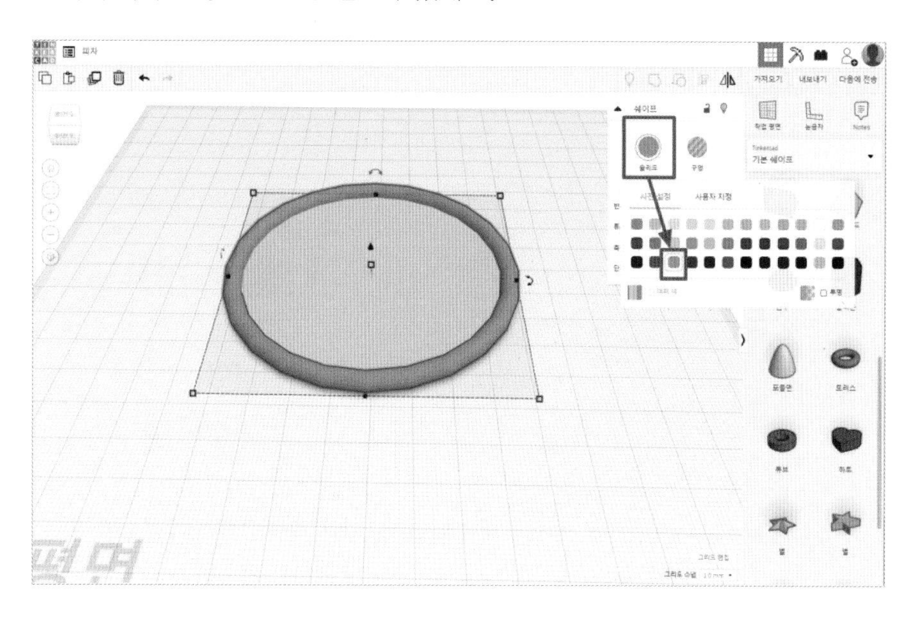

08 페퍼로니 만들기

❶ '작업평면'을 피자 판 위로 합니다.

❷ 페퍼로니가 될 반구 쉐이프를 가져와 크기를 조절합니다.

–가로 10, 세로 10, 높이 1

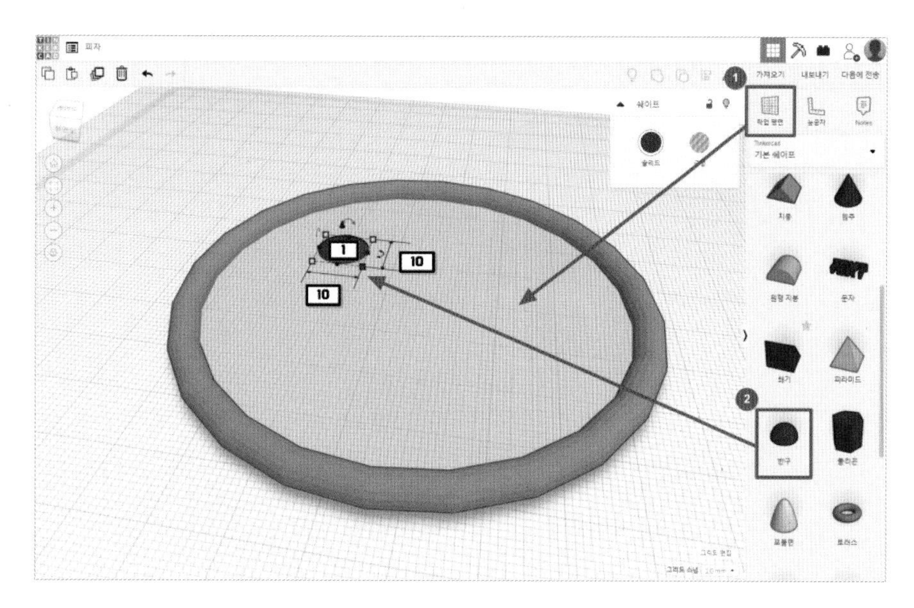

09 페페로니 복제하기

❶ 페페로니의 색을 붉은색으로 바꿔줍니다.(사용자 지정으로 마음에 드는 색을 골라요)

❷ 페페로니를 복제(단축키 Ctrl + D)하여 피자 판 위에 여기저기 올려주세요.

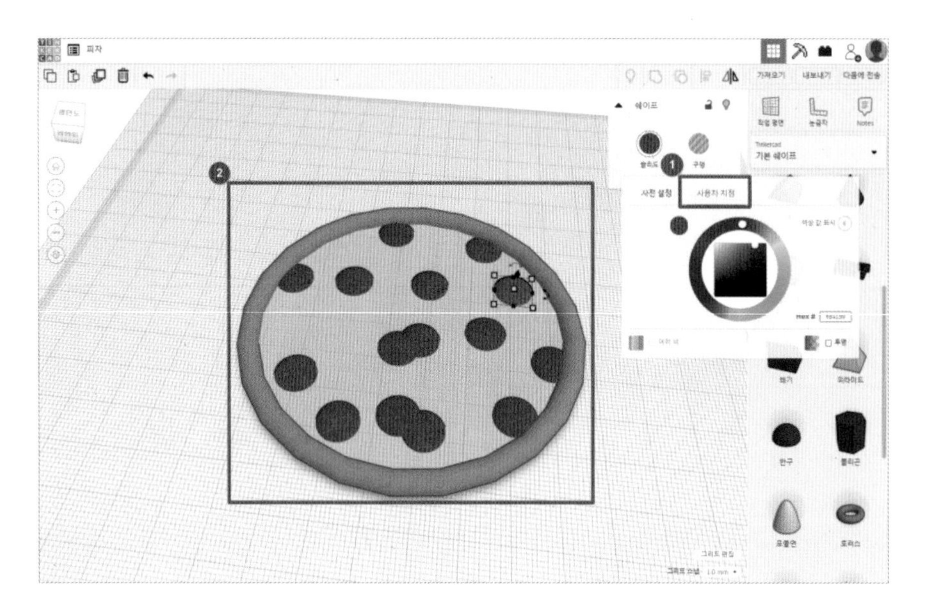

10 올리브 만들기

– 아직 작업평면이 피자판 위지요? 피자판 위로 '튜브' 쉐이프를 가져옵니다.

– 검은색으로 바꿔주세요.

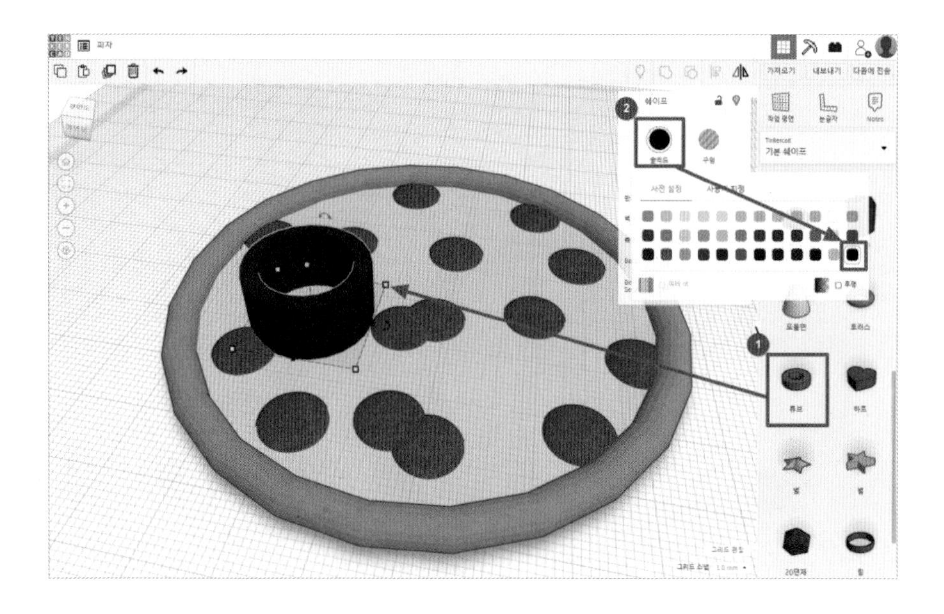

11 크기 조절하기

- 올리브 같은 튜브 쉐이프를 클릭한 뒤, 모서리를 클릭하여 크기를 바꿔줍니다.
- 가로 4, 세로 4, 높이 1

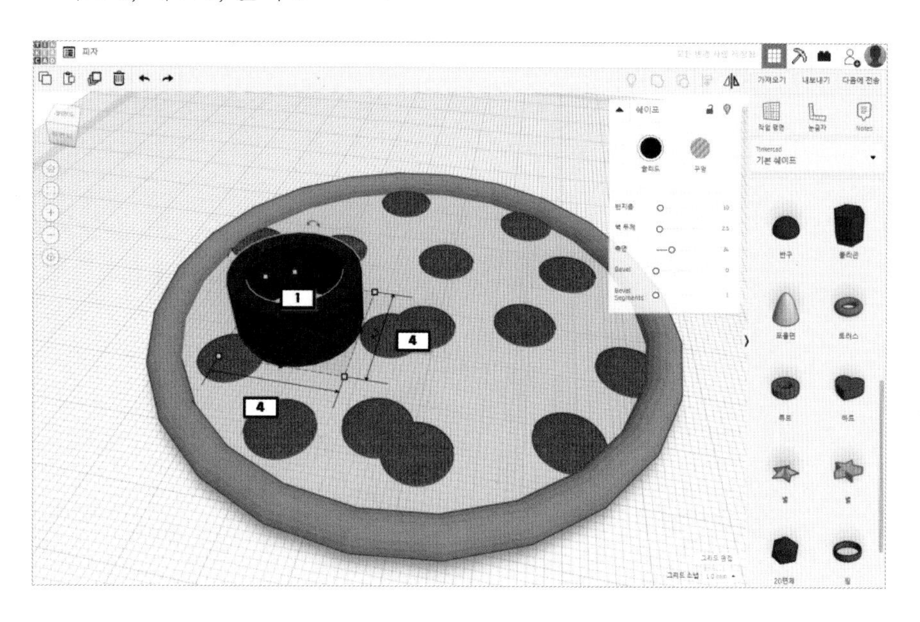

12 올리브 복제하기

- 올리브처럼 바뀐 튜브 쉐이프를 복제(단축키 Ctrl + D)하여 피자판 여기저기 올려줍니다.
- 여러분은 또 무엇을 올리고 싶나요? 저는 피망이나 고기를 올리면 좋겠어요.

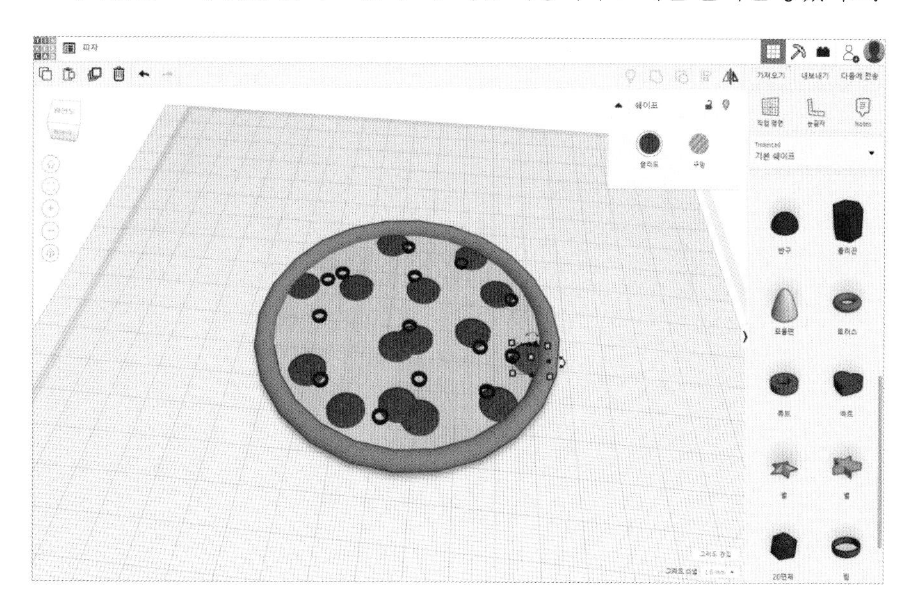

13 피망 만들기

- 피망이 될 'Scribble' 쉐이프를 가져옵니다.
- 앗, 그런데 가져오자마자 자유롭게 그릴 수 있는 창이 뜹니다.

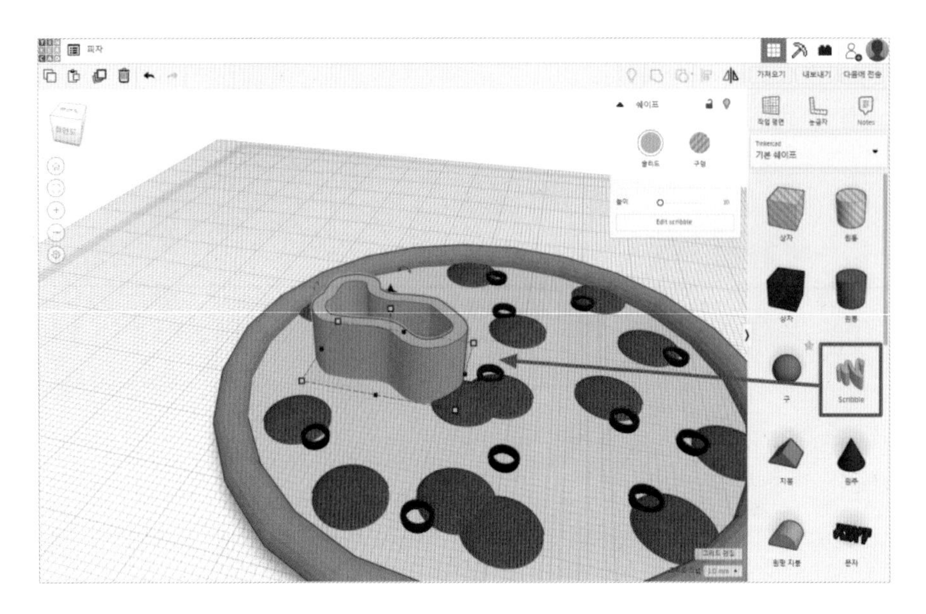

14 피망 그리기

- 피망을 자른 단면 같은 모양으로 마우스로 자유롭게 그려주세요.
- 다 그린 뒤에는 종료 버튼을 눌러 그리기 창을 빠져나갑니다.

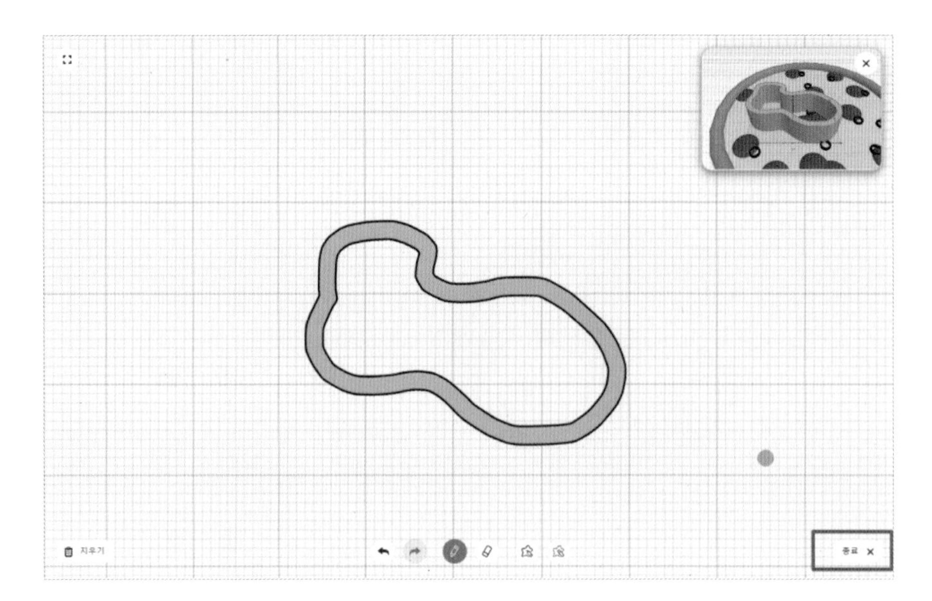

15 피망의 색과 크기 조절하기

- 피망의 색을 초록색으로 바꾸고 크기를 바꿔줍니다.
- 가로 15, 세로 10, 높이 2 (자유롭게 해도 됩니다)

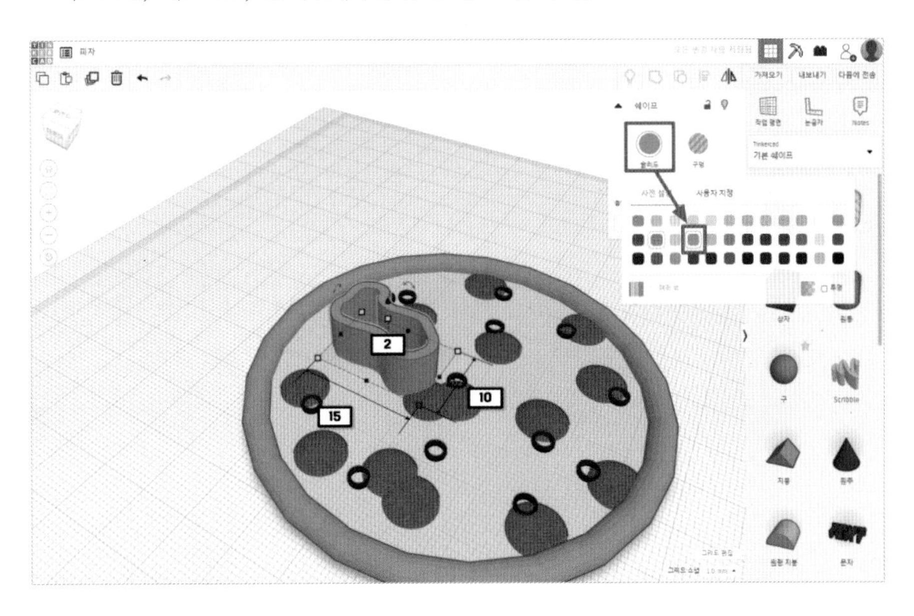

16 복제하여 배치하기

- 피망을 복제(단축키 Ctrl + D)하여 여기저기 올려줍니다.
- 몇몇 피망은 회전시키기도 하고 색을 노란색 등으로 바꿔 주세요.

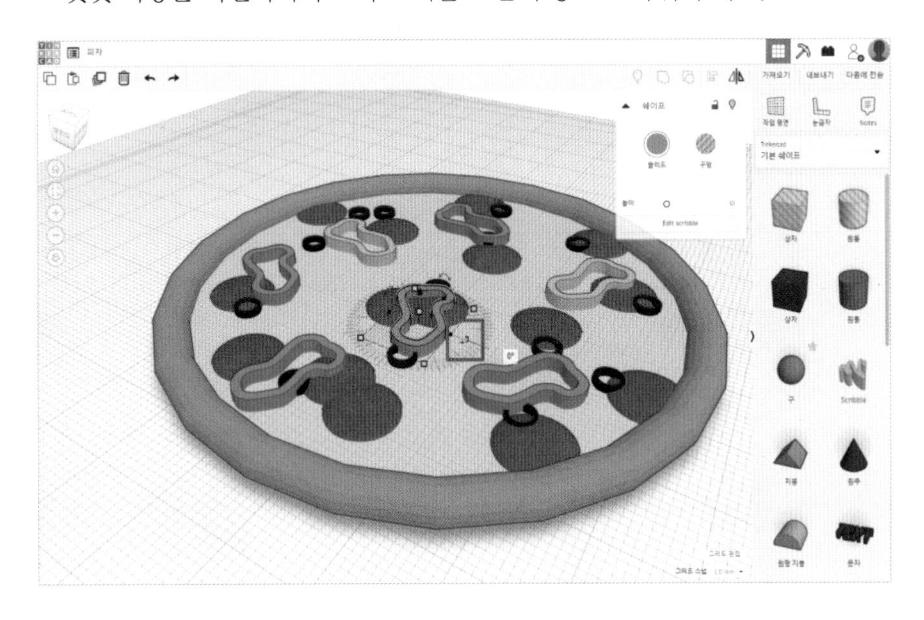

17 고기큐브 만들기

❶ 고기큐브가 될 '20면체' 쉐이프를 가져옵니다.

❷ 갈색으로 바꾼 뒤, 크기를 조절합니다.

-가로 6, 세로 5, 높이 2

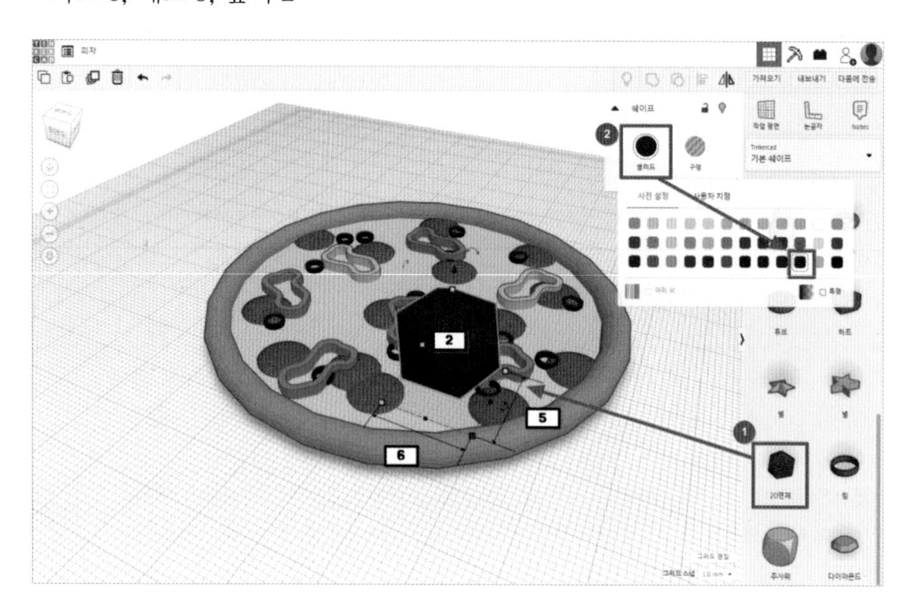

18 복제하여 배치하기

- 고기 큐브 쉐이프를 클릭하고 복제(단축키 Ctrl + D)하여 피자의 여기저기에 올려줍니다.

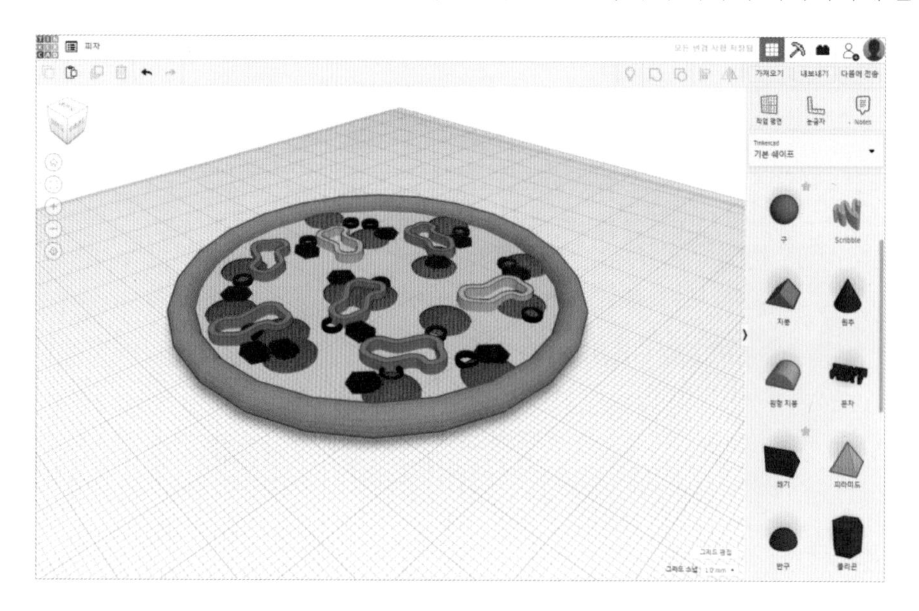

19 웨지감자 만들기

❶ 원형 지붕 쉐이프를 가져옵니다.

❷ 회전 핸들을 이용하여 오른쪽으로 90도 회전시킵니다.

(크기, 색 조절, 복제하여 배치하기는 다른 토핑과 똑같기 때문에 생략합니다)

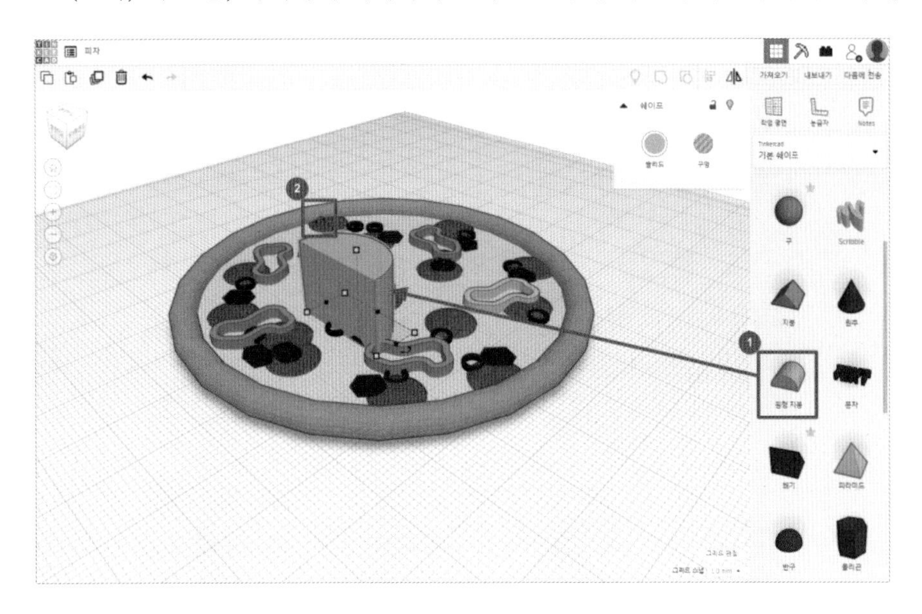

20 웨지 감자 배치하기

- 다른 토핑들처럼 크기, 색, 회전 등을 변경하고 복제하여 감자를 여기저기 올려줍니다.
- 작업평면을 다시 원래대로 합니다.

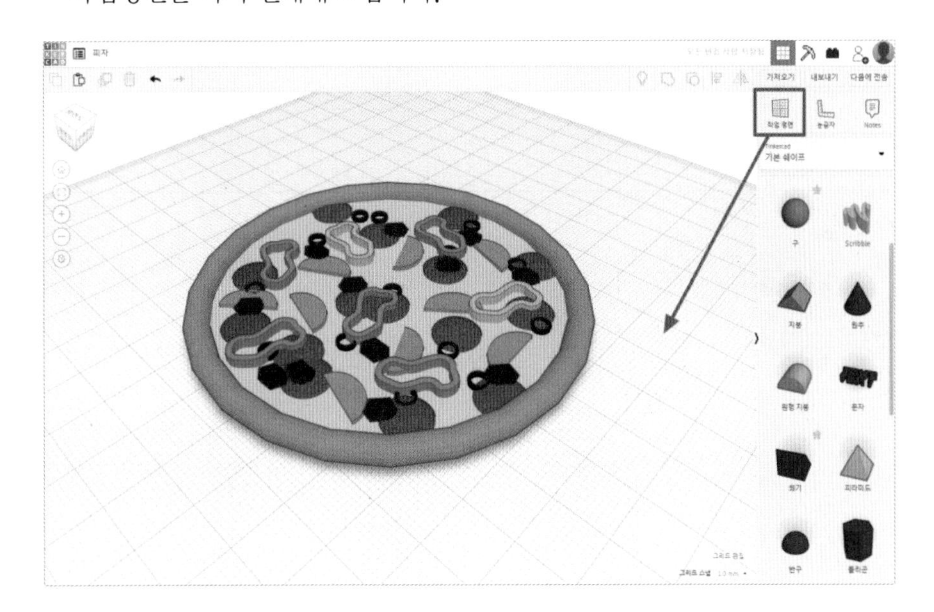

21 고구마 토핑 만들기

- 빵 테두리를 복제(단축키 Ctrl + D)하여 크기를 조절한 뒤, 안쪽으로 이동시킵니다.
- 가로 75, 세로 75, 높이 5 (노란색)

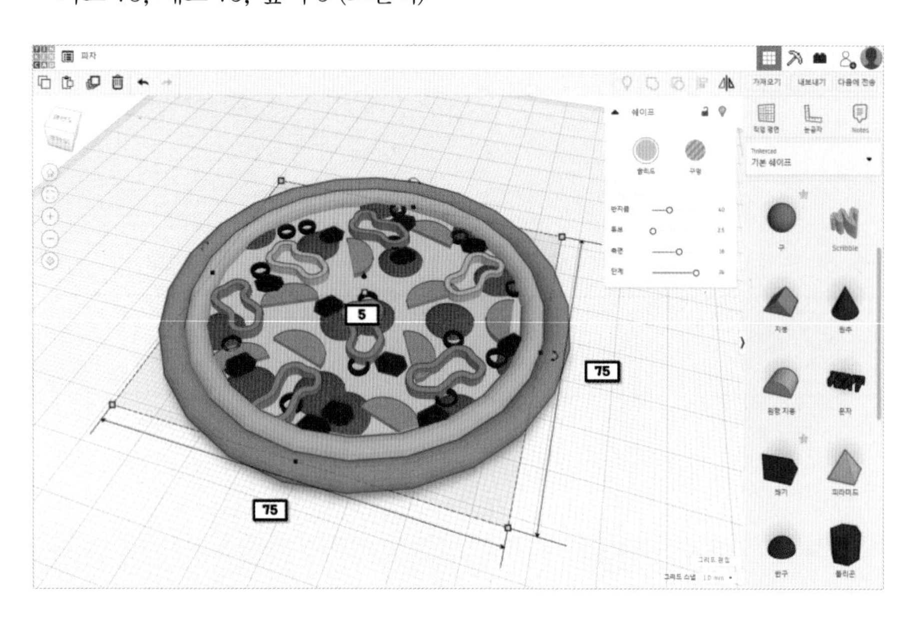

22 피자 자를 준비하기

- 피자를 잘라줄 구멍 상자를 가져와 길~쭉한 절단 도구로 만들어줍니다.
- 가로 0.1, 세로 100, 높이 20

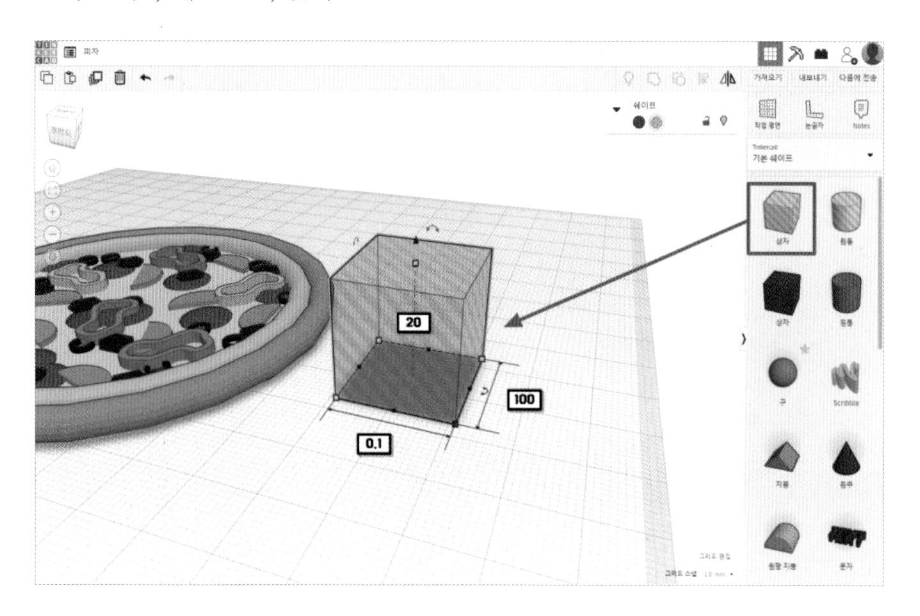

23 피자 6조각내기

- 구멍 쉐이프를 복제(단축키 **Ctrl + D**)하여 왼쪽으로 60도 회전시킵니다.
- 하나 더 복제하여 오른쪽으로 60도 회전시켜서 아래의 그림처럼 만듭니다.

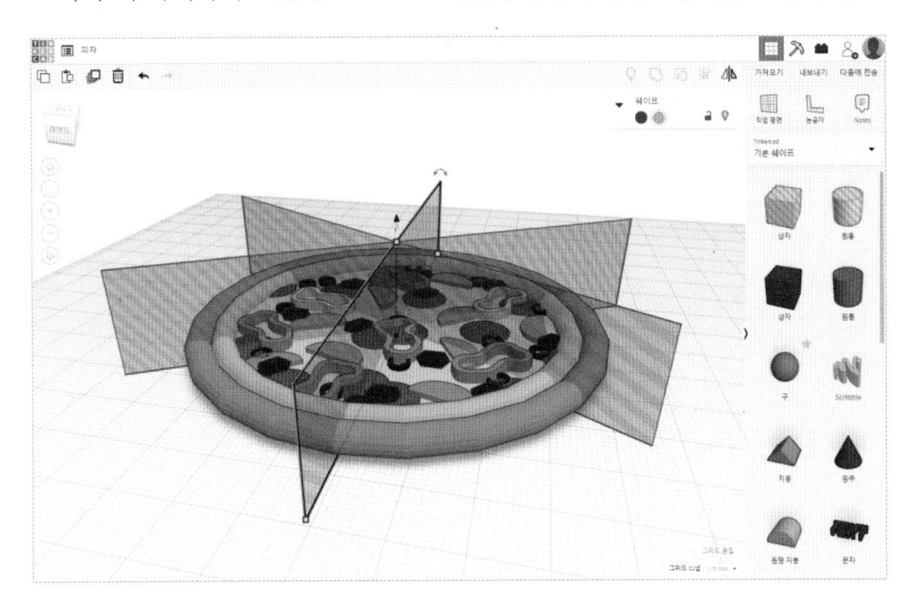

24 토핑 정리하기

- 그룹화를 하기 전에 토핑들(올리브, 감자 등)의 크기를 살짝 바꾸고 조금씩 회전시킵니다.
- 왼쪽 위의 '평면도'를 클릭하면 위에서 내려다본 상태에서 작업할 수 있답니다.

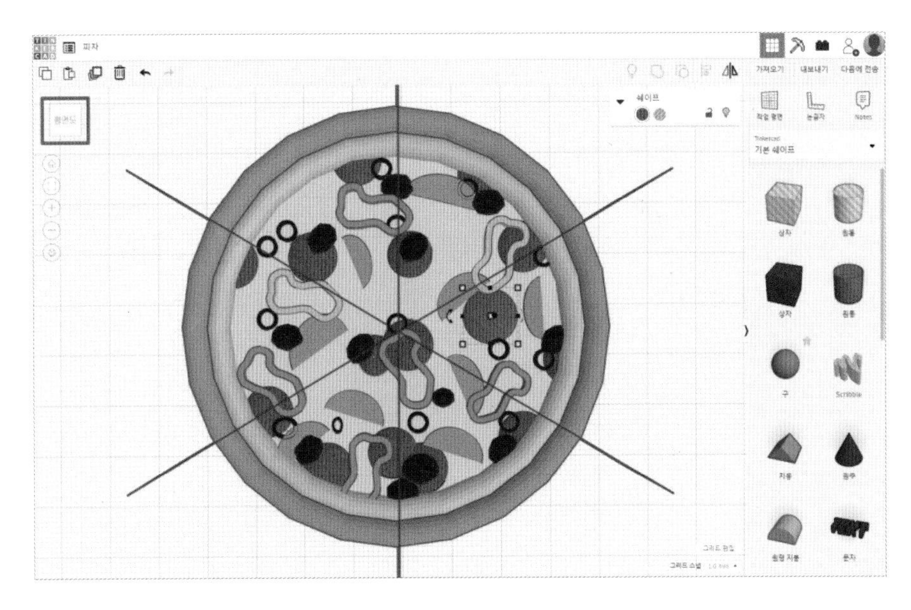

25 그룹화하기

❶ 모든 개체를 선택한 뒤, 그룹화(단축키 Ctrl + G)합니다.
❷ '여러 색'을 클릭하여 다양한 색이 나오도록 합니다.

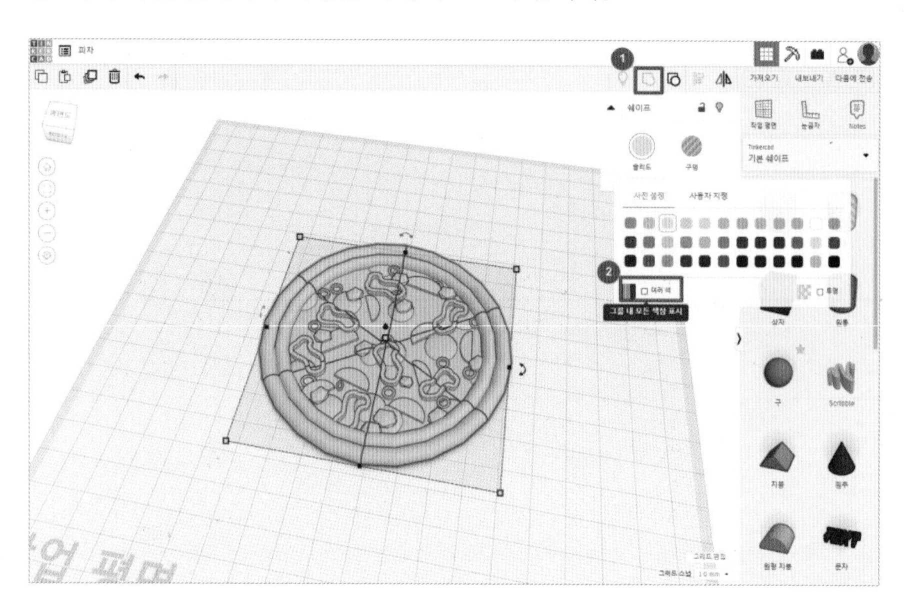

26 피자 완성

– 피자를 완성했습니다.
– 토핑을 더 추가하거나 피자를 담을 상자를 만들어 완성도를 높여보세요.

오늘의 요리 10

케이크

생일 축하합니다~☆ 제가 케이크를 준비했어요! 자, 받으세요.

(생일 아닌데···) 고..고마워요!
정말 맛있어 보이는 케이크네요. 그나저나 어떻게 만든 거죠?

color

Shape

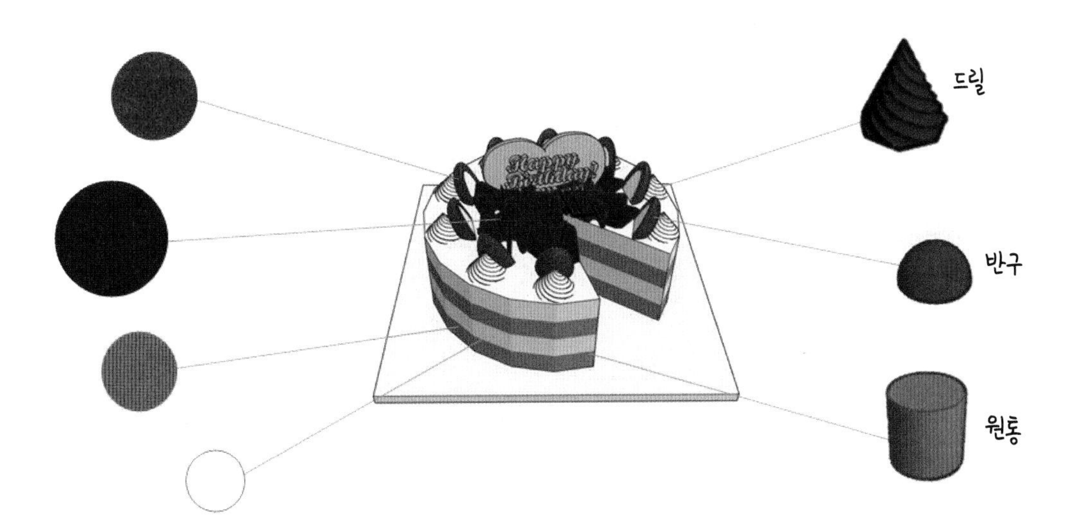

케이크 만들기

01 '원통' 쉐이프 가져오기

– 기본 쉐이프 목록에서 원통 쉐이프를 가져와 크기를 조절합니다.
– 가로 60, 세로 60, 높이 5

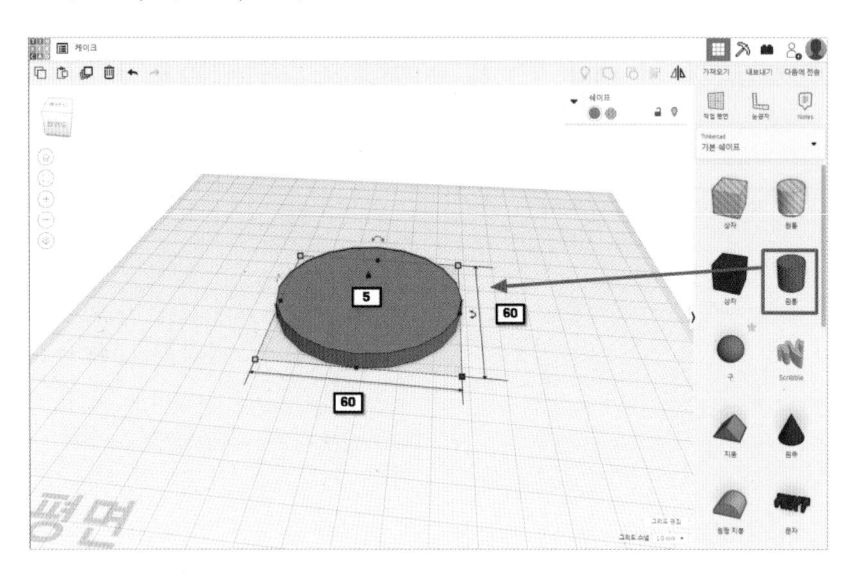

02 복제하기

– 원통 쉐이프를 복제(단축키 **Ctrl + D**)한 뒤, **Ctrl + 위쪽 방향키** 하여 5칸 위로 올립니다.
– 복제를 두 번 더 하면 자동으로 두 개가 더 쌓입니다.

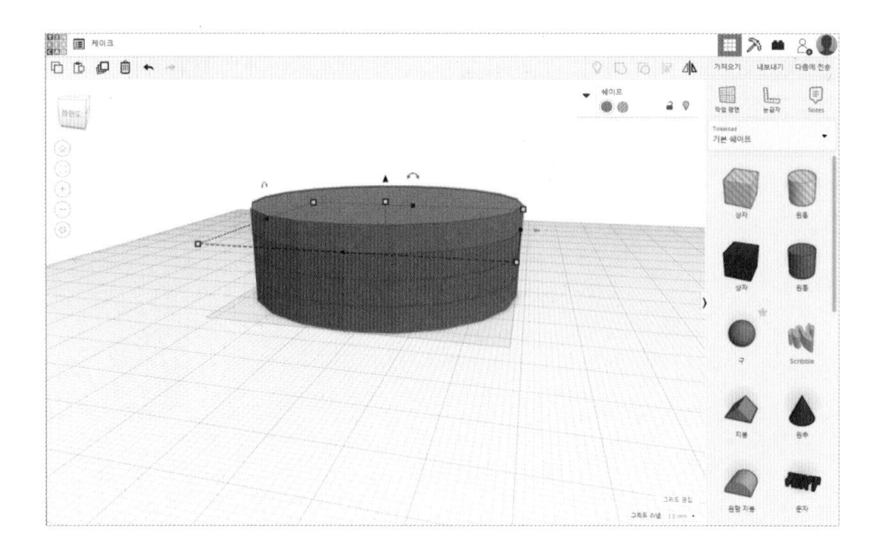

03 색상 변경하기

– 원통 쉐이프들의 색을 흰색과 분홍색으로 바꿉니다.
– 꼭 딸기 케이크 같네요. 분홍색을 초콜릿 색으로 바꿔도 좋겠어요.

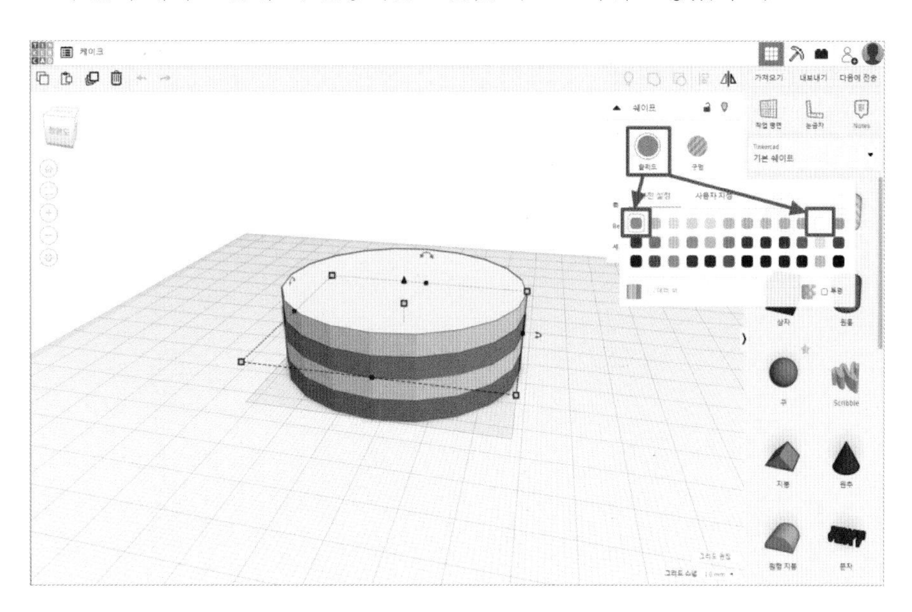

04 크림 얹기

❶ 작업평면을 케이크 위쪽으로 합니다.
❷ 쉐이프 생성기 '모두' 목록에서 '드릴' 쉐이프를 찾아 가져옵니다.

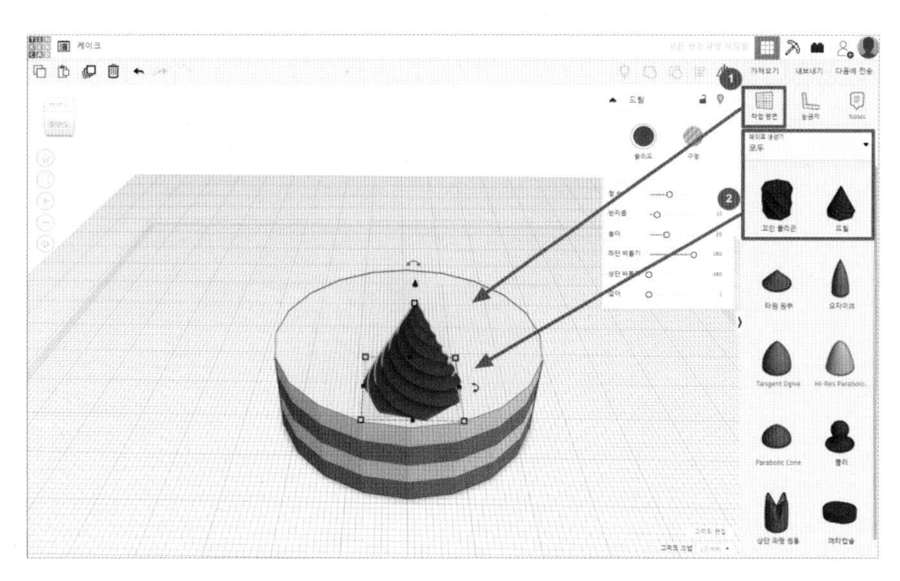

Tip 틴커캐드가 업데이트되면 어떤 '목록'에 있던 쉐이프가 다른 목록으로 이동하기도 합니다.

05 색과 크기 조절하기

- 작업평면을 원래대로 한 뒤, 드릴 쉐이프를 흰색으로 바꾸고 크기를 조절합니다.
- 가로 8, 세로 8, 높이 5

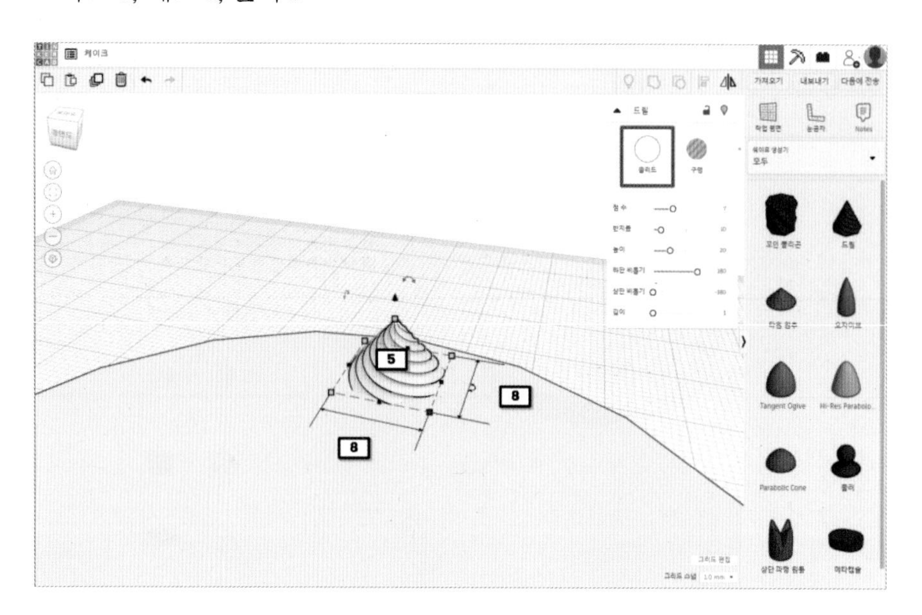

06 평면도에서 배치하기

- 이제 드릴 대신 '크림' 쉐이프라고 하겠습니다.
- '평면도', '정면도' 등을 잘 활용하면 매우 유용합니다. '평면도'를 클릭합니다.
- 크림 쉐이프를 복제(단축키 **Ctrl + D**) 하여 그림과 같이 배치해주세요.

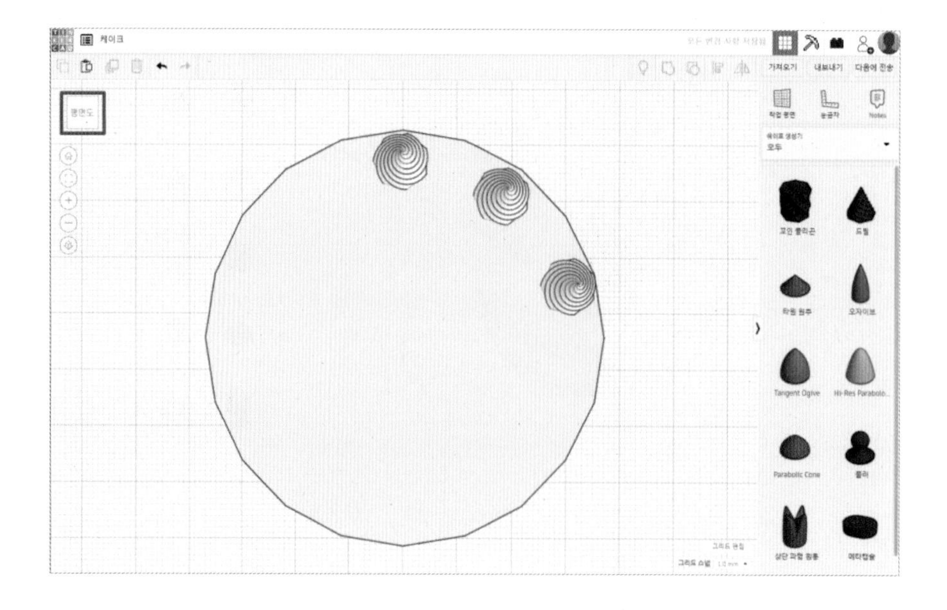

07 복제하여 배치하기

- 케이크 만들기에서는 크림 쉐이프들이 서로 정확히 대칭하는 것이 좋아 보입니다.
- 처음 배치했던 쉐이프들을 복제한 뒤, 키보드를 이용하여 반대편에 배치합니다.

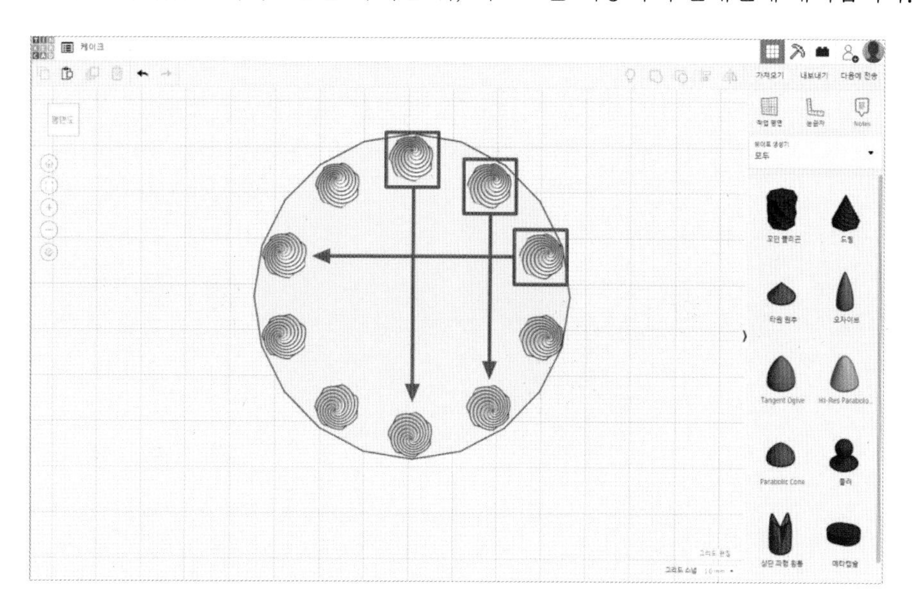

08 딸기 만들기

- 반구 쉐이프를 가져와 빨간색으로 바꾸고, 크기를 조절합니다.
- 가로 8, 세로 8, 높이 10

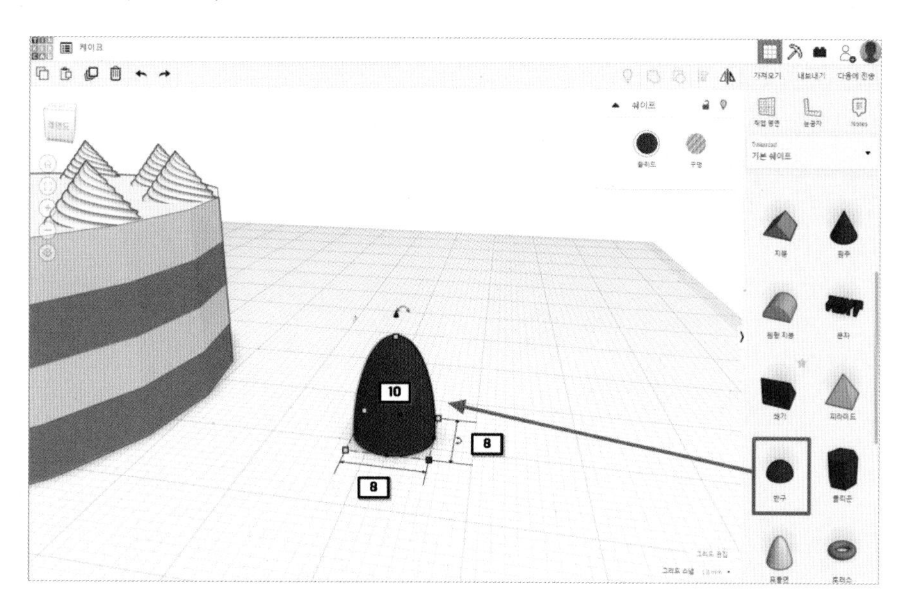

09 반으로 가르기

❶ 구멍상자 쉐이프를 가져와 딸기를 절반으로 가르도록 위치시킵니다.
❷ 구멍상자 쉐이프와 딸기를 선택하여 그룹화(단축키 Ctrl + G)합니다.

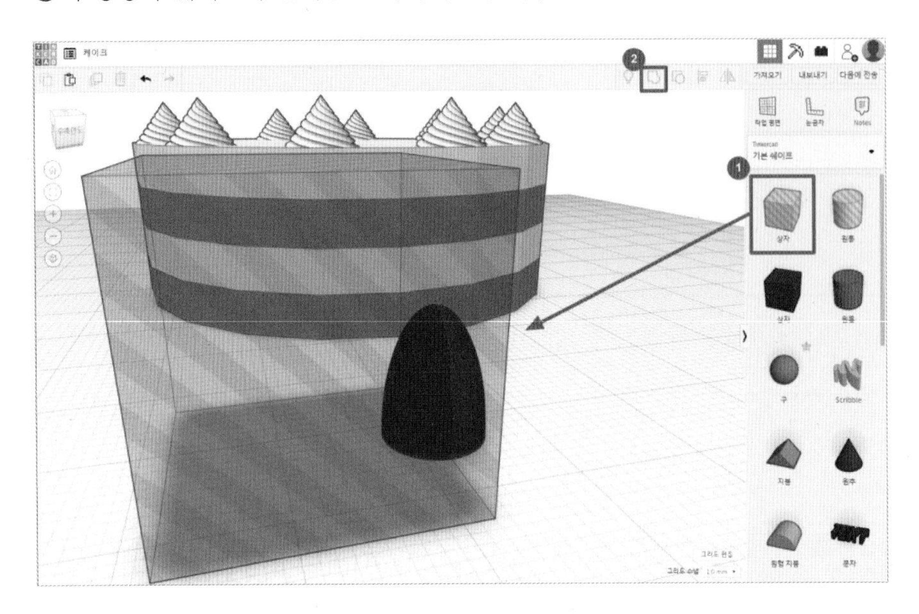

10 딸기 안쪽 만들기

– 빨간색 딸기를 복제(단축키 Ctrl + D)하여 흰색으로 바꾼 뒤, 크기를 조절합니다.
– 가로 6, 세로 2, 높이 8 (조절 뒤 하나 더 복제합니다)

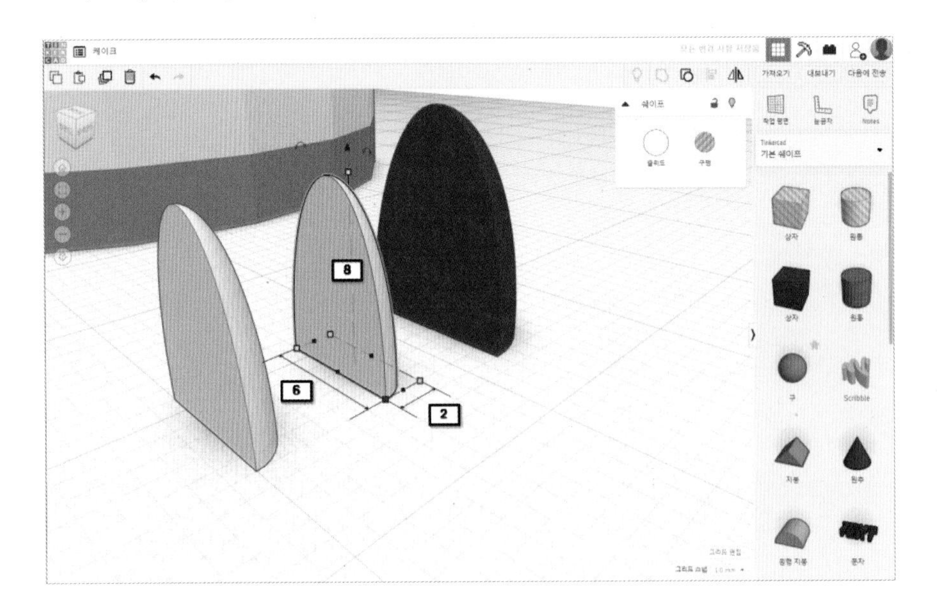

11 구멍 쉐이프로 만들기

❶ 딸기 안쪽이 될 흰색 쉐이프 1개를 '구멍'으로 바꿔줍니다.
❷ '구멍'이 된 쉐이프를 빨간 딸기 안쪽으로 이동시킵니다.

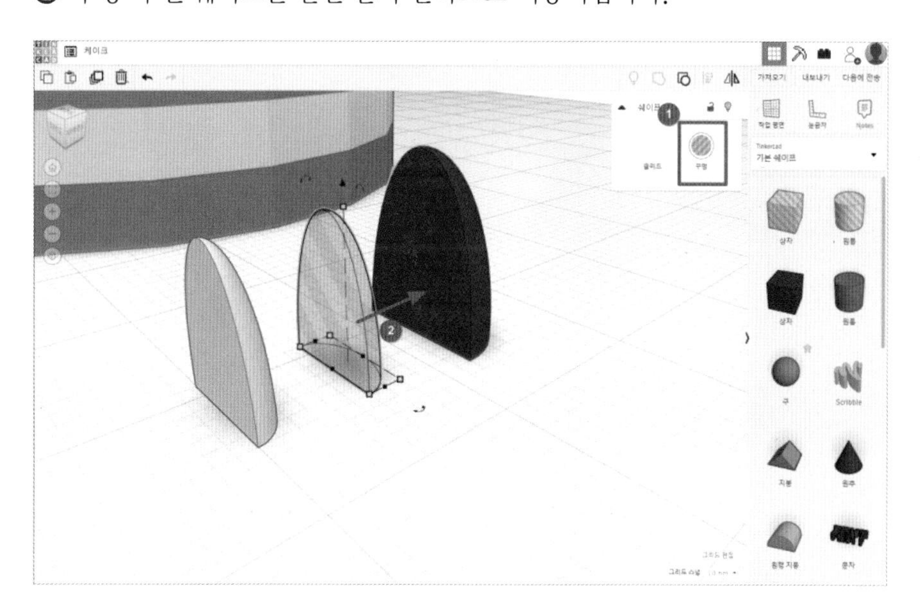

12 그룹화하기

– 구멍 쉐이프와 딸기 쉐이프를 함께 선택하여 그룹화(단축키 Ctrl + G)합니다.

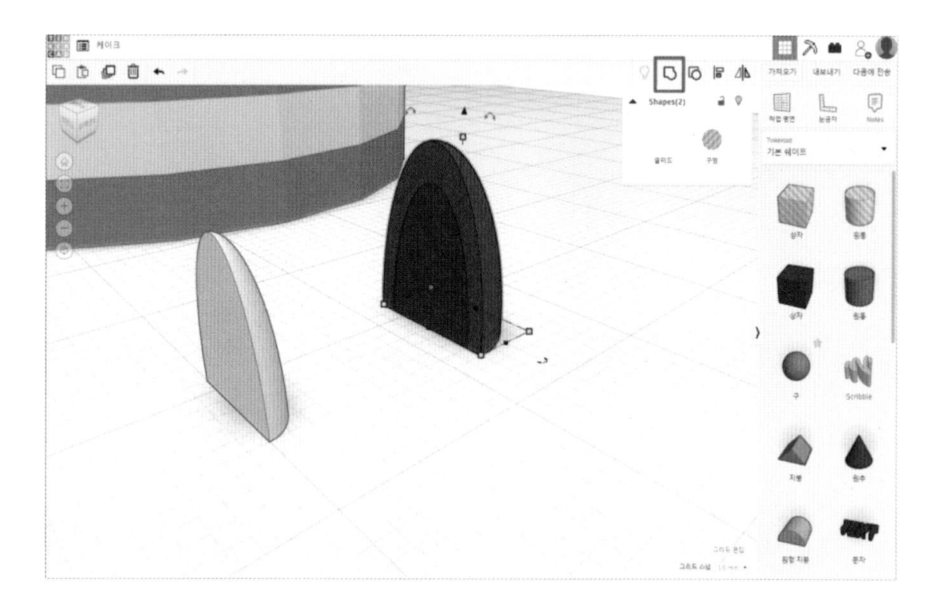

13 딸기 완성하기

– 딸기 안쪽이 될 흰색 쉐이프를 딸기 쪽으로 가져갑니다.
– 구멍으로 뚫어놓은 자리에 쏙 들어갈 거에요.

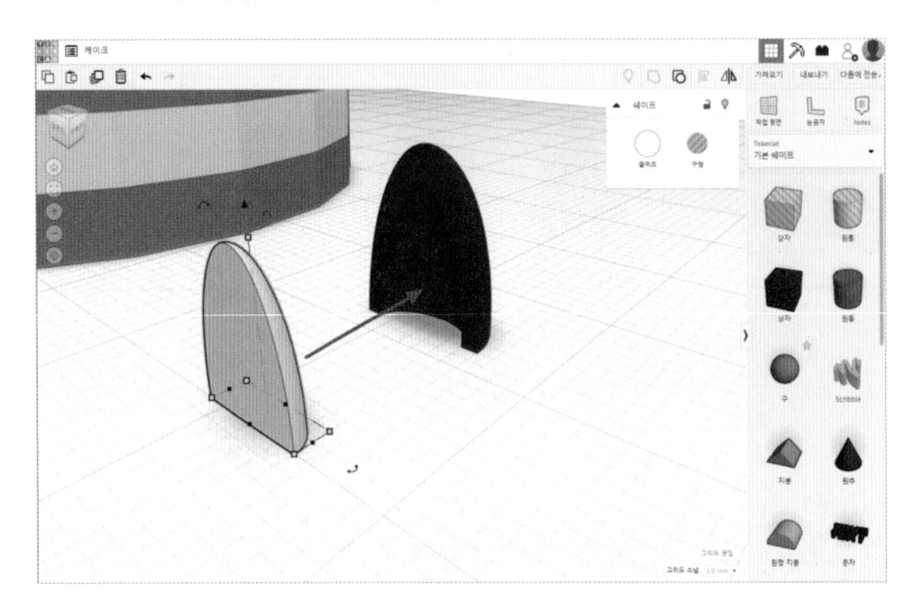

14 그룹화하기

❶ 두 쉐이프를 함께 선택하여 그룹화(단축키 Ctrl + G)합니다.
❷ '여러 색'을 눌러 두 가지 다른 색이 나타나도록 합니다.

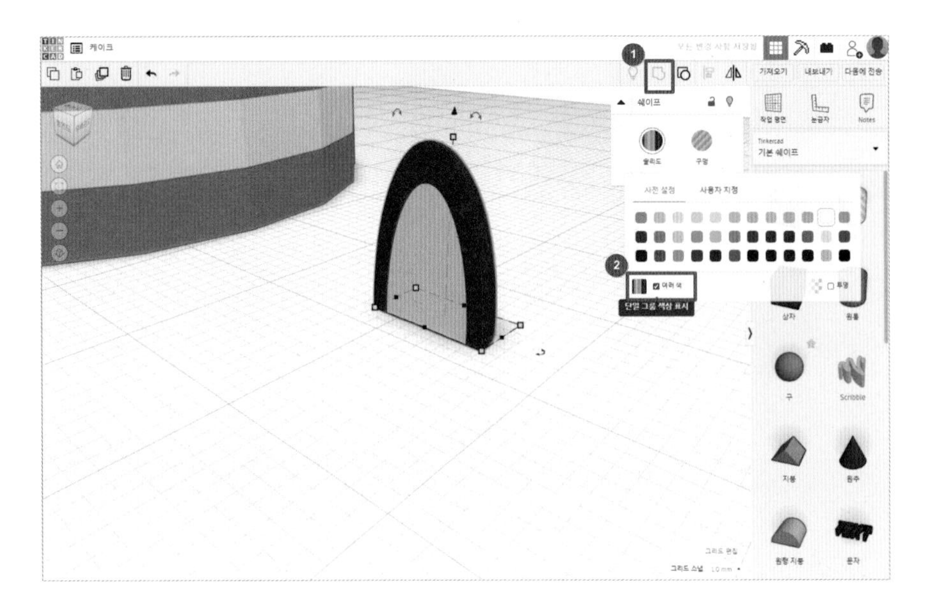

15 딸기 배치하기

- 딸기를 크림 쉐이프 앞으로 가져갑니다.
- 크림 쉐이프들을 여러 개 복제한 것처럼 딸기도 그렇게 해주어야 합니다.

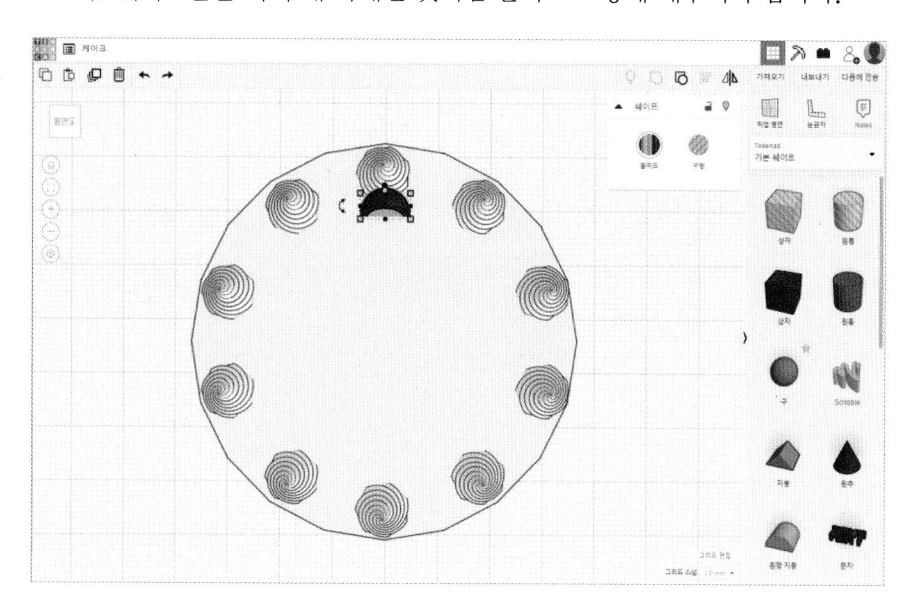

16 회전하고 복제하기

- 딸기 쉐이프를 회전하여 기울어지게 하고, 복제하여 아래와 같이 배치합니다.
- 딸기가 케이크 중앙을 보도록 다시 회전시킵니다.

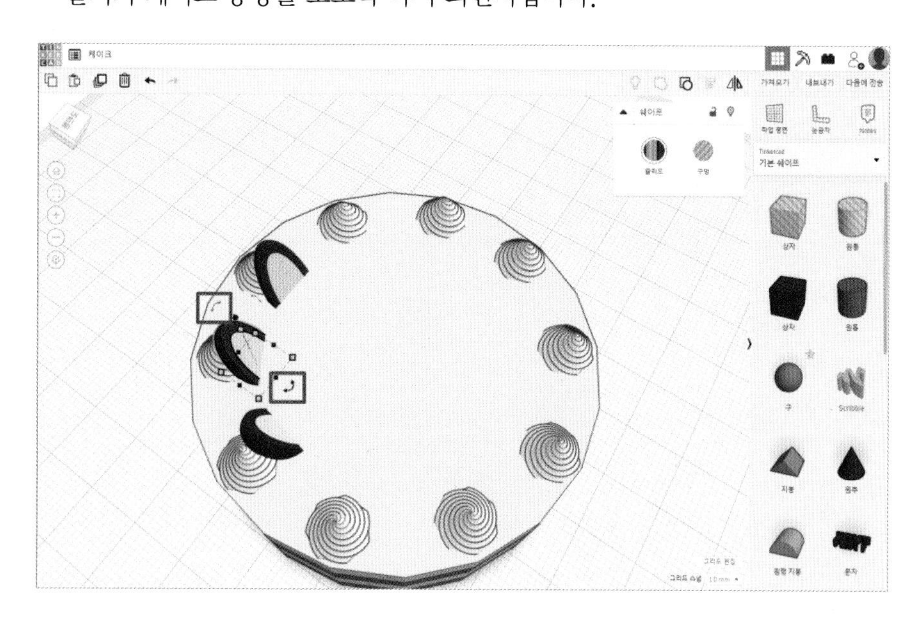

17 복제하여 대칭하기

❶ '평면도'를 눌러 위에서 보면서 작업합니다.

❷ 딸기 쉐이프 3개를 복제(단축키 Ctrl + D)한 뒤 대칭시킵니다(단축키 M)

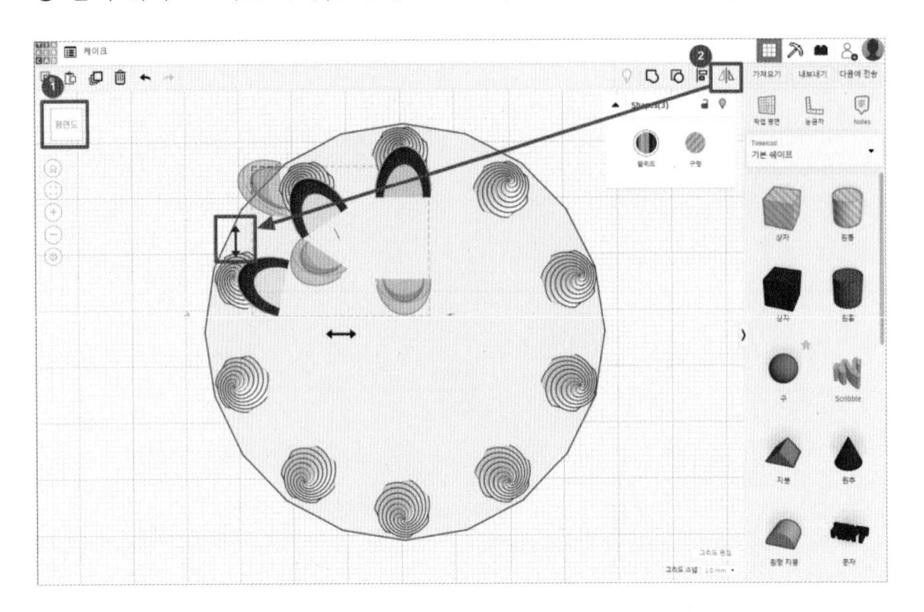

18 대칭 후 이동하기

– 크림 쉐이프들을 복제하여 반대편에 배치할 때는 그냥 키보드로만 옮겼었죠? 그런데 이번에는 회전을 사용했기 때문에 '대칭'을 사용하였습니다.

– 그림과 같이 반대편으로 이동시킵니다.

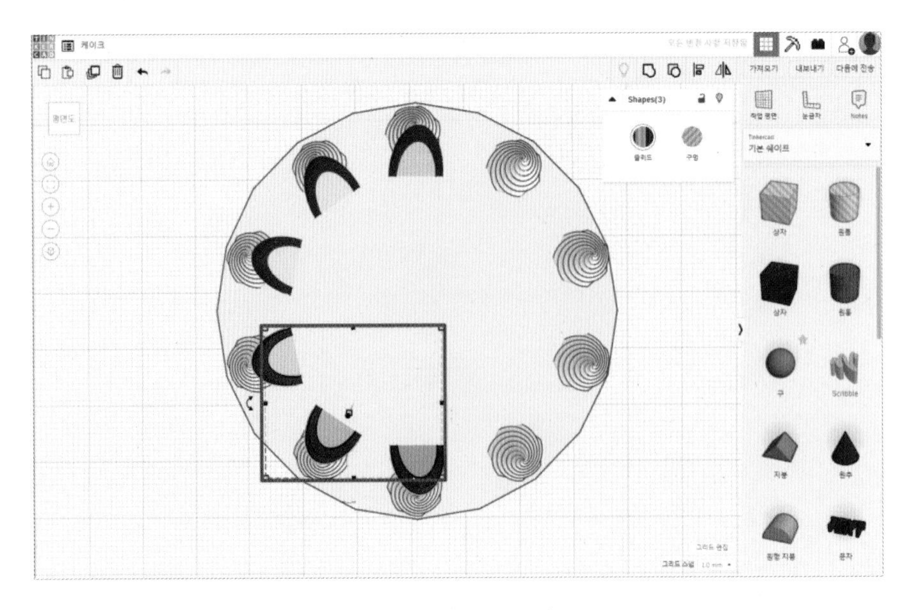

19 복제하여 대칭하기

– 이번에는 그림에 보이는 4개의 딸기 쉐이프를 오른편에도 만들어줘야 겠네요

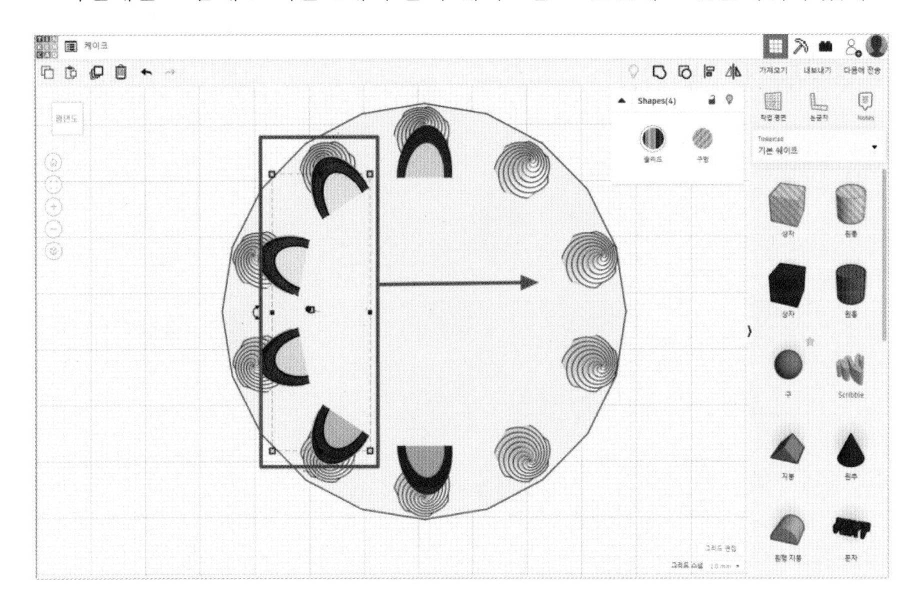

20 복제하여 대칭하기

– 4개의 딸기 쉐이프를 선택하고 복제한 뒤, 대칭(단축키 M)시킵니다.
– 오른편으로 이동시켜줍니다. 영차 영차!

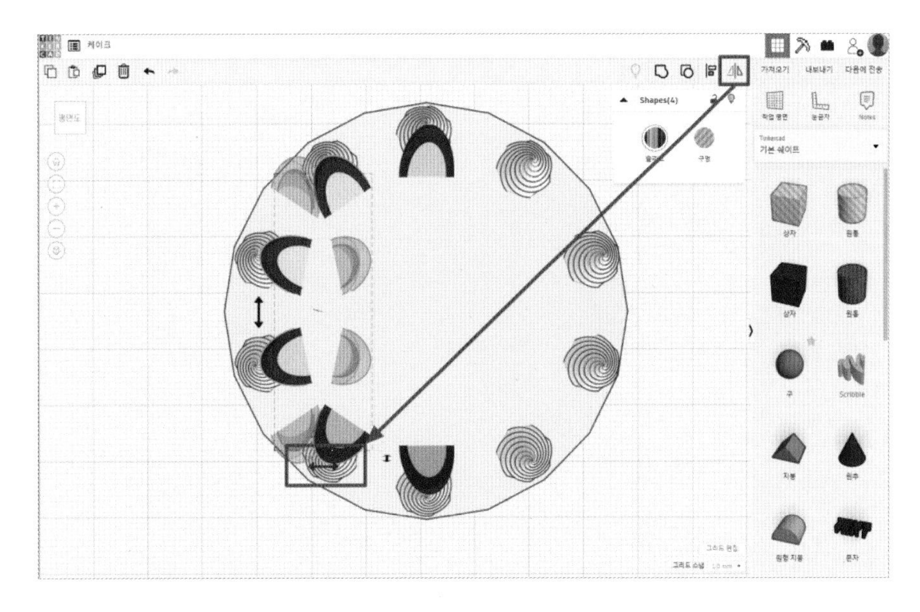

21 대칭 완성

– 자, 이제 거의 딸기 케이크가 완성된 것 같네요!
– 중앙이 허전해보이네요. 초콜릿 더미를 만들면 좋겠네요!

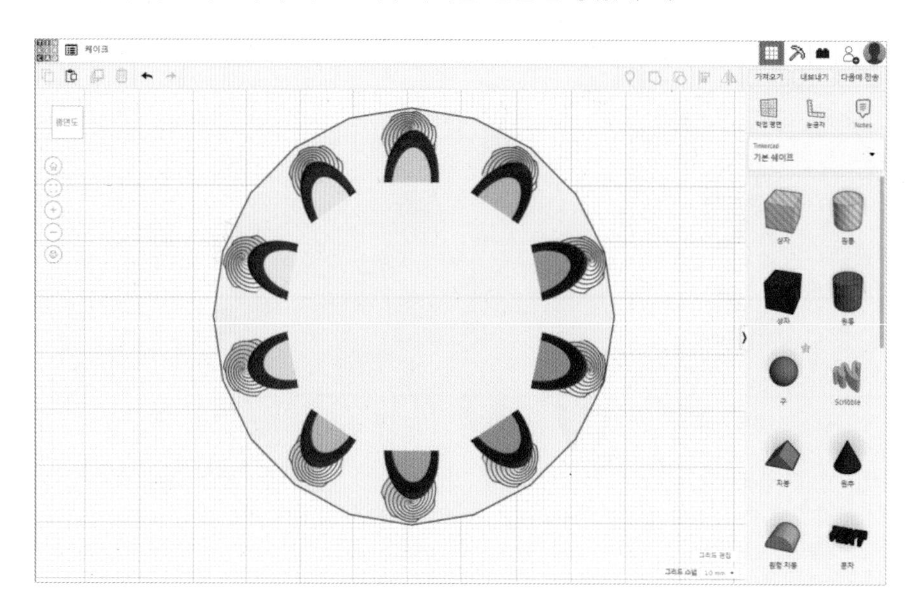

22 초콜렛 만들기

– 쉐이프 생성기의 '모두' 목록에서 팔각형 쉐이프를 가져옵니다.
– 색은 초콜릿과 비슷한 갈색으로 바꿔주세요.

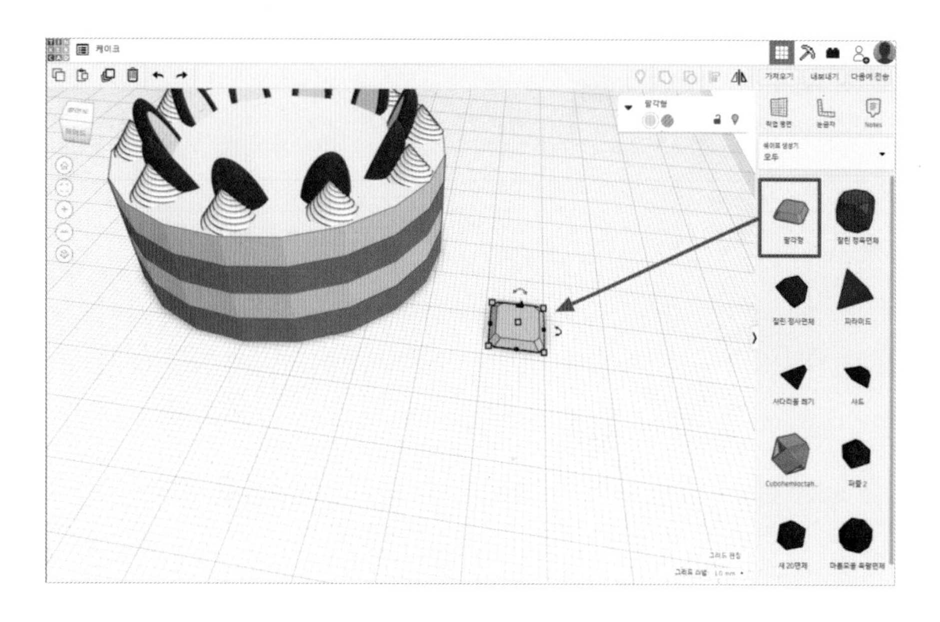

23 복제하고 회전하기

– 쉐이프들을 복제(단축키 Ctrl + D)하고 회전시켜 불규칙하고 자유로운 형태로 만듭니다.
– 초콜릿 쉐이프들을 모두 선택하여 복제합니다.

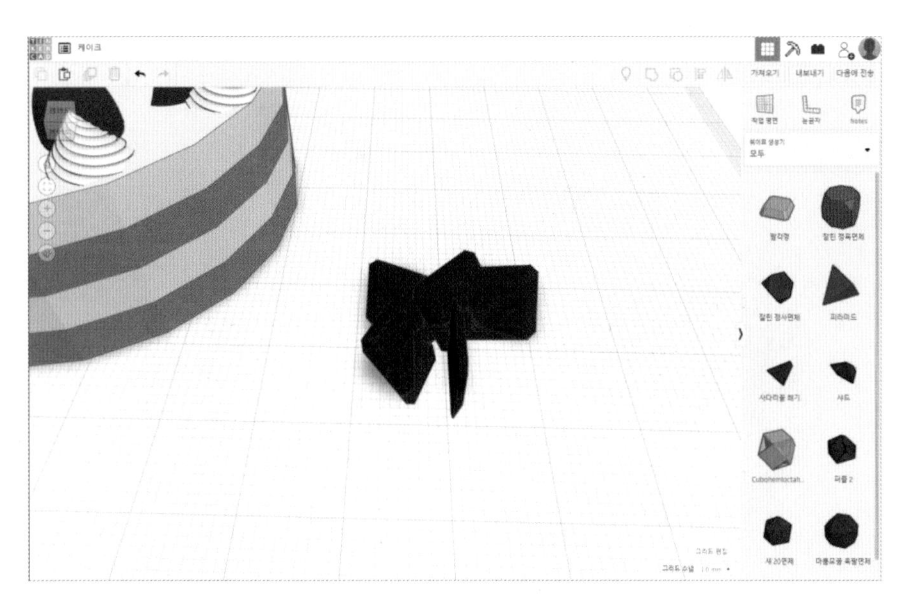

24 초콜릿 더미 만들기

– 복제하여 더 많아진 초콜릿 쉐이프들을 다시 전체선택하여 또 복제하고 회전합니다.
– 이런 식으로 하면 금방 초콜릿 더미를 만들 수 있겠지요?

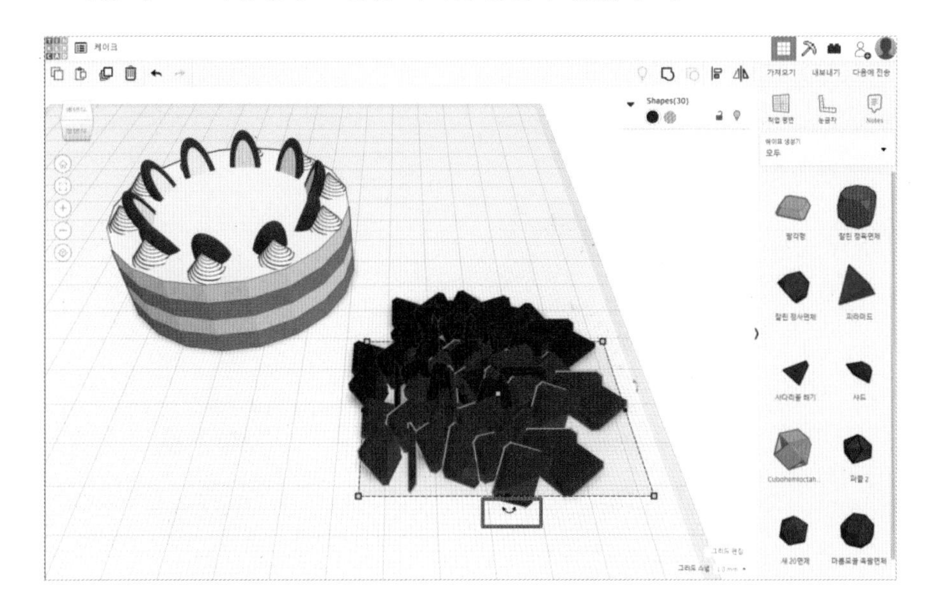

25 케이크 위로 이동하기

- 초콜릿 더미들을 전체 선택하여 그룹화(단축키 Ctrl + G)한 뒤, 케이크 위로 이동합니다.
- 초콜릿 더미 역시 케이크에 살짝 묻히도록 하면 좋습니다.
- 크기를 줄여서 케이크 안쪽으로 들어오도록 합니다.

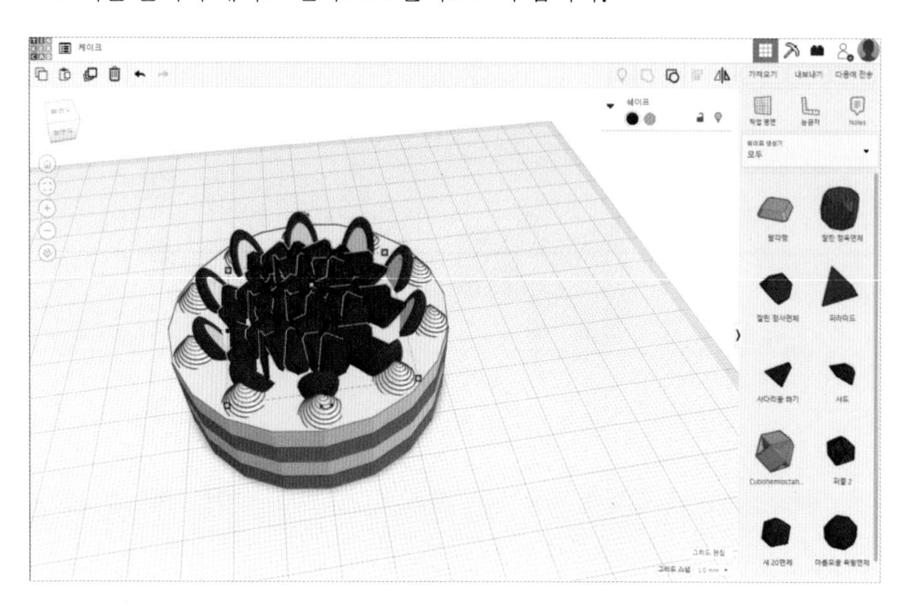

26 케이크 조각내기

- 케이크를 조각내기 위해 '지붕' 쉐이프를 가져와 크기를 조절합니다.
- 가로 30, 세로 30, 높이 40

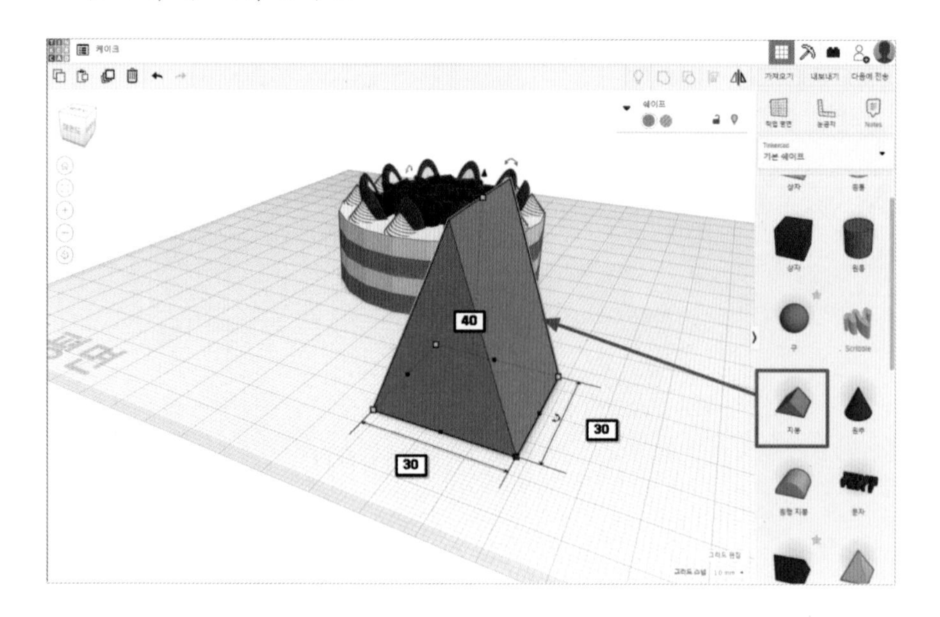

27 케이크 조각내기

- 지붕 쉐이프를 '구멍'으로 만들고 회전시킵니다.
- 간단하게 조각 케이크 모양이 만들어졌습니다.

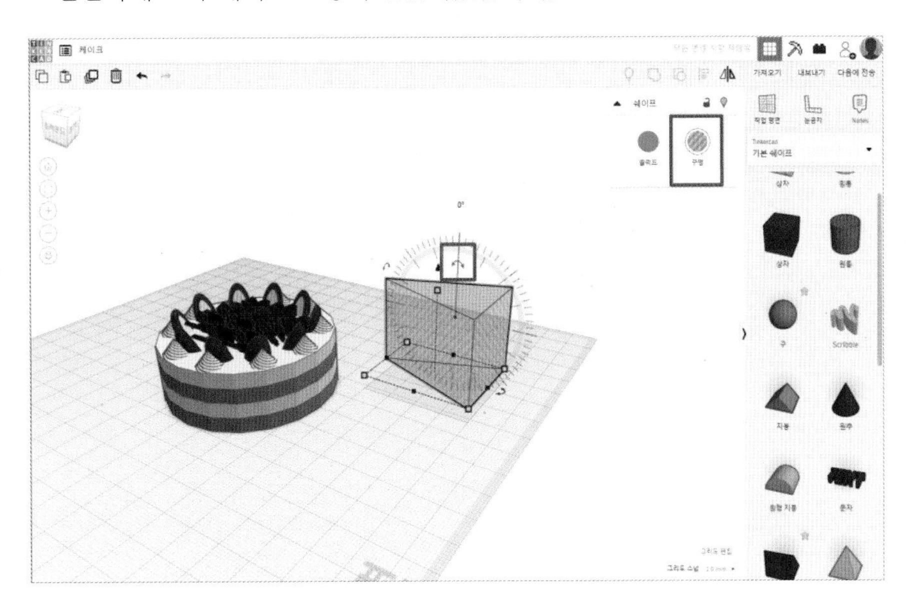

28 그룹화하기

- 조각 케이크 모양 쉐이프를 케이크와 겹치도록 합니다.
- 모든 쉐이프를 선택하여 그룹화(단축키 **Ctrl + G**)합니다.

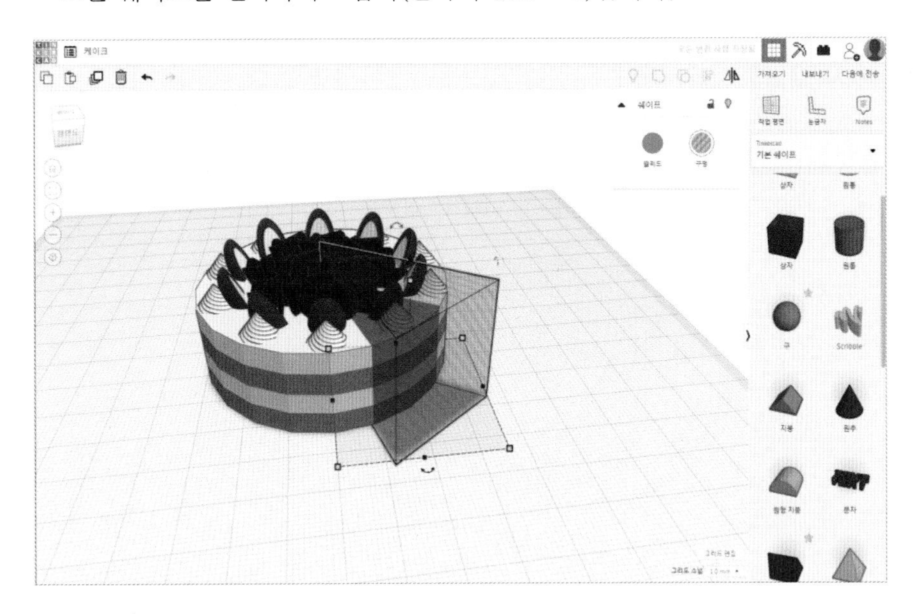

29 케이크 완성

- 케이크가 완성되었습니다.
- 혹시 '여러 색'이 체크되어 있지 않다면 체크해주세요.

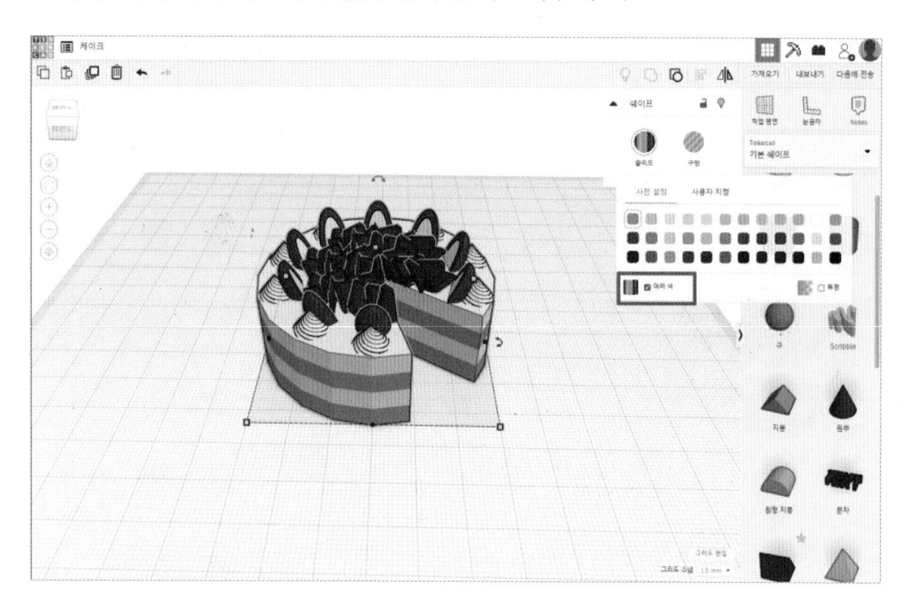

30 케이크 토퍼 가져오기

- '복사하기' 기능을 이용하여 다른 디자인들을 가져올 수 있습니다.
  (※ '틴커캐드 파티' 부분 참고)
- 생일 초, 케이크 판을 만들거나 토퍼를 가져오기 하여 더 완성도를 높여보세요!

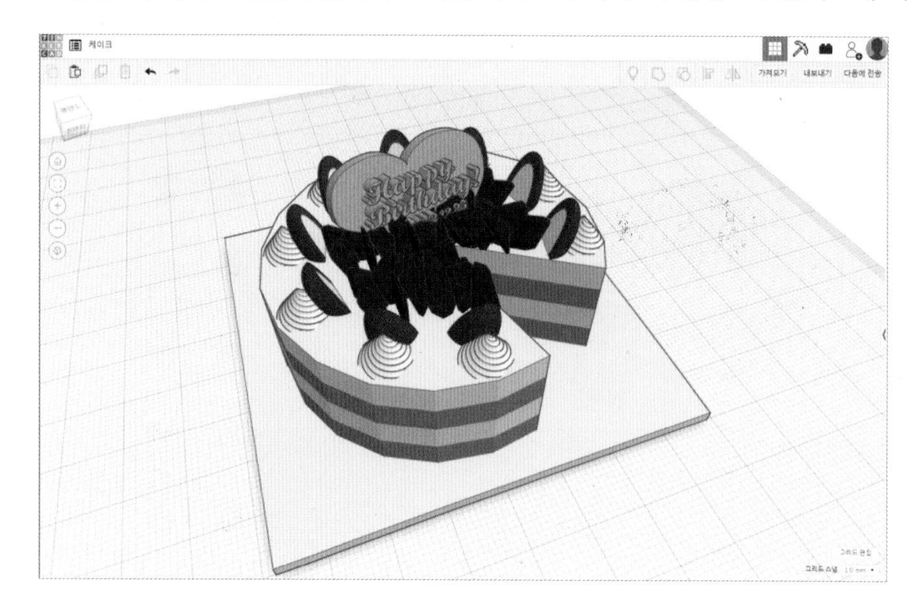

오늘의 요리 11

토끼 요리사

우와~ 이 귀여운 아기 토끼는 대체 어디서 튀어나온 거죠?

아기 토끼라뇨! '토끼 요리사'라구요!
조금 복잡하지만 하나하나 천천히 만들면 어렵지 않아요.

color

Shape

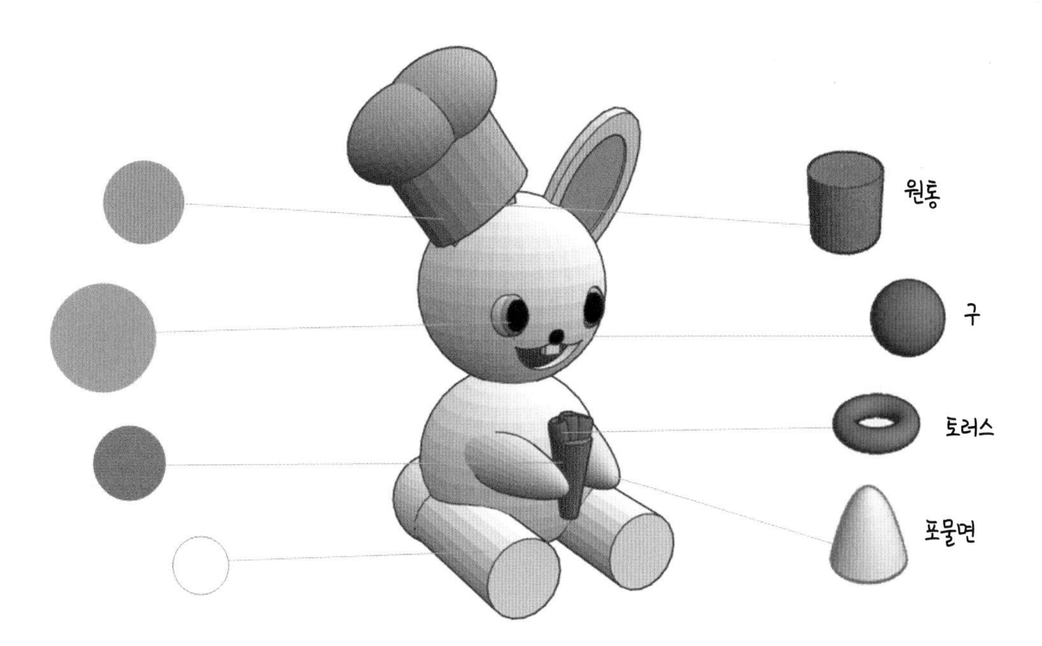

머리와 얼굴 만들기

01 '구' 쉐이프 가져오기

– 몸통과 머리가 될 '구' 쉐이프를 작업평면으로 가져와 크기를 조절합니다.
– 가로 50, 세로 50, 높이 50

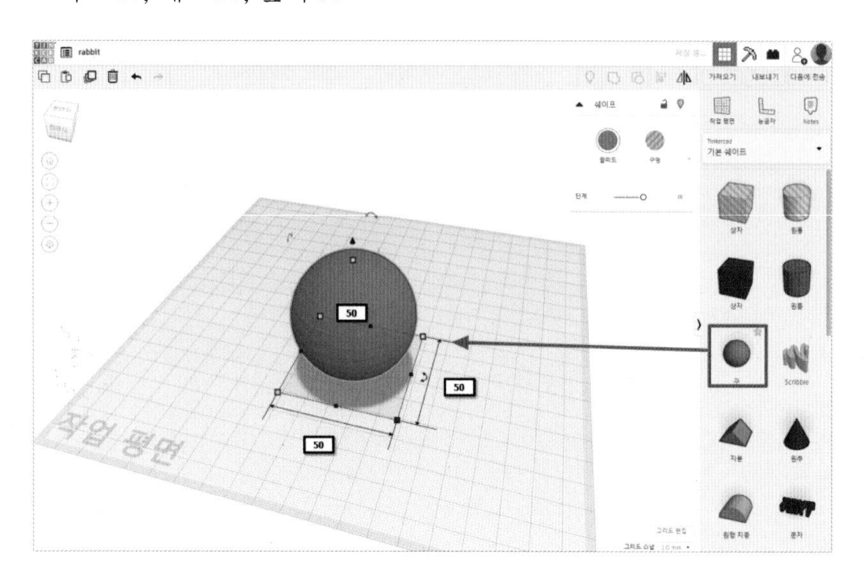

02 복제와 색상 설정하기

❶ '구' 쉐이프를 흰색으로 바꾼 뒤, 복제(단축키 **Ctrl + D**)하여 위에 배치합니다.
❷ 위에 있는 쉐이프는 머리, 밑에 있는 쉐이프는 몸통이 될 거에요. 살짝 겹치도록 둡니다.

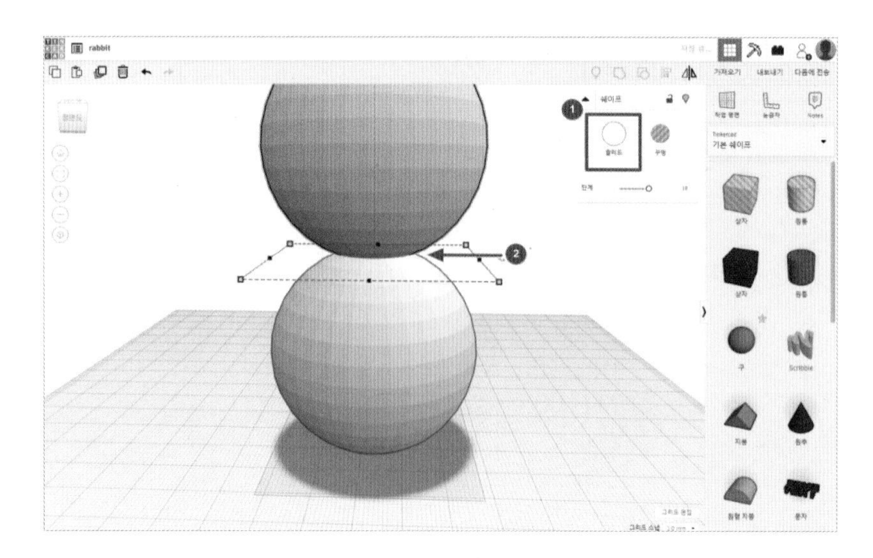

03 '구' 쉐이프 가져오기

- '구' 쉐이프를 3개 가져와 색을 바꿔줍니다.
- 흰색, 분홍색, 검은색 3가지 구를 조절해서 눈을 만들 거에요.

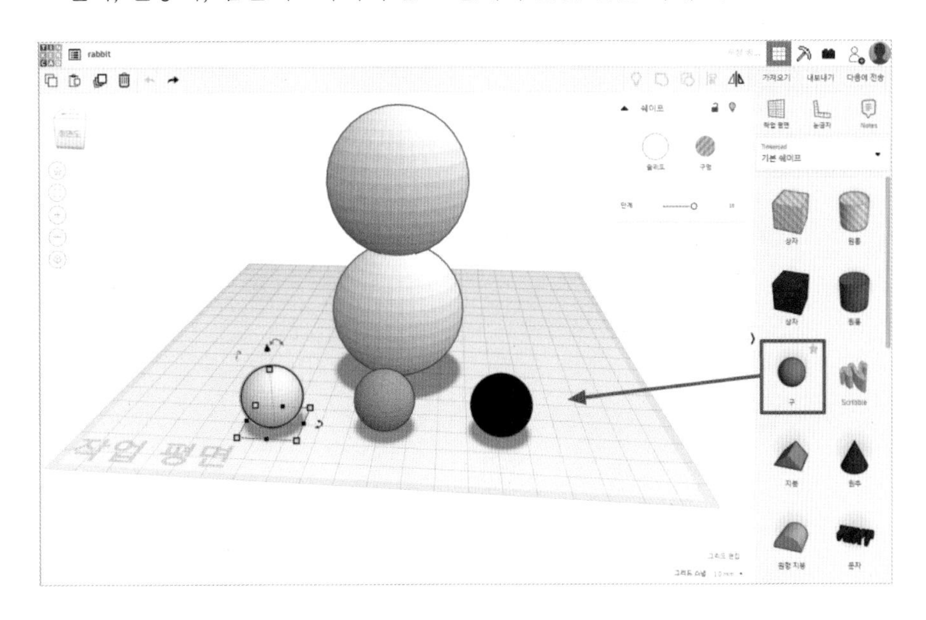

04 크기 설정하기

- 눈과 눈동자들의 크기를 설정해줍니다.
- 흰색: 가로 10, 세로 11, 높이 12
- 분홍: 가로 8, 세로 5, 높이 10
- 검정: 가로 6, 세로 5, 높이 8

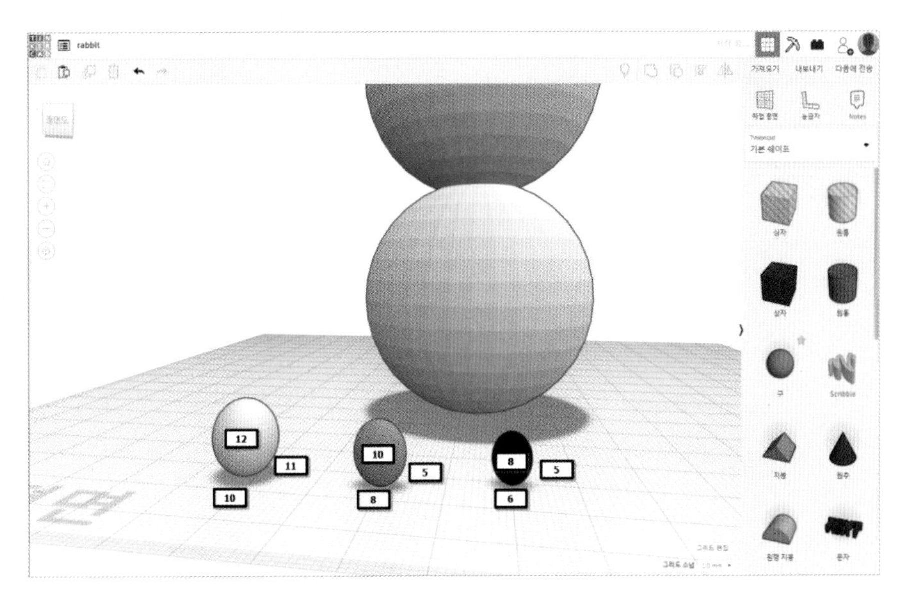

05 정렬하기

❶ 3개의 쉐이프를 선택한 뒤, 정렬(단축키 L)을 누릅니다.
❷ 가로, 세로, 높이 모두 중앙 정렬해줍니다.

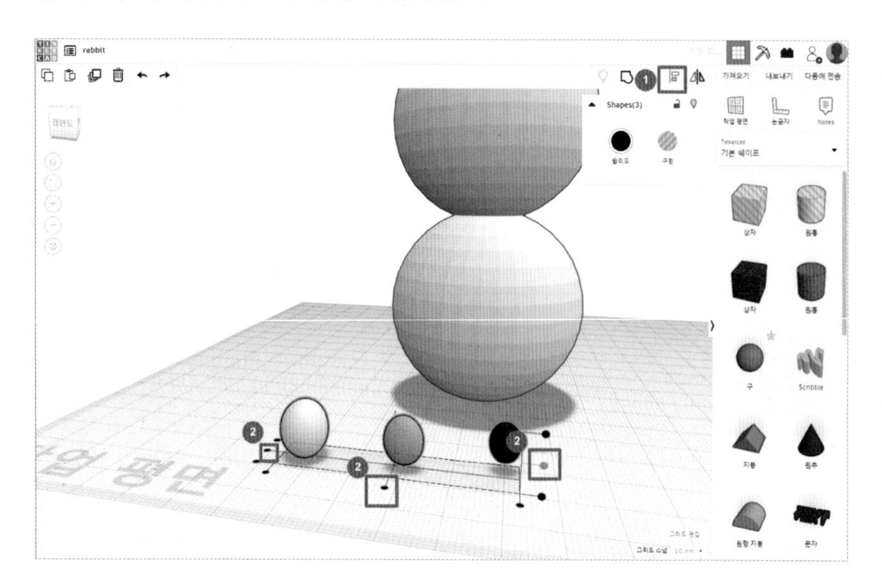

Tip 여기서는 눈동자의 크기와 정렬 등을 제시하고 있지만 본인만의 캐릭터 눈을 만들 때는, 눈동자의 크기와 위치 등을 계속 조절해가면서 배치해주어야 합니다.

06 정렬 후 위치 조절하기

- 정렬했더니 눈동자들이 안보이네요! 꼭 달걀 같네요.
- 흰색 눈을 선택한 뒤 방향키로 뒤쪽으로 8칸정도 보내줍시다.

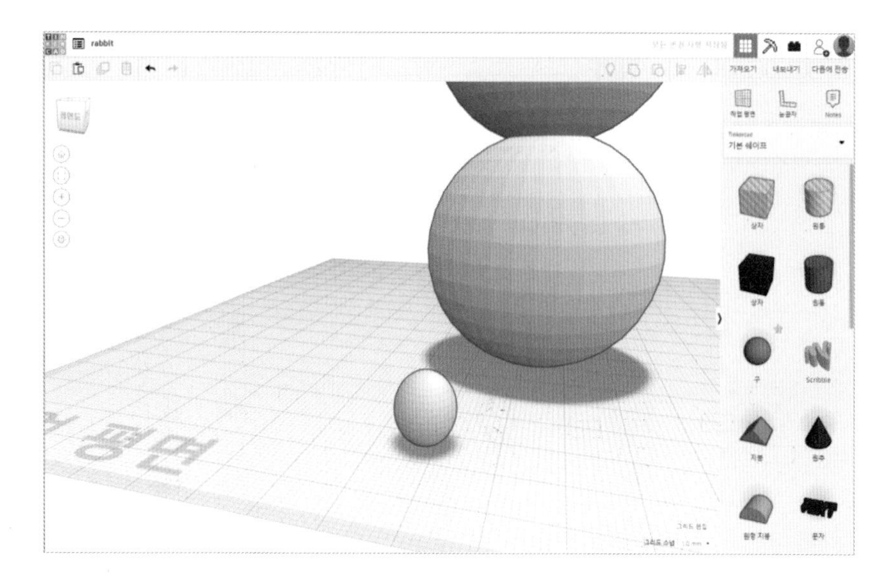

07 눈과 눈동자 만들기

- 흰자를 뒤로 8칸 이동시켰더니 이제 눈동자가 될 부분들이 보이네요!
- 분홍 눈동자를 뒤로 5칸, 검은 눈동자를 4칸 이동시킵니다.

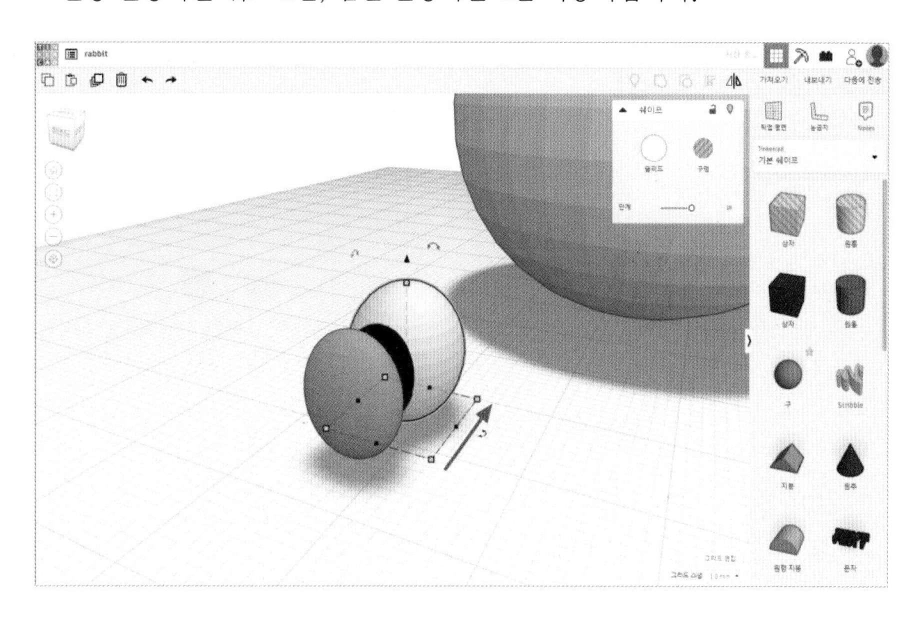

08 그룹화하기

❶ 토끼 눈이 만들어졌습니다. 세 개의 쉐이프를 선택한 뒤 그룹화(단축키 Ctrl + G)합니다.
❷ '여러 색'을 체크하여 세 가지 색이 모두 나타나도록 합니다.

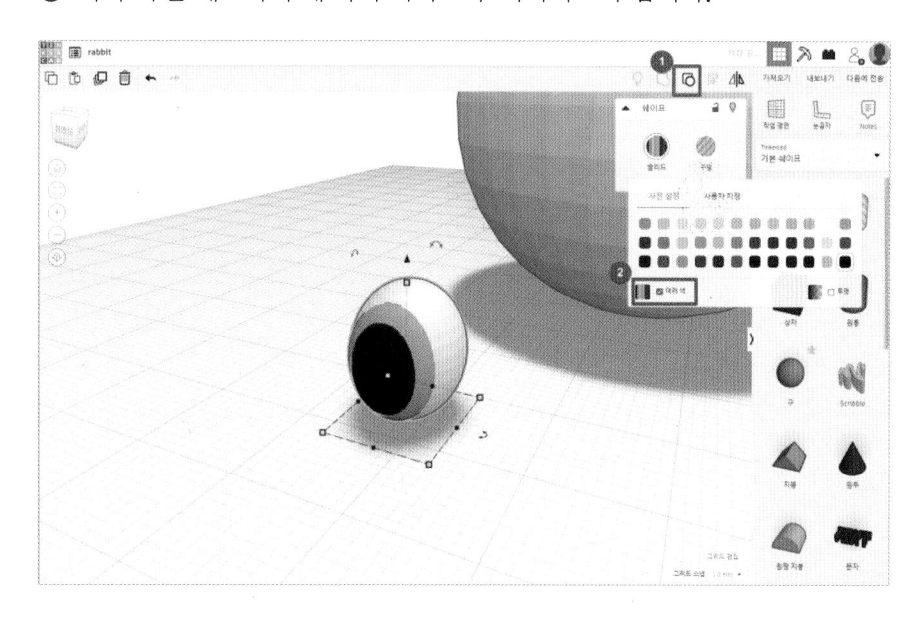

09 토끼 눈 이동하기

– 눈을 머리 쪽으로 가져와서 배치합니다.
– 그림과 반드시 똑같은 위치에 배치할 필요는 없고 쉽지도 않을 거에요.

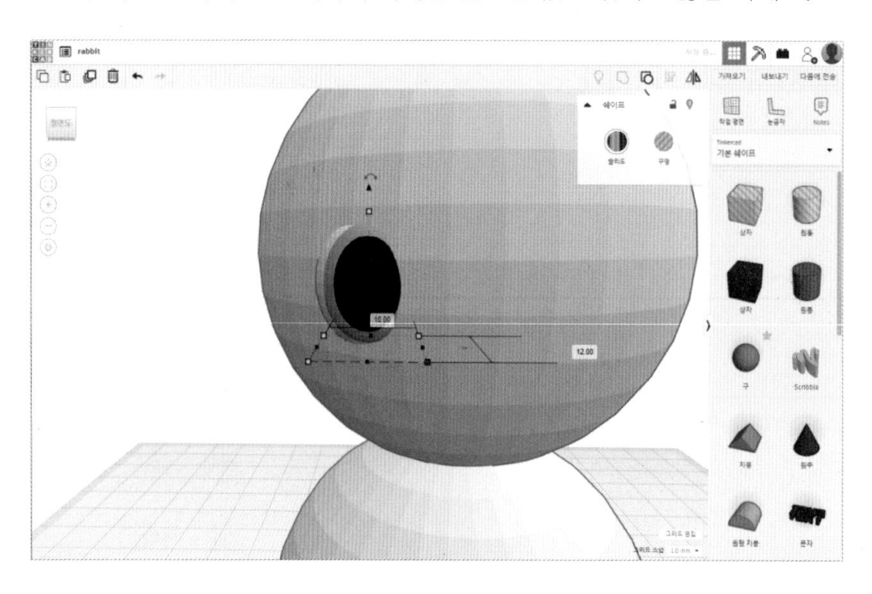

10 복제하기

– 토끼 눈을 복제(단축키 Ctrl + D)하여 반대편에 위치시킵니다.

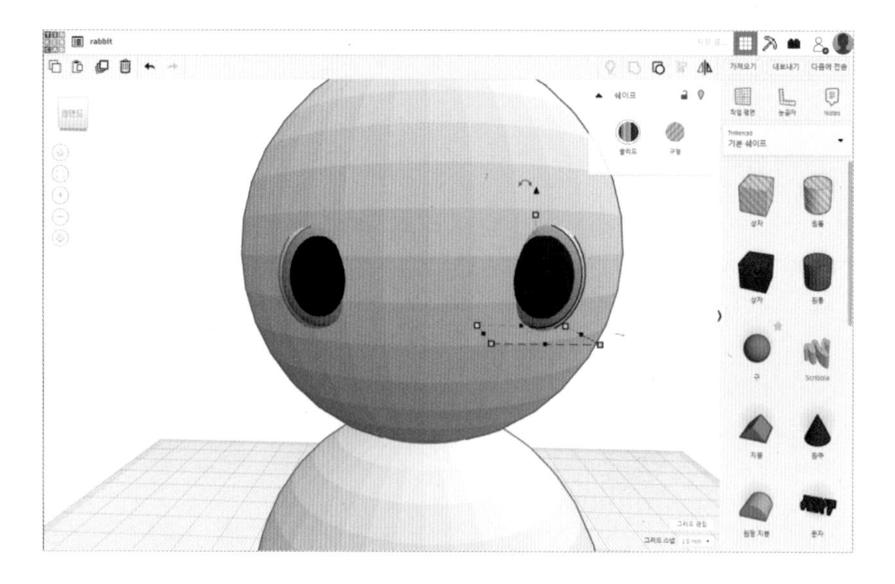

Tip 여기서는 복제와 이동만 했지만, 만약 추가로 여러분이 눈을 회전시켰다면 복제한 눈을 대칭(단축키 M)시킨 후 반대 자리로 이동시켜야 합니다.

11 '원형 지붕' 쉐이프 가져오기

- 원형 지붕 쉐이프를 가져온 뒤, 그림과 같이 180도 회전시킵니다.
- 이 쉐이프를 이용해서 입을 만들 생각이에요.

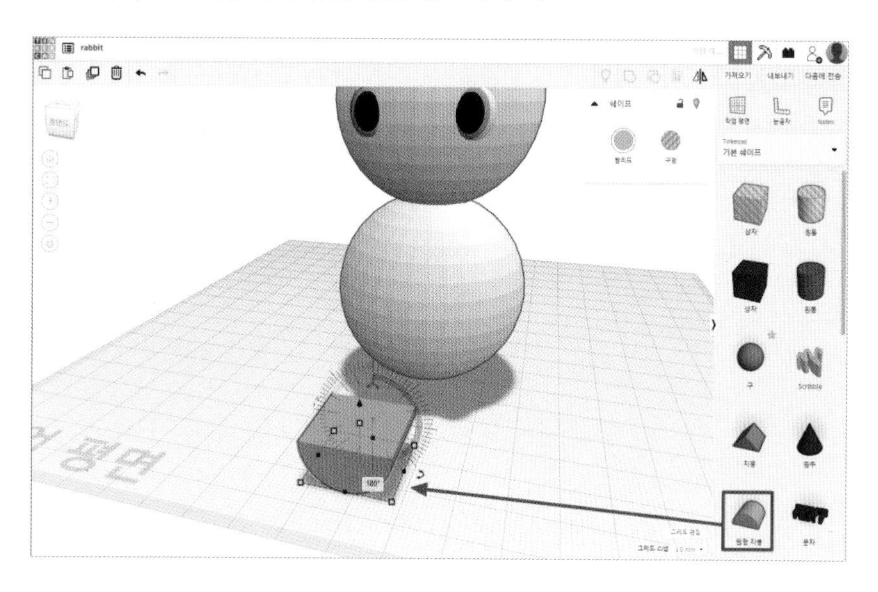

12 크기 조절하기

- 입이 될 쉐이프의 크기를 조절합니다.
- 가로 20, 세로 30, 높이 10

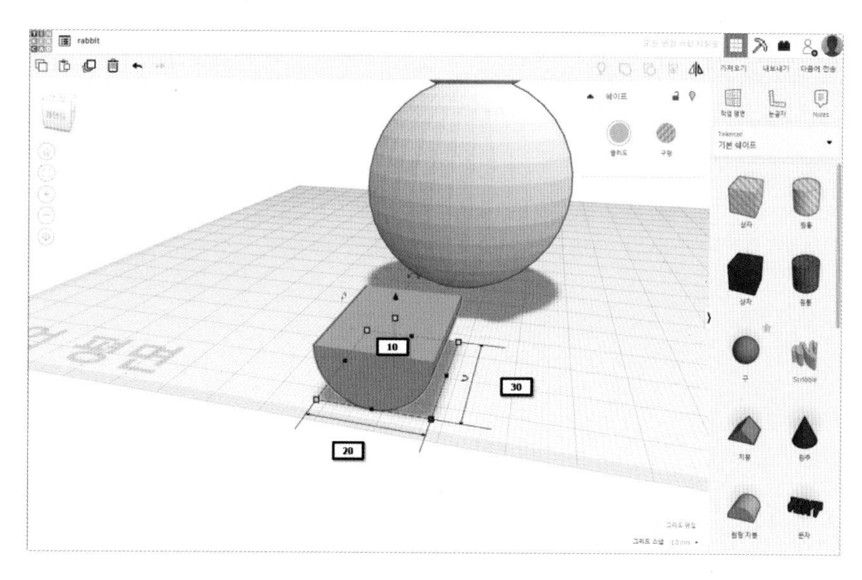

13 복제하여 이동 및 크기 조절하기

– 원형 지붕 쉐이프를 2개 복제(단축키 Ctrl + D)하여 위로 이동하고 크기를 조절합니다.
– 가로 15, 세로 30, 높이 5

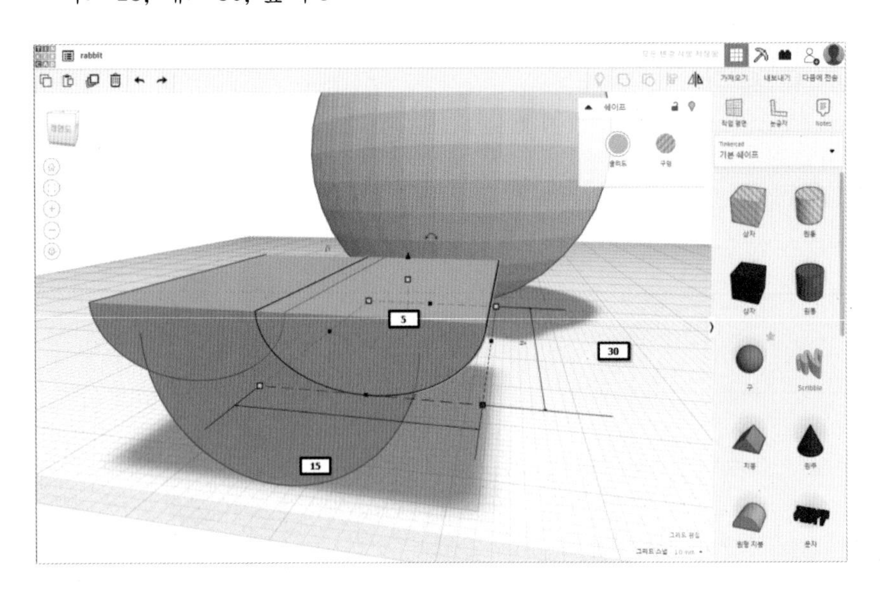

14 그룹화하기

❶ 작은 '원형 지붕' 쉐이프 2개를 구멍으로 만듭니다.
❷ 작은 '원형 지붕', 큰 '원형 지붕' 쉐이프들을 선택하여 그룹화(단축키 Ctrl + G)합니다.

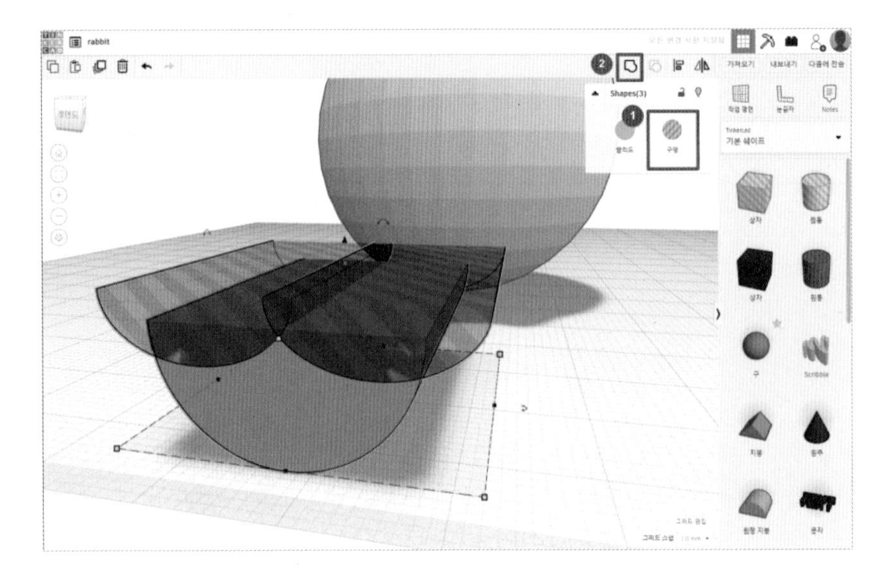

15 입 만들기

- 그룹화 된 쉐이프를 구멍으로 만들어줍니다.
- 쉐이프를 입이 될 부분으로 가져갑니다.

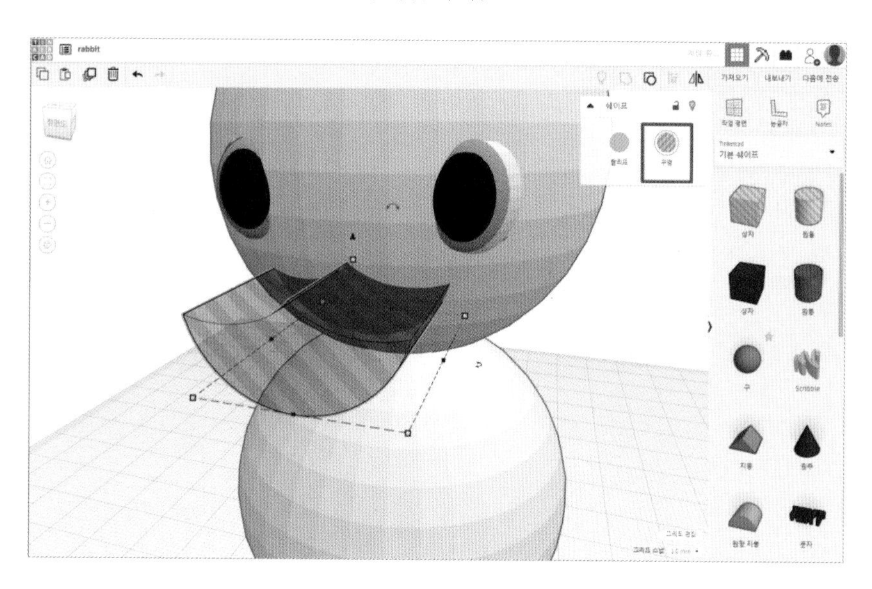

16 머리 복제하기

- 잠깐! 입에 구멍을 뚫기 전에 머리부분 쉐이프를 선택하여 복제(단축키 Ctrl + D)합니다.
- (복제된 쉐이프) 가로 40, 세로 40, 높이 40, 색: 붉은색

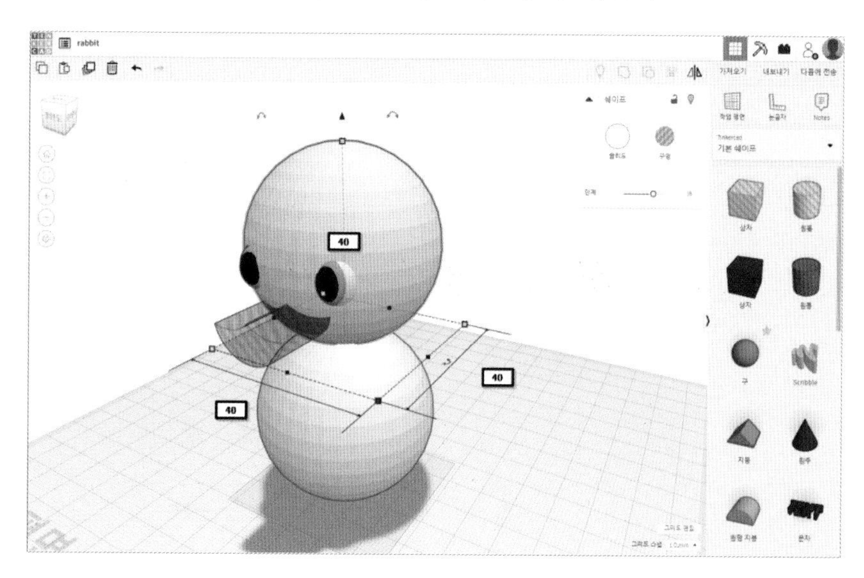

17 그룹화하기

– '원형지붕' 구멍 쉐이프, 흰색 머리 쉐이프를 선택하여 그룹화(단축키 Ctrl + G)합니다.
– 구멍은 잘 뚫렸는데 복제해 둔 쉐이프가 보이네요.

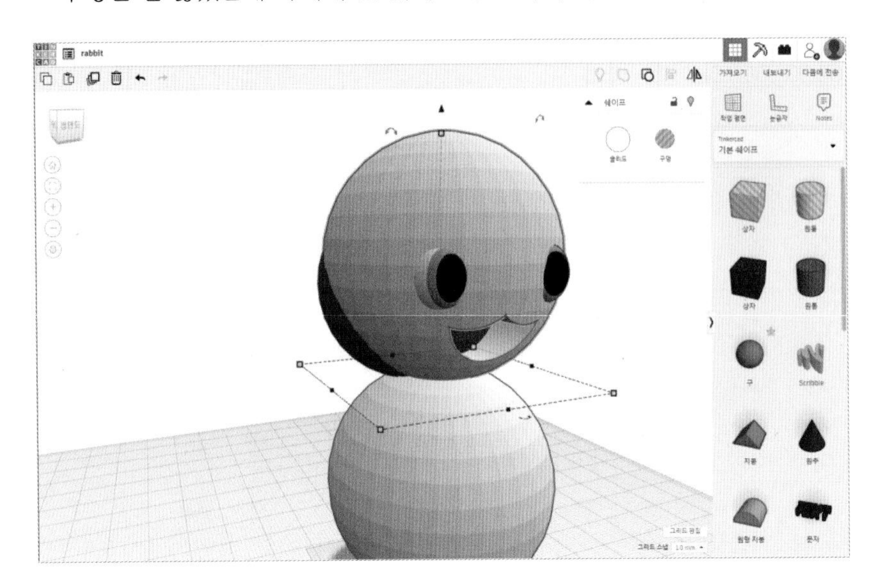

18 복제된 쉐이프 위치 조절하기

– 복제된 쉐이프를 적절히 안쪽으로 이동하여 그림과 같이 배치합니다.
– 이렇게 하니 입 안쪽처럼 됐지요?

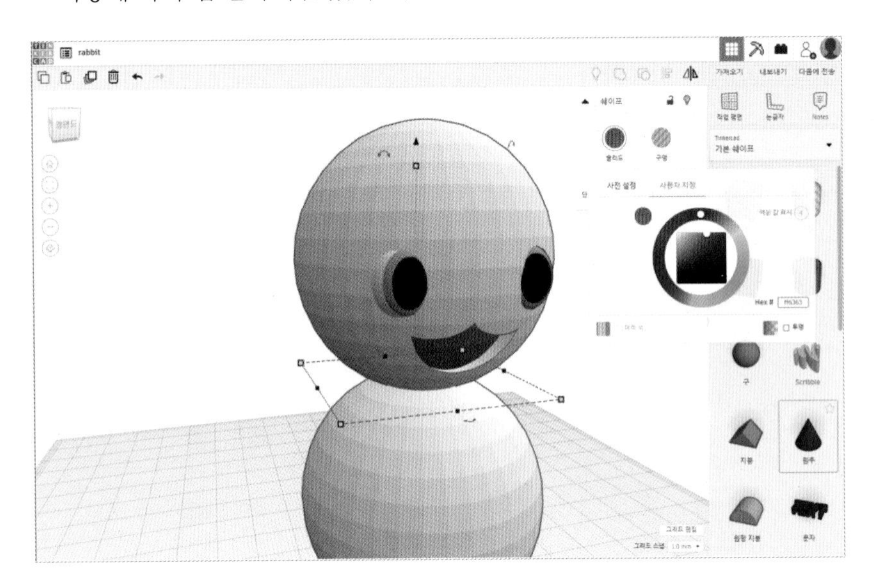

19 코 만들기

– '구' 쉐이프를 가져와 입 바로 위까지 이동시켜 준 뒤, 색(검정)과 크기를 조절합니다.

– 가로 4, 세로 4, 높이 4

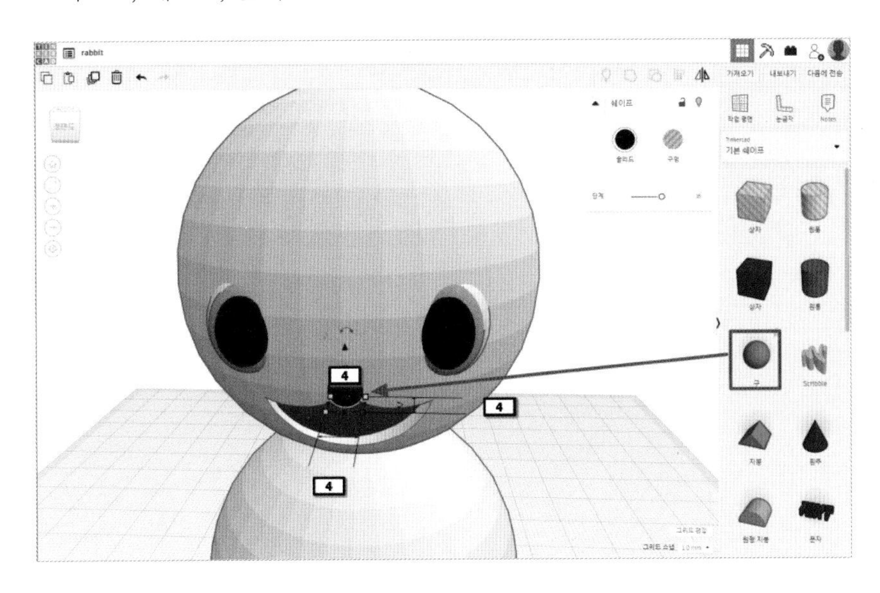

20 이빨 만들기

– '상자' 쉐이프를 가져와 코 바로 밑으로 이동시켜 준 뒤, 색(흰색)과 크기를 조절합니다.

– 가로 4, 세로 2, 높이 4

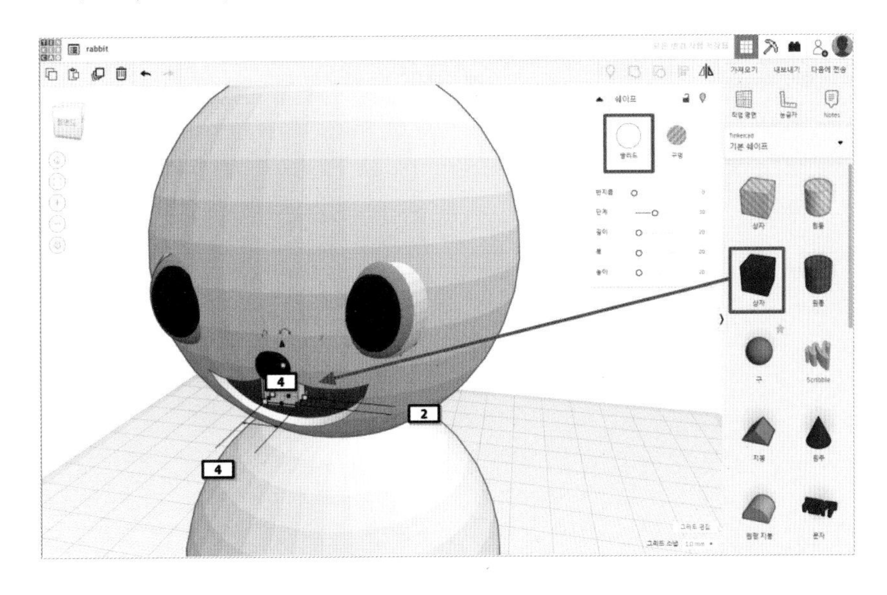

21 토끼 귀 만들기

- '튜브' 쉐이프를 가져와 크기를 조절합니다.
- 가로 20, 세로 45, 높이 4

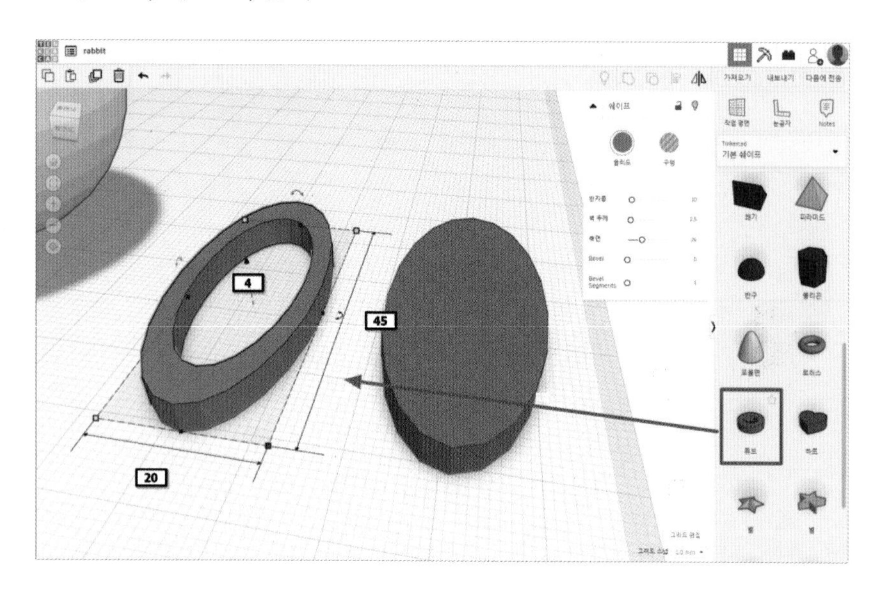

22 토끼 안쪽 귀 조절하기

- 토끼 귀의 안쪽이 될 '원통' 쉐이프를 가져와서 크기를 조절합니다.
- 가로 18, 세로 43, 높이 3

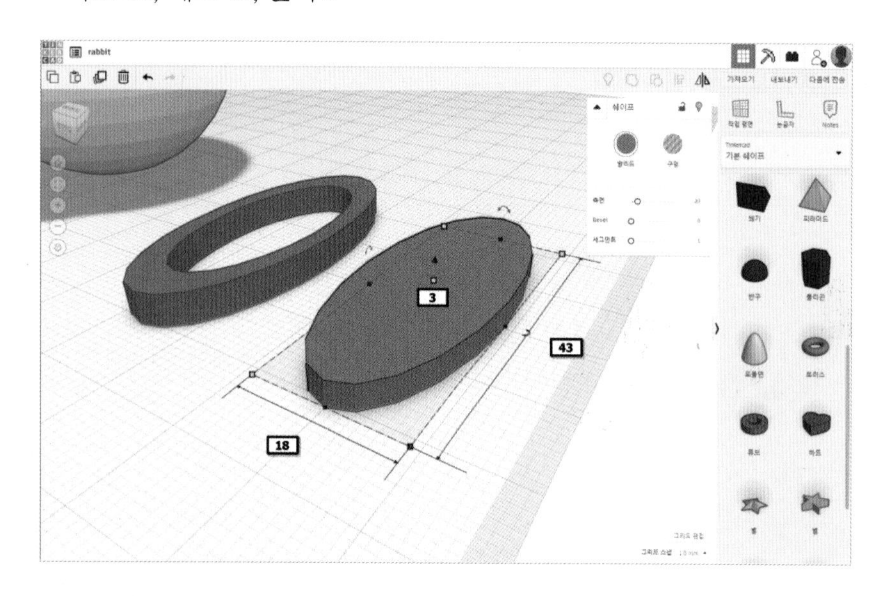

23 토끼 귀 합치기

❶ 바깥쪽 귀를 흰색으로, 안쪽 귀를 분홍색으로 바꾼 뒤 겹치게 합니다.
❷ 두 쉐이프를 그룹화(단축키 Ctrl + G) 합니다.
❸ '여러 색'을 클릭하여 두 가지 색이 잘 나타나도록 합니다.

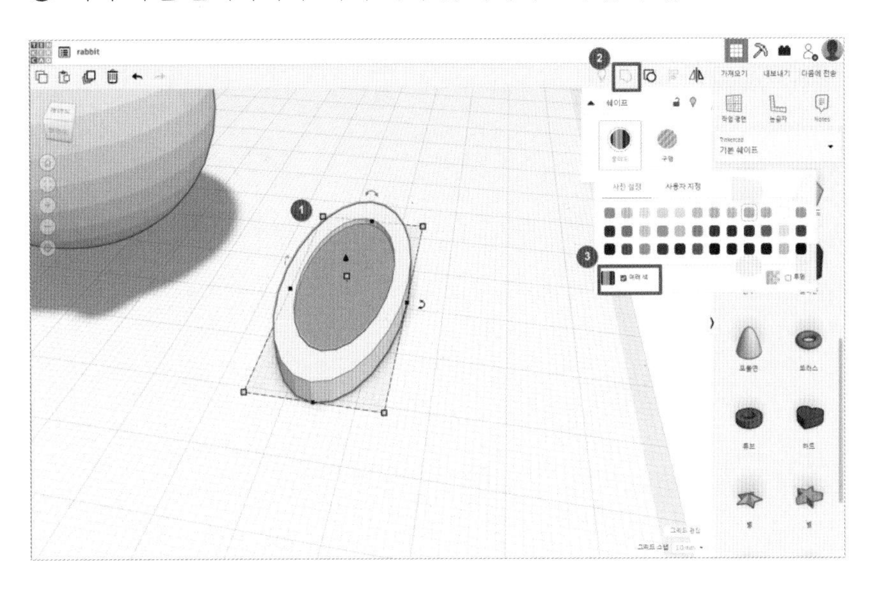

24 토끼 귀 회전하기

– 토끼 귀가 있어야 할 위치로 이동시킵니다.
– 토끼 귀를 선택한 뒤 적절한 각도로 회전합니다.

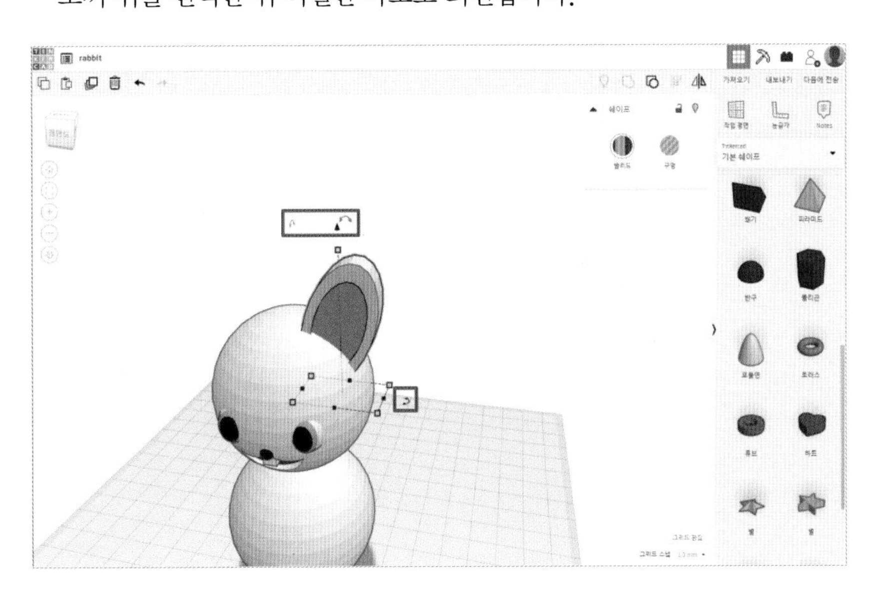

25 토끼 귀 복제하여 대칭시키기

❶ 토끼 귀를 복제(단축키 Ctrl + D)한 뒤 대칭(단축키 M)을 누릅니다.
❷ 좌우 대칭 버튼을 클릭하고 반대편으로 이동시킵니다.

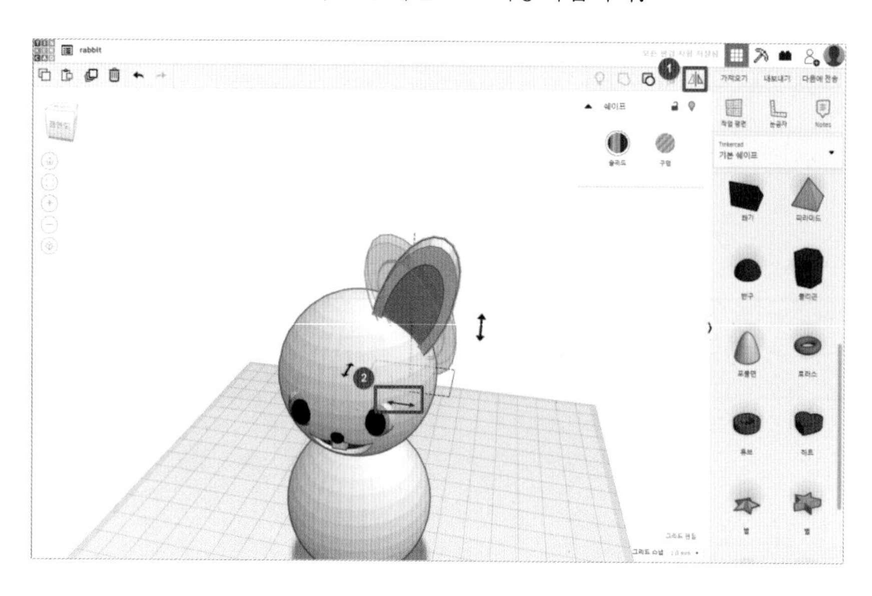

26 토끼 얼굴 완성

– 토끼 요리사의 얼굴이 완성되었네요! 어때요, 귀엽죠?
– 이제 요리사 모자와 팔다리를 만들어 봅시다.

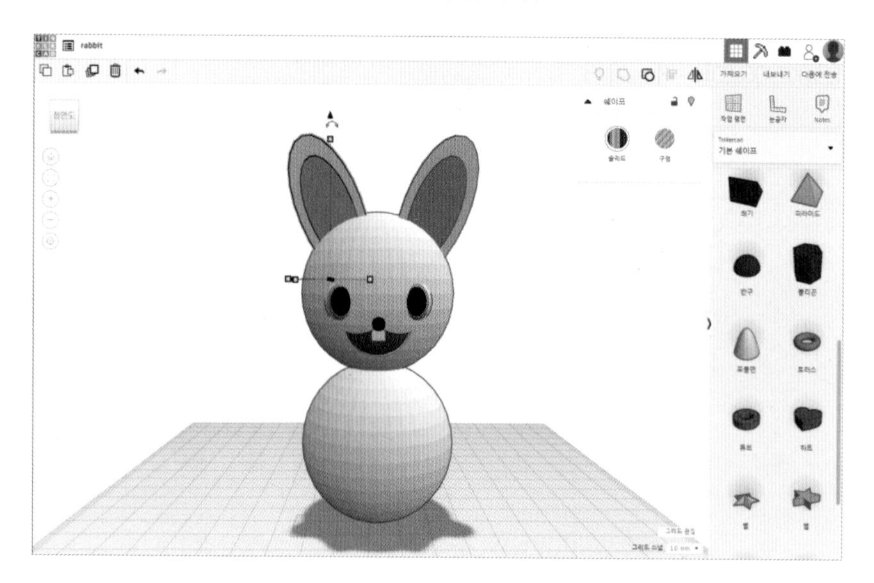

팔과 다리 만들기

27 토끼 팔 만들기

– '포물면' 쉐이프를 작업평면으로 가져와 그림과 같이 90도 회전시킵니다.

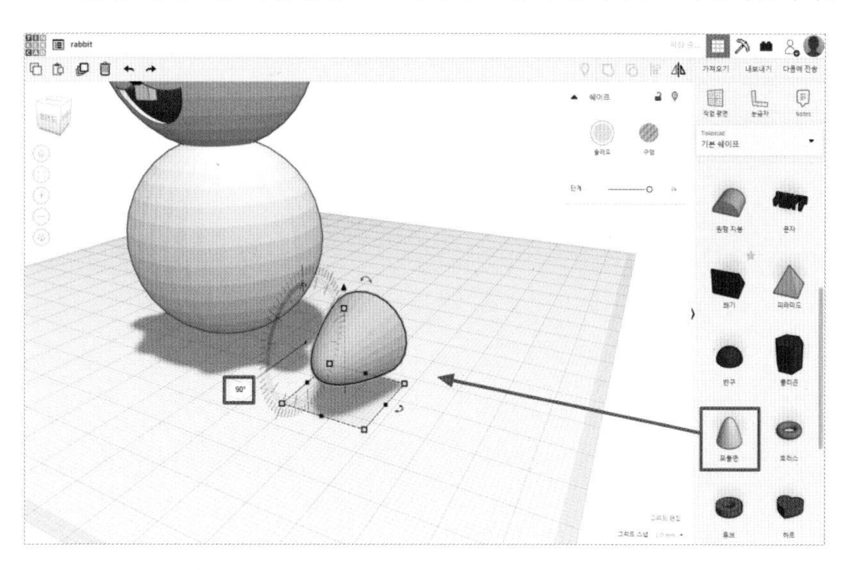

28 크기 조절하기

– 토끼 팔의 크기를 조절합니다.

– 가로 20, 세로 40, 높이 20

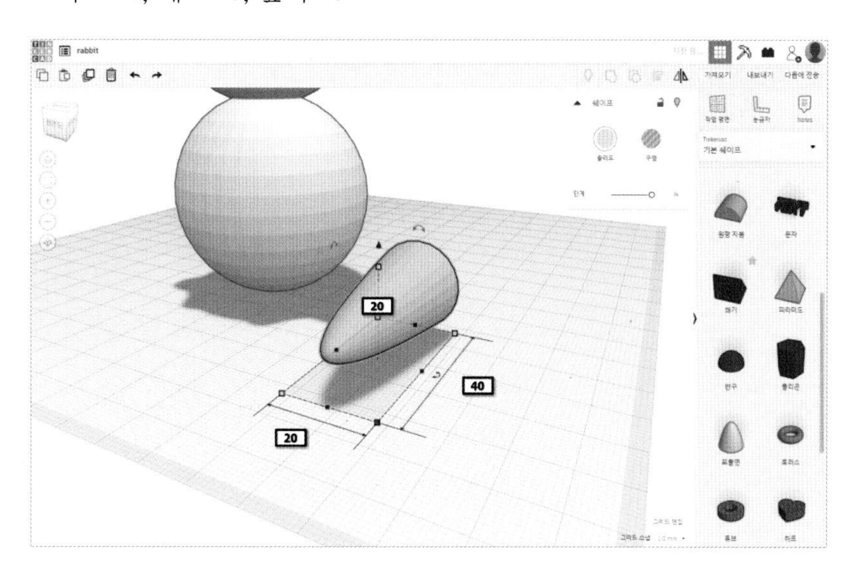

29 포물면 쉐이프 이동하기

– 만든 쉐이프를 몸통 팔 부분으로 위치시키고, 왼쪽으로 약 8~10도 회전시킵니다.

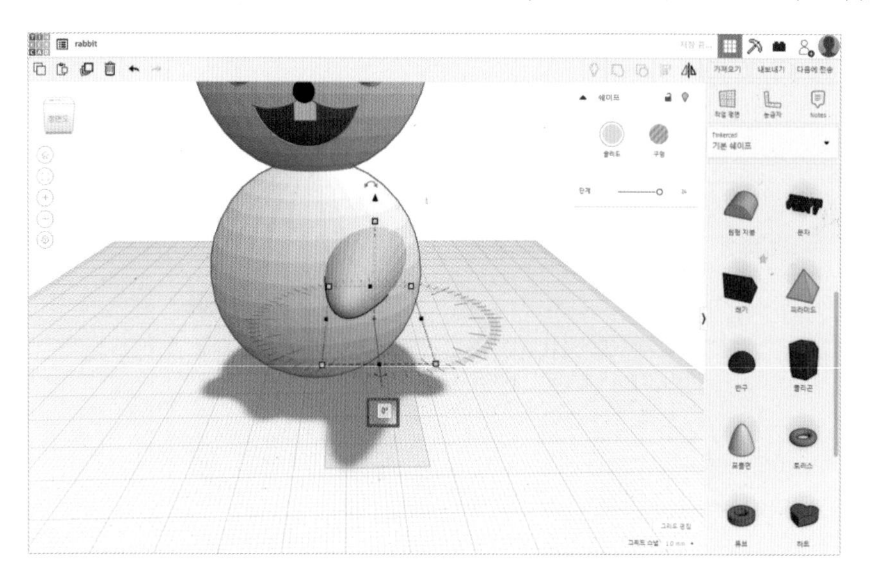

30 복제와 대칭하기

❶ 팔 쉐이프를 복제(단축키 Ctrl + D)합니다.

❷ 복제된 쉐이프가 선택된 상태에서 대칭(단축키 M)을 누릅니다.

❸ 좌우 대칭 버튼을 누른 뒤 왼쪽으로 이동시킵니다.

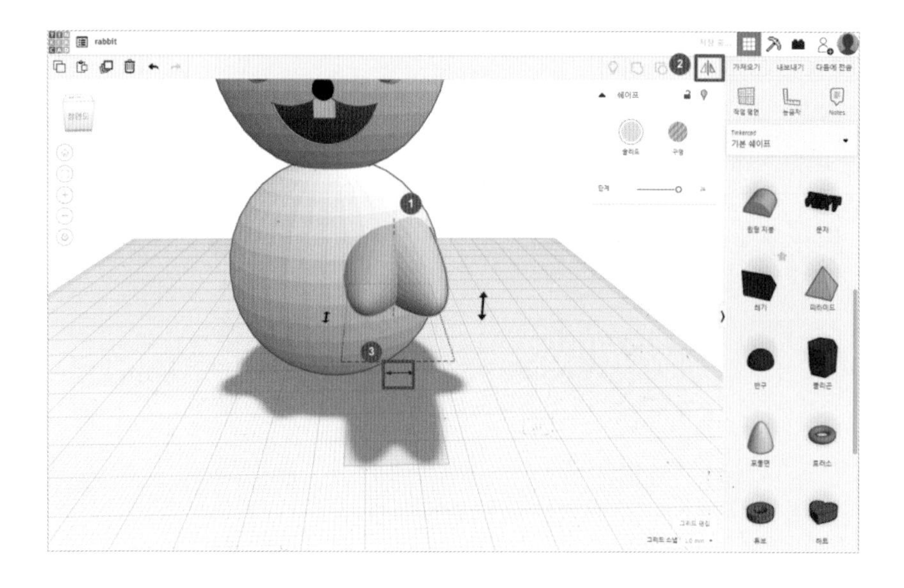

31 토끼 다리 만들기

– '원통' 쉐이프를 작업평면으로 가져와 그림과 같이 90도 회전시킵니다.

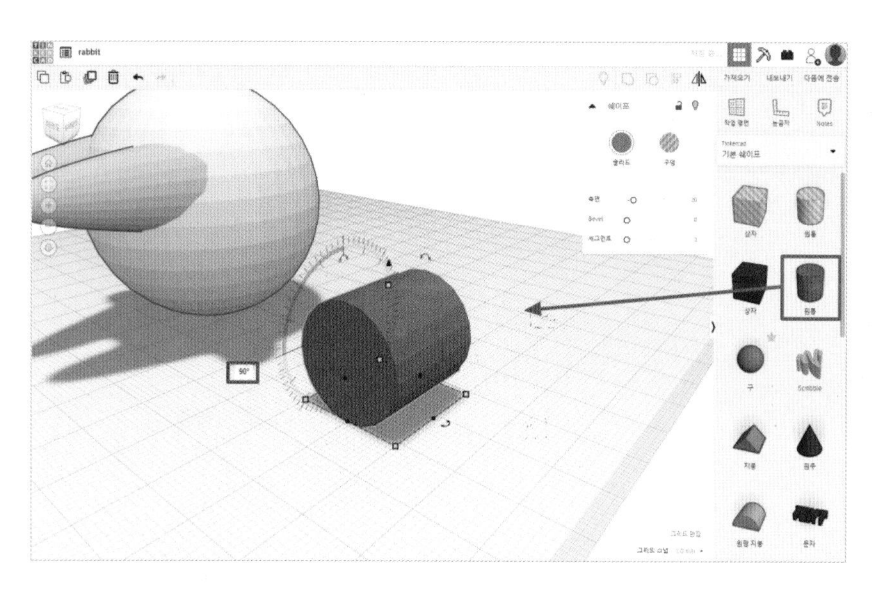

32 크기 및 색상 조절하기

– 다리의 색을 흰색으로 바꾼 뒤 크기를 조절합니다.
– 가로 20, 세로 50, 높이 20

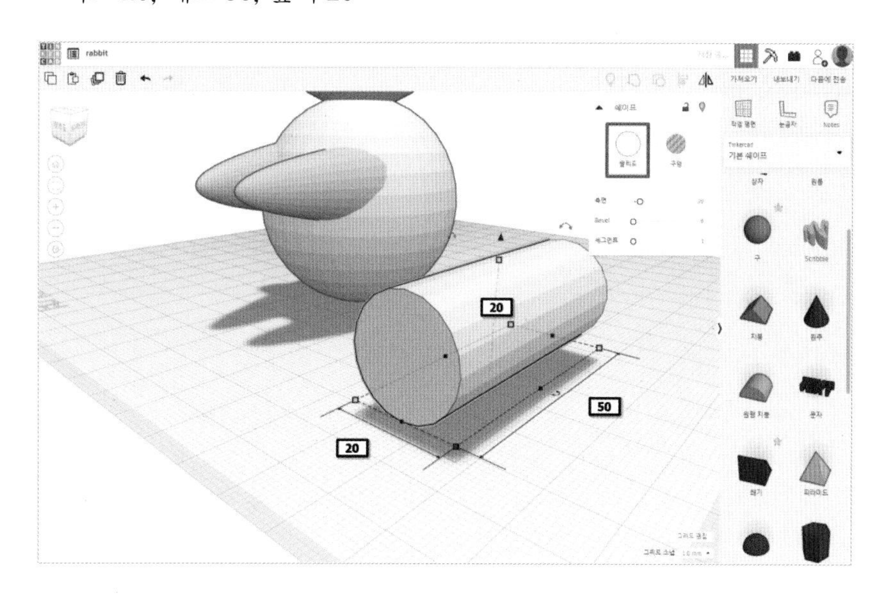

33 '구' 쉐이프 가져오기

– '구' 쉐이프를 가져와 흰색으로 바꾼 뒤 크기를 조절합니다.
– 가로 25, 세로 25, 높이 25

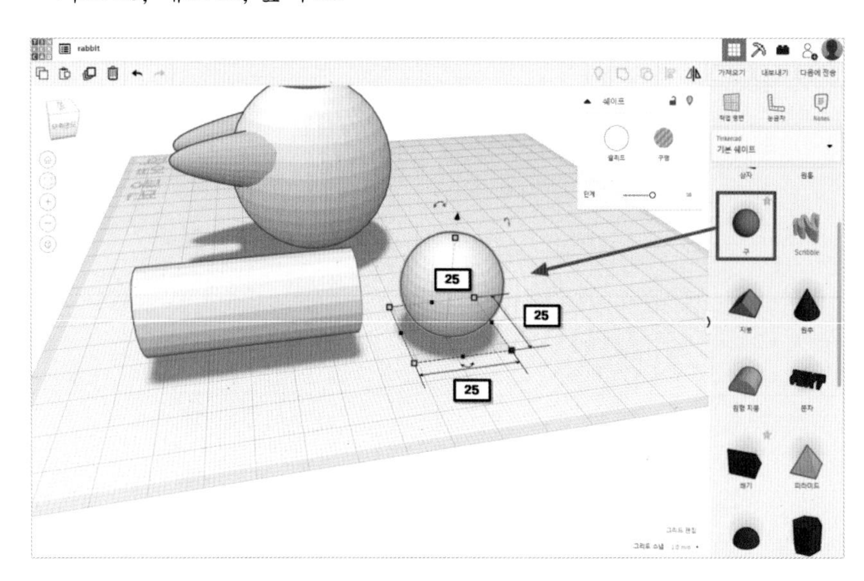

34 다리 정렬하기

– '구' 쉐이프와 '원통' 쉐이프를 그림과 같이 겹쳐줍니다.
– 두 쉐이프를 선택한 뒤 가운데로 정렬(단축키 L)합니다.

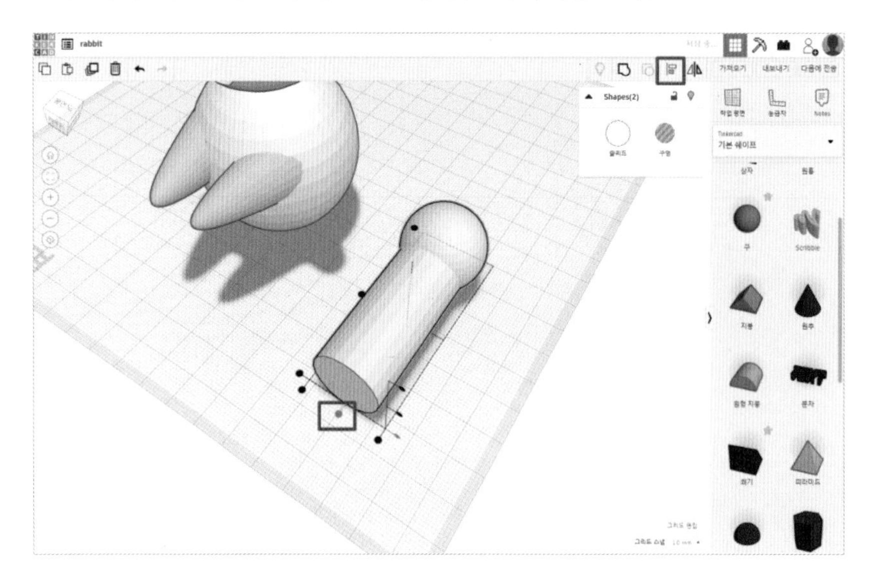

35 다리 위치시키기

- 몸통 아래쪽 다리가 있어야 할 부분에 다리를 위치시킵니다.
- 복제(단축키 **Ctrl + D**)하여 반대편도 만들어줍니다.

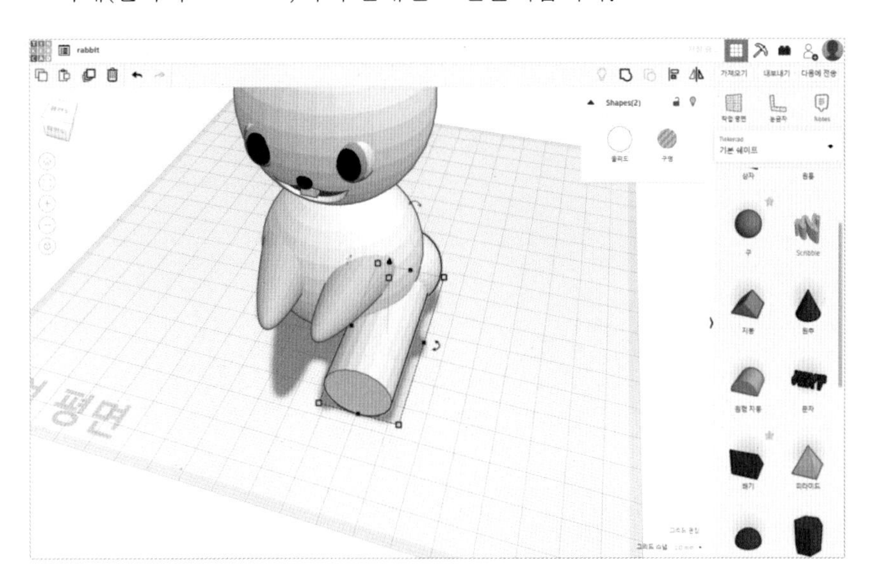

36 토끼 요리사 팔다리 완성

- 토끼 요리사의 팔다리가 완성되었습니다.
- 이제 당근과 요리사 모자만 만들면 되겠네요.

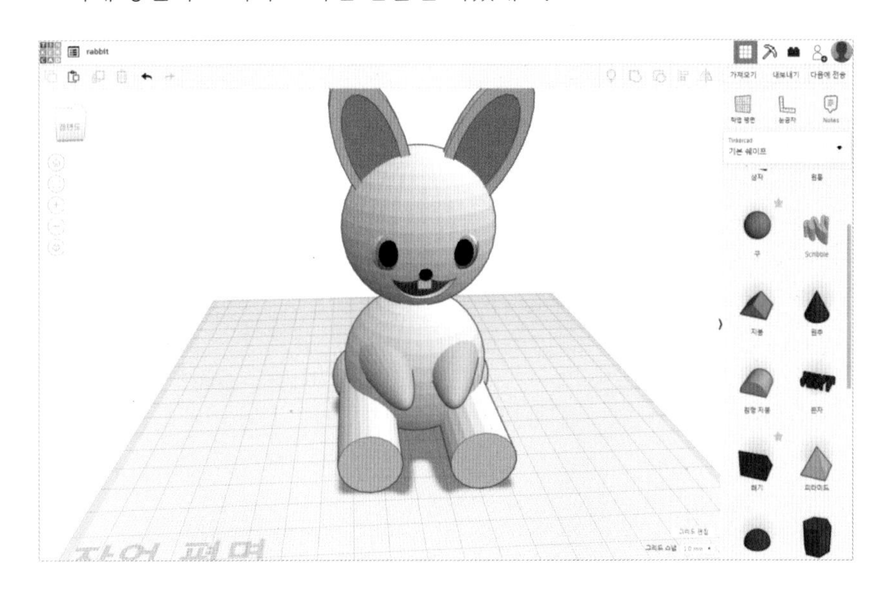

당근 만들기

37 당근 만들기

❶ '원추' 쉐이프를 가져와 반지름을 조절합니다.(상단 반지름 5, 하단 반지름 2)

❷ 당근 색을 주황색으로 바꿔줍니다. 다른 색깔도 의외로 좋아요.

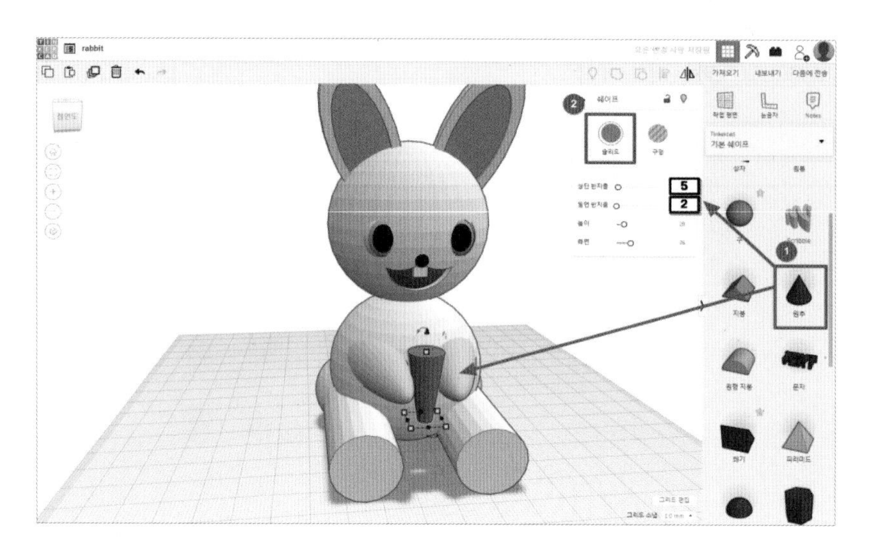

38 당근 줄기 만들기

❶ 당근 윗면을 '작업평면'으로 합니다.

❷ 작업평면이 바뀌고 노란색으로 보이면, '토러스' 쉐이프를 가져옵니다.

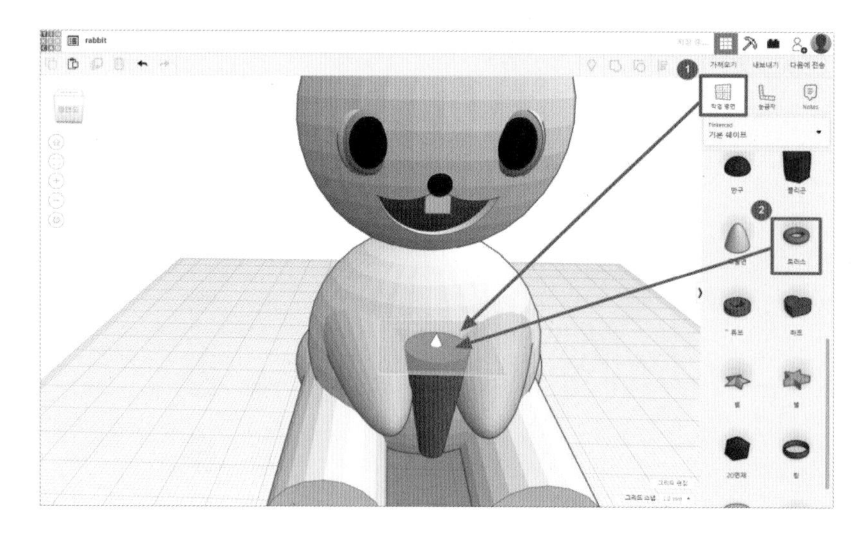

39 당근 줄기 크기 조절하기

- 먼저 작업평면을 다시 원래대로 돌립니다.(작업평면 선택 후, 바닥선택)
- 토러스 쉐이프의 색을 초록색으로 바꾼 뒤 크기를 조절합니다.
- 가로 5, 세로 5, 높이 10

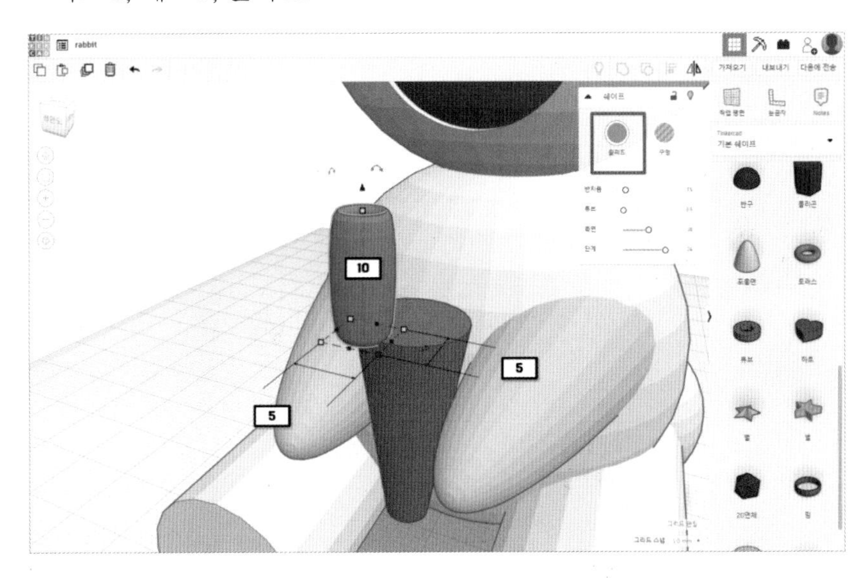

40 당근 완성하기

- 줄기 쉐이프를 2개 더 복제(단축키 Ctrl + D)한 뒤, 이동하고 회전시켜 완성합니다.
- 당근이 완성되었습니다.

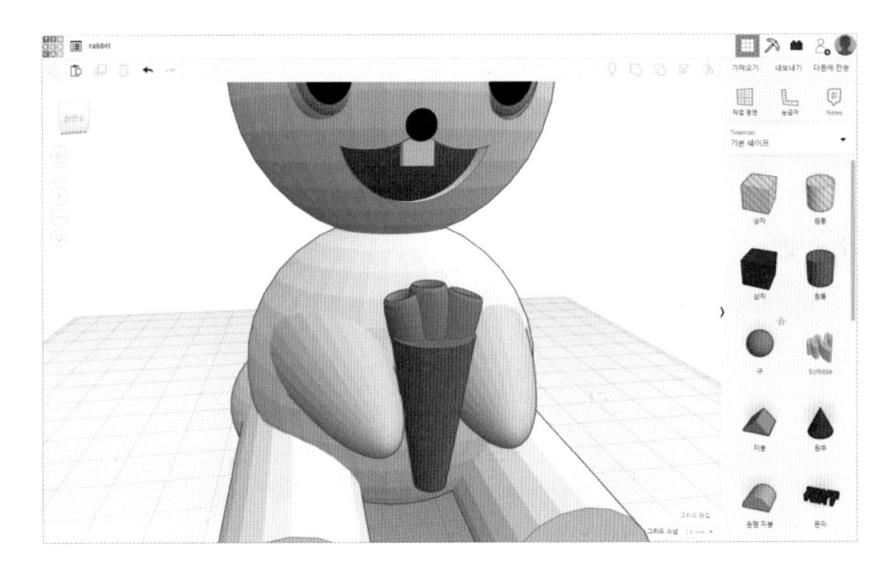

모자 만들기

41 요리사 모자 만들기

– '원통' 쉐이프를 가져와 연보라색으로 바꾼 뒤 크기를 조절합니다.
– 가로 30, 세로 20, 높이 20

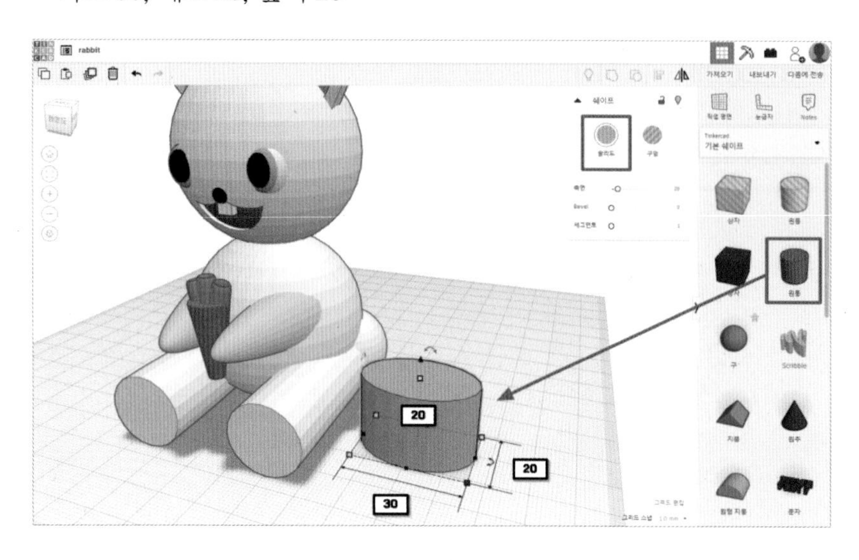

42 요리사 모자 윗부분 만들기

– '구' 쉐이프를 가져와 연보라색으로 바꾼 뒤 크기를 조절합니다.
– 가로 30, 세로 30, 높이 20
– 복제(단축키 **Ctrl + D**)하여 옆에 겹치도록 만듭니다.

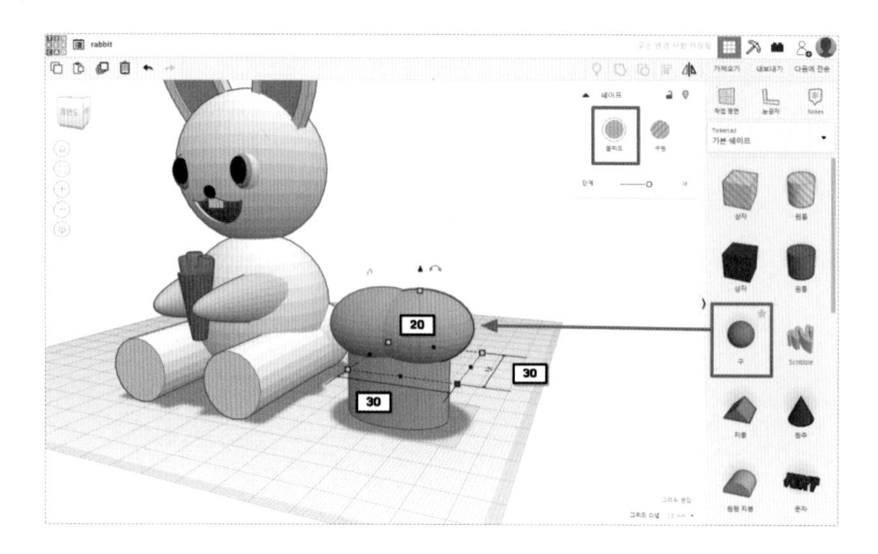

43 정렬 및 그룹화하기

❶ 요리사 모자가 될 쉐이프 3개를 모두 선택한 뒤 정렬(단축키 L)합니다.
❷ 3개 쉐이프를 선택한 뒤 그룹화(단축키 Ctrl + G)합니다.

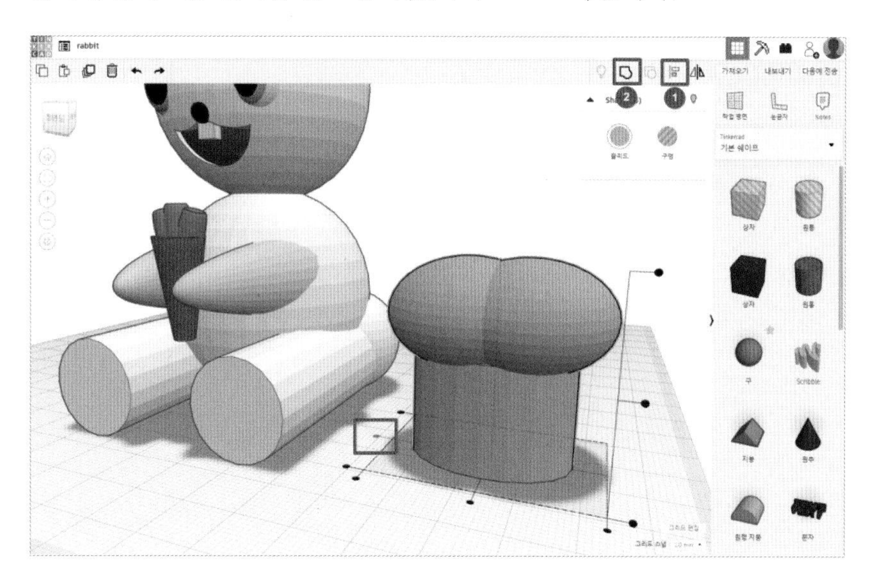

44 요리사 모자 완성

– 토끼 귀 쪽으로 이동시킨 뒤 회전시켜서 모자를 씌워줍니다.
– 요리사 모자가 완성되었습니다. 귀에 살짝 걸친 듯이 씌워주면 더 귀여워요.

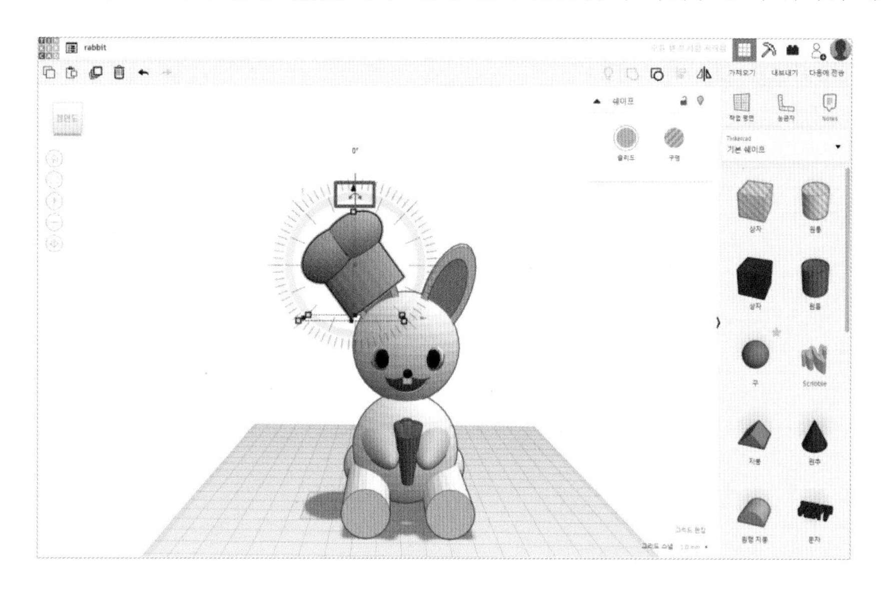

45 전체 그룹화하기

– 전체 쉐이프를 선택한 뒤, 그룹화(단축키 Ctrl + G)하고 '여러 색'을 클릭합니다.
– 토끼의 위치를 가운데로 옮겨줍니다.

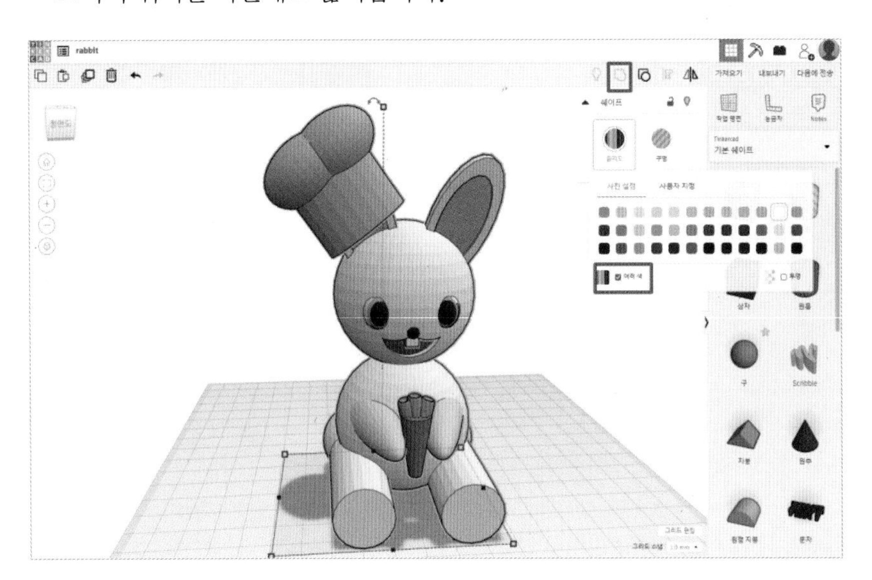

46 토끼 요리사 완성

– 토끼 요리사가 완성되었습니다.
– 휴, 쉽지는 않았지요? 이제 여러분은 어떤 캐릭터든 만들 수 있을 거에요!

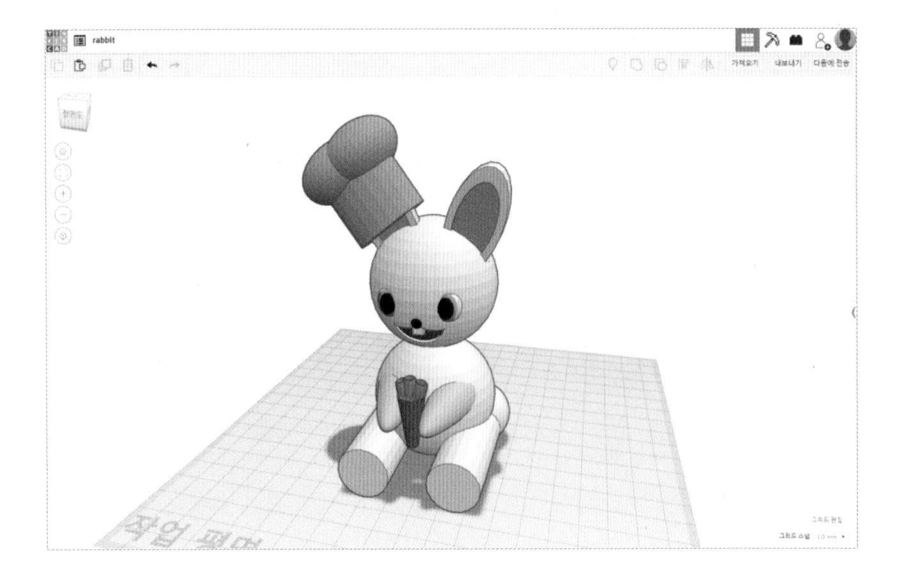

오늘의 요리 12

테이블

햄버거, 콜라, 쿠키, 카레, 케이크까지!
이제 드디어! 파티 요리 준비가 끝났습니다! 음식은 어디에 놓을까요?

아! 바닥에서 먹을 순 없죠!
어서 음식을 올려 놓을 큰~ 테이블을 준비할게요!

color

Shape

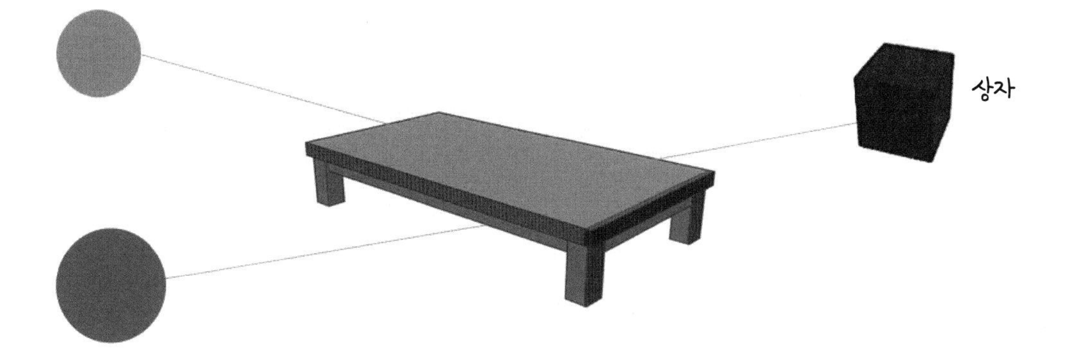

테이블 상판 만들기

01 쉐이프 가져오기

- 테이블 상판이 될 '상자' 쉐이프를 작업평면으로 가져옵니다.

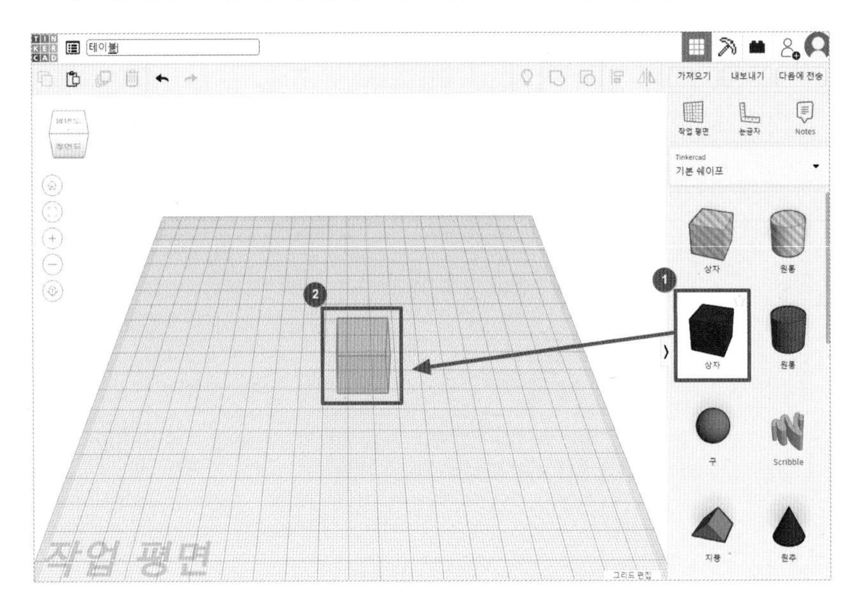

02 쉐이프 크기 조절하기

- 커다란 테이블에 우리가 만든 음식을 차려 봅시다.
- 핸들러를 클릭 한 후 원하는 수치로 드래그하여 늘려 줍니다.
- 가로 150, 세로 80, 높이 5

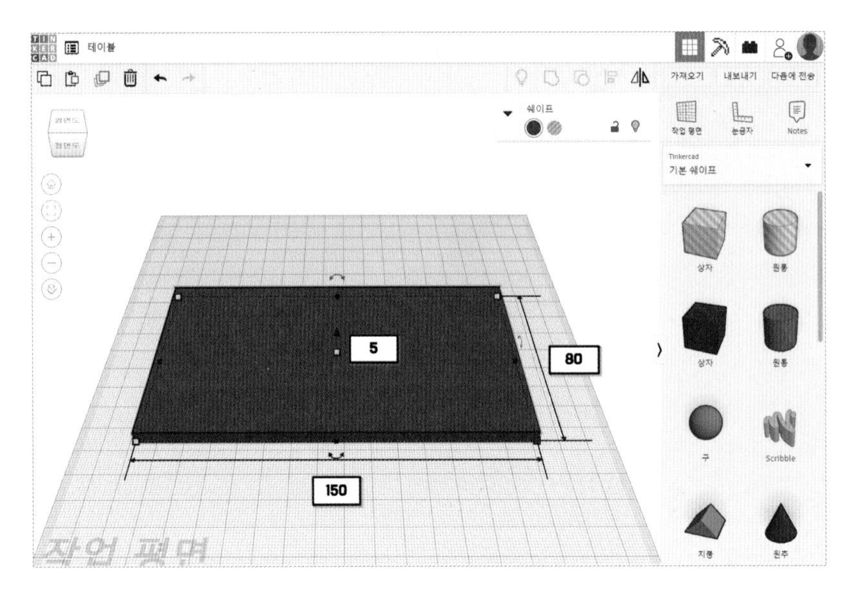

03 테이블 색상 변경

– 테이블 색상을 상큼하게 변경해 줍니다. 위에 올라갈 음식이 돋보이는 색상으로 정하는 것이 좋겠어요!

– '상자' 쉐이프를 선택한 후 속성창의 '솔리드'의 색상을 핑크 계열로 변경합니다.

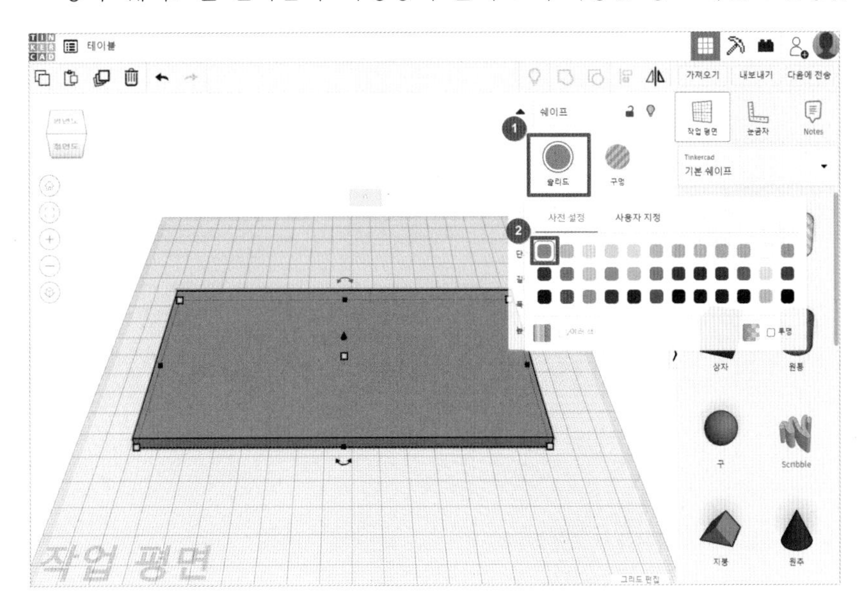

04 테이블 다리 만들기

❶ 테이블 다리가 될 '상자' 쉐이프를 가져옵니다.

❷ '상자' 쉐이프의 크기를 조절해 줍니다.

– 가로 8, 세로 8, 높이 25

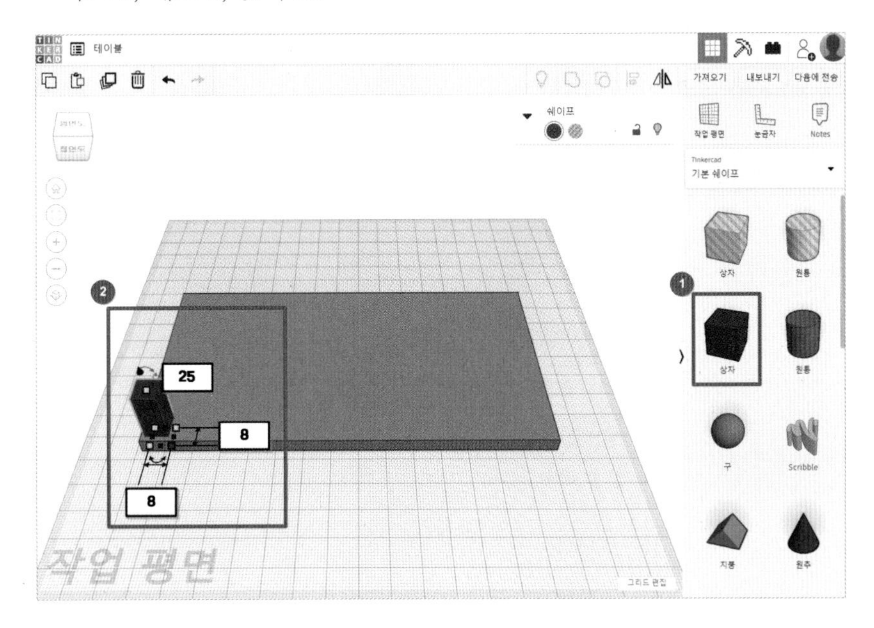

테이블 다리 만들기

05 테이블 다리 색상 변경하기

– 저는 테이블 다리를 파스텔 톤의 하늘색 계열로 선정하였습니다. 여러분이 좋아하는 색을 선택해보세요!

❶ 테이블 다리를 선택합니다.

❷ 속성창의 '솔리드'를 선택하고 원하는 색상으로 변경합니다.

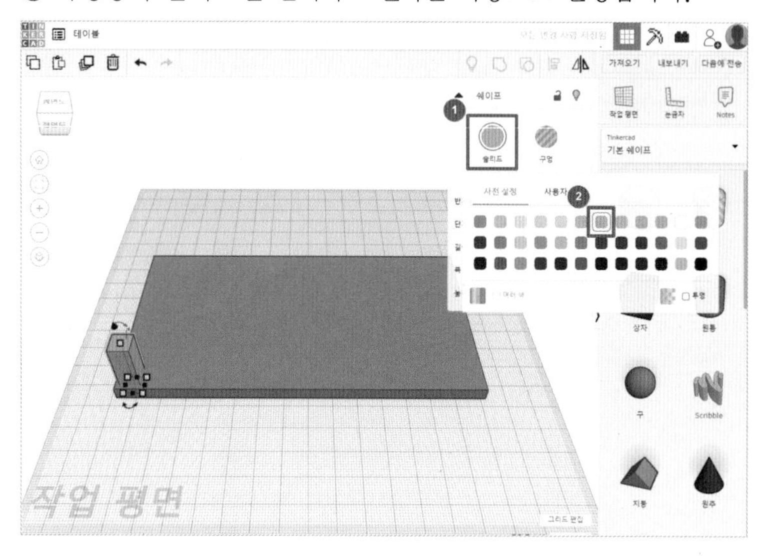

06 테이블 다리 복제하기

– 만들어진 하나의 테이블 다리를 이용해서 4개의 테이블 다리를 만들 수 있습니다.

❶ 테이블 다리 쉐이프 하나를 선택합니다.

❷ 왼쪽 위의 '복제 및 반복(단축키 **Ctrl + D**)'을 클릭하여 복제해줍니다. 그러면 '번쩍' 하면서 같은 자리에 같은 쉐이프가 하나 복제됩니다.

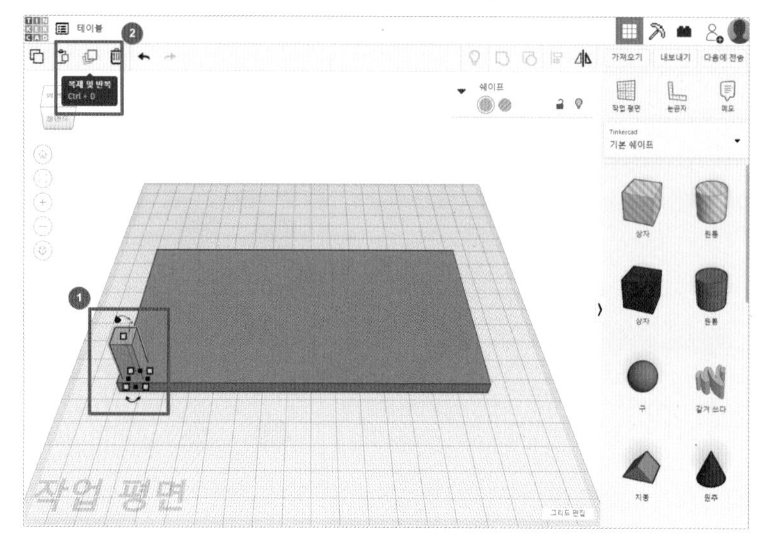

07 복제된 테이블 다리 이동하기

– 키보드의 방향키를 이용해서 복제된 테이블 다리를 반대편으로 이동시킵니다.

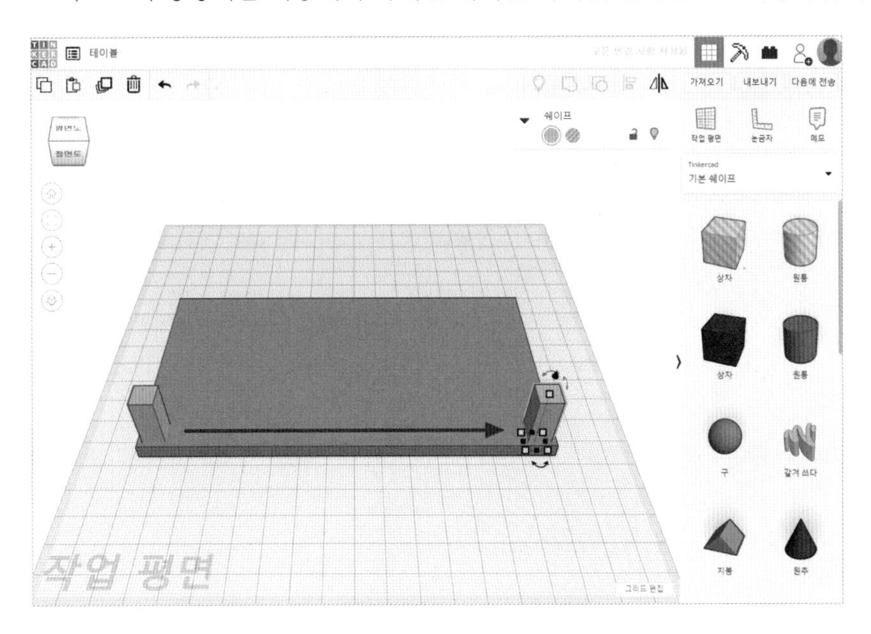

08 테이블 다리 완성하기

– 더 복제한 뒤 키보드의 방향키를 이용해서 안정되게 네 귀퉁이로 자리잡아 주세요.

– 그러면 테이블 다리까지 완성됩니다.

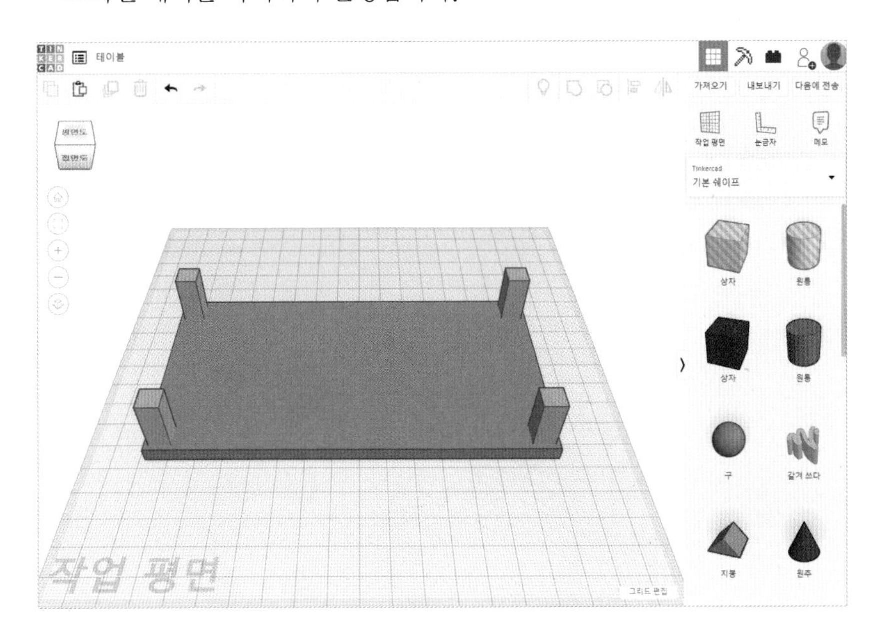

테이블 다리 꾸미기

09 '상자' 쉐이프 가져오기

– 테이블 다리와 다리 사이를 연결해 줄 '상자' 쉐이프를 테이블 다리 사이로 가져옵니다.

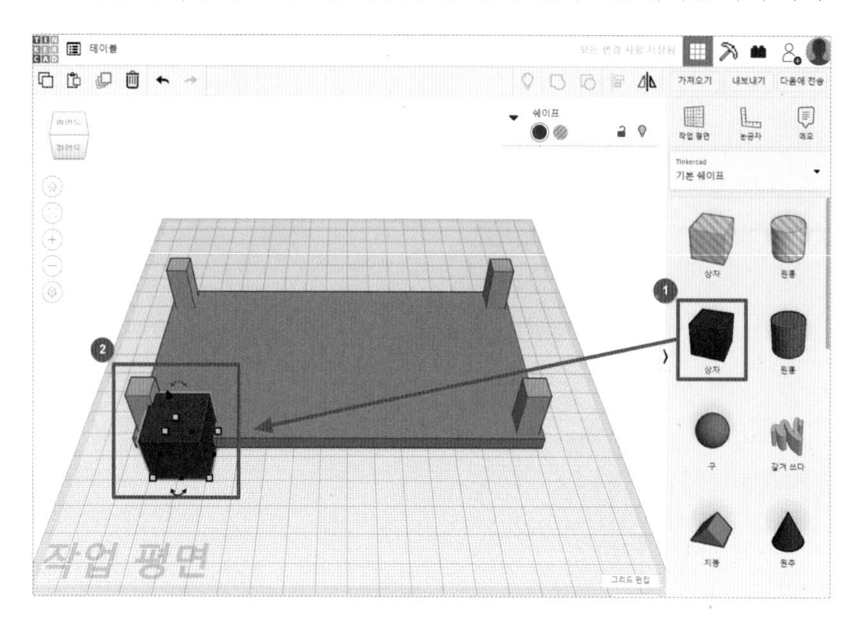

10 쉐이프 크기 조절

– 다리와 다리를 연결해 줄 '상자' 쉐이프의 크기를 정해줍니다.
– 가로 134, 세로 3, 높이 10

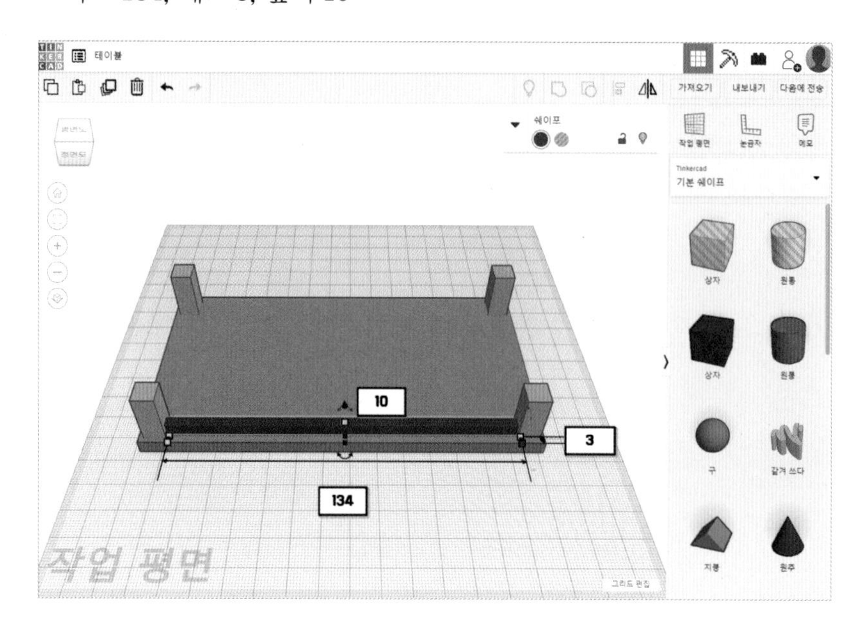

11 쉐이프 색상 변경

– 테이블 다리와의 색 조화를 위해 색상을 같은 색으로 변경해 줍니다.

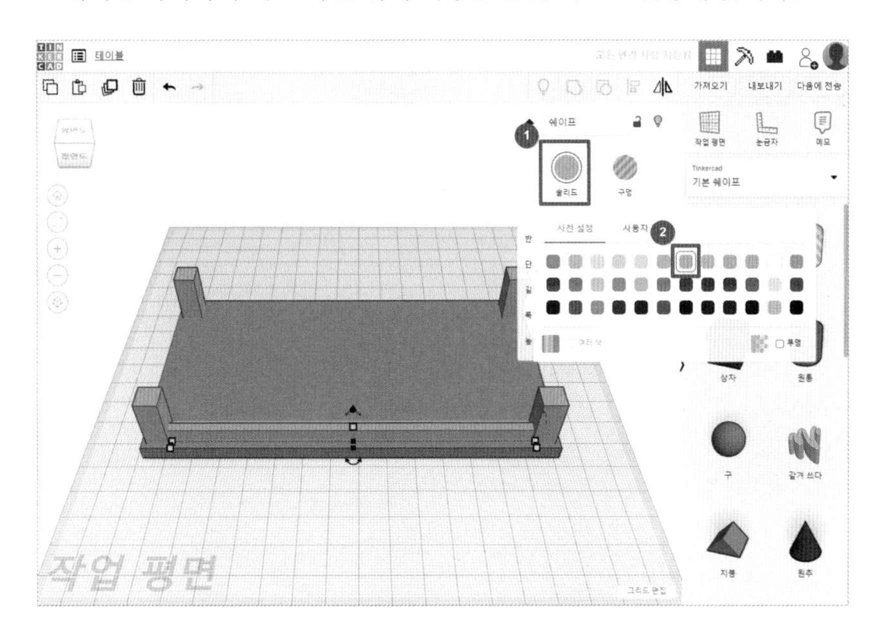

12 쉐이프 복제하기

– 반대쪽에도 같은 쉐이프를 만들어 줍니다.

❶ 쉐이프의 복제 및 반복(단축키 Ctrl + D)을 선택합니다. 그러면 역시 '번쩍' 하며 같은 자리에 같은 쉐이프가 하나 생깁니다.

❷ 복제된 쉐이프를 키보드의 방향키를 이용해서 반대쪽으로 이동합니다.

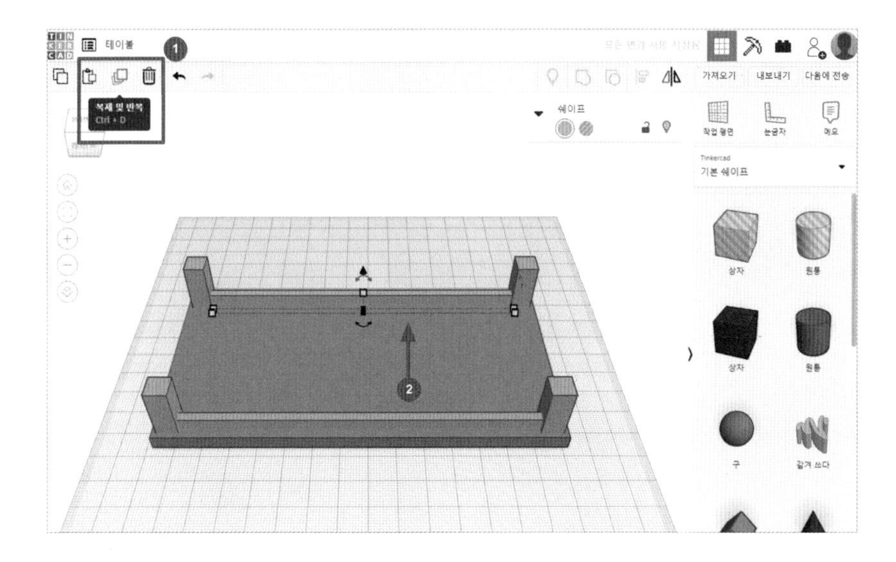

13 쉐이프 복제하기

❶ 복제 및 반복(단축키 Ctrl + D)을 클릭합니다.
❷ 이동한 거리만큼 떨어진 위치에 쉐이프가 하나 더 복제됩니다.

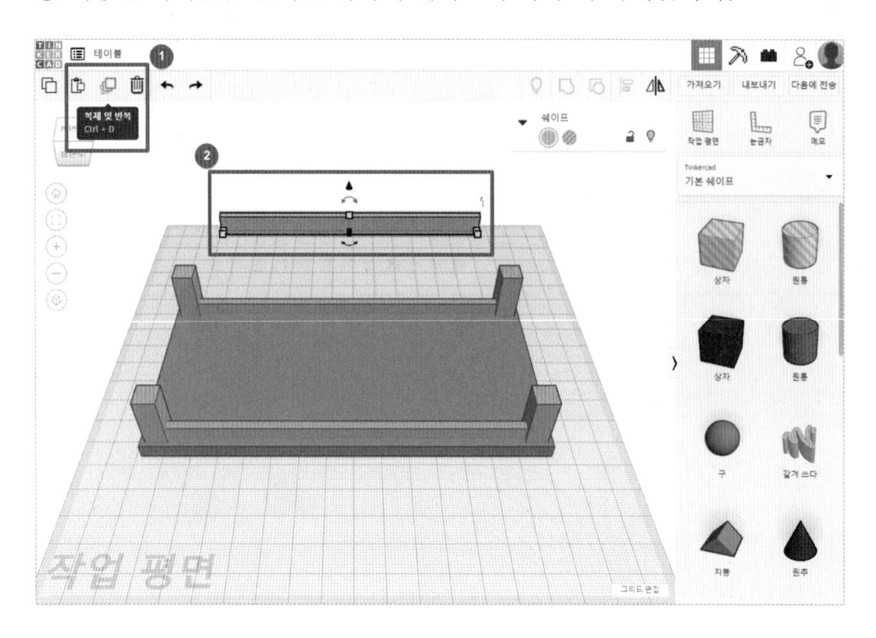

14 쉐이프 회전하기

– 화면을 돌려서 양쪽 화살표를 이용해 쉐이프를 90도 회전시켜 줍니다.
– 이때 Shift를 누르면서 마우스를 드래그하면 45도씩 쉽게 회전시킬 수 있습니다.

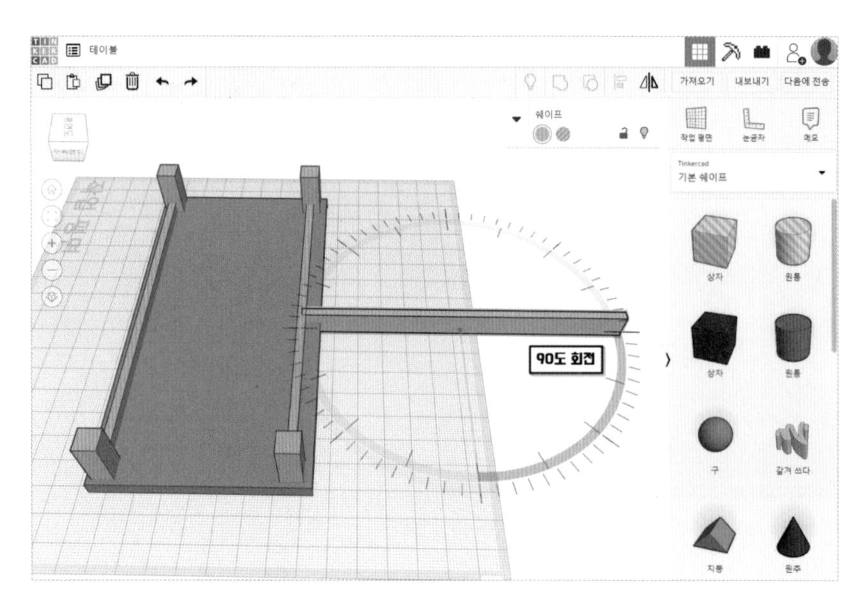

15 쉐이프 크기 조절 및 이동

- 회전시킨 쉐이프의 크기를 조절합니다.
- 가로 65, 세로 3, 높이 10
- 키보드의 방향키를 이동해 다리와 다리 사이의 위치로 자리해줍니다.

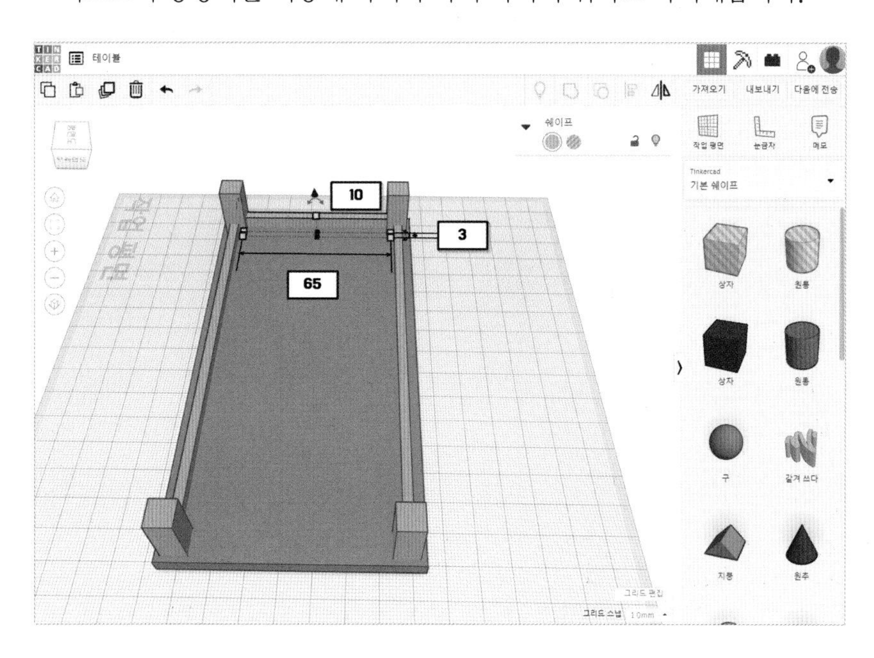

16 맞은편 쉐이프 만들기

- 하나 더 복제(단축키 Ctrl + D)해서 반대편으로 이동시켜 주세요.

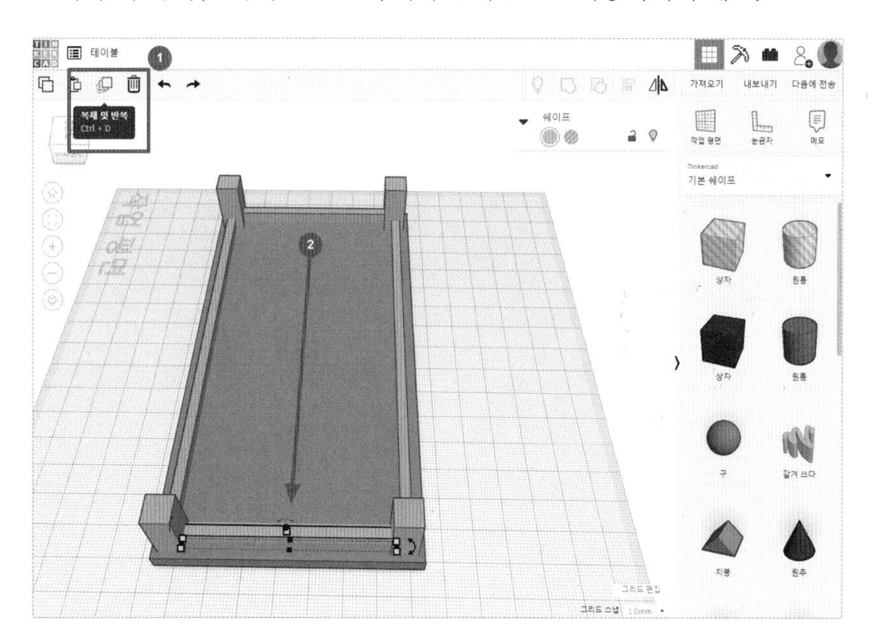

테이블 뒤집기

17 테이블 뒤집기

– 자, 이제 테이블을 바르게 뒤집어 보죠! 드래그해서 전체 테이블을 선택해주십시오.

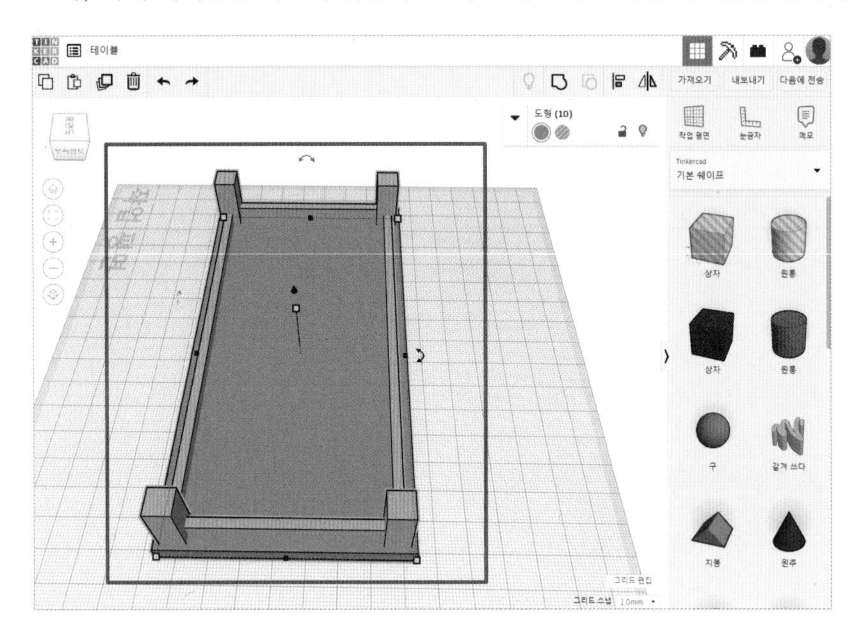

18 테이블 회전하기

– 높이 축을 기준으로 테이블을 180도 회전시켜 주세요.

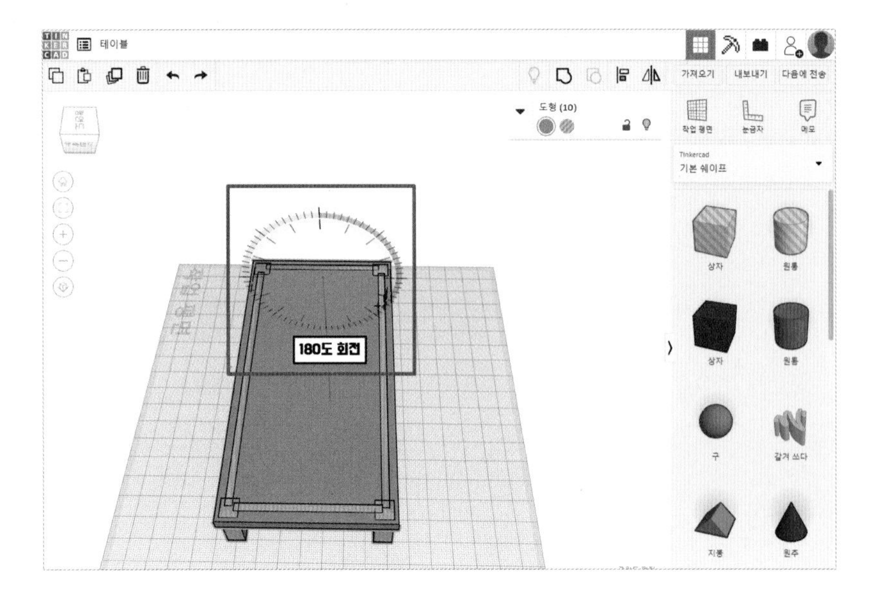

19 테이블 상판 올리기

- 회전시킨 테이블의 상판이 조금 이상해 보이지요?
- 테이블 다리와 상판의 높이가 같아서 겹쳐 보이게 되어 그렇답니다.
- 자, 이제 테이블 상판만 선택하여 고깔 모양의 핸들러를 드래그하여 높이를 1만 올려주세요.
- 또는 높이를 올리기 위해 **Ctrl + 키보드 위쪽 방향키**를 눌러줍니다.

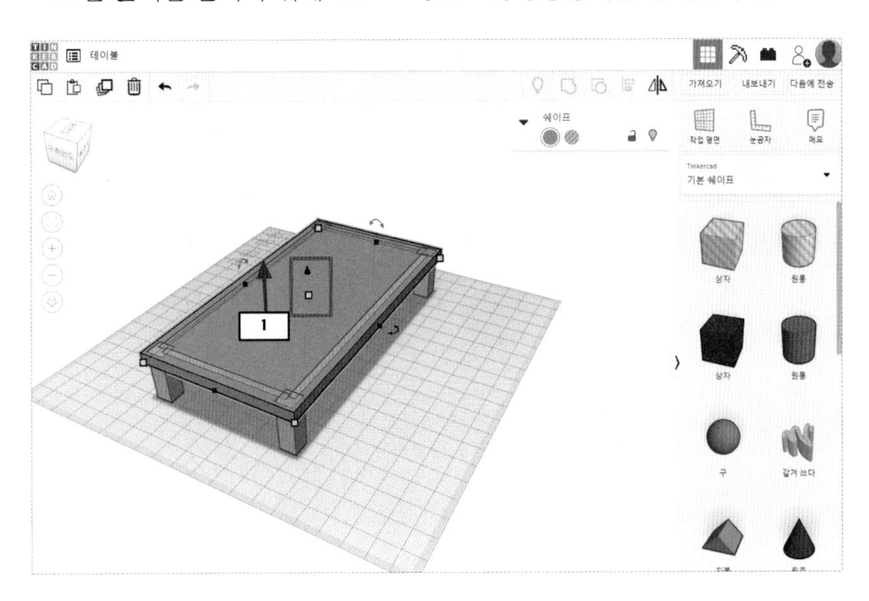

20 테이블 완성

- 파티를 즐길 테이블이 완성되었습니다.

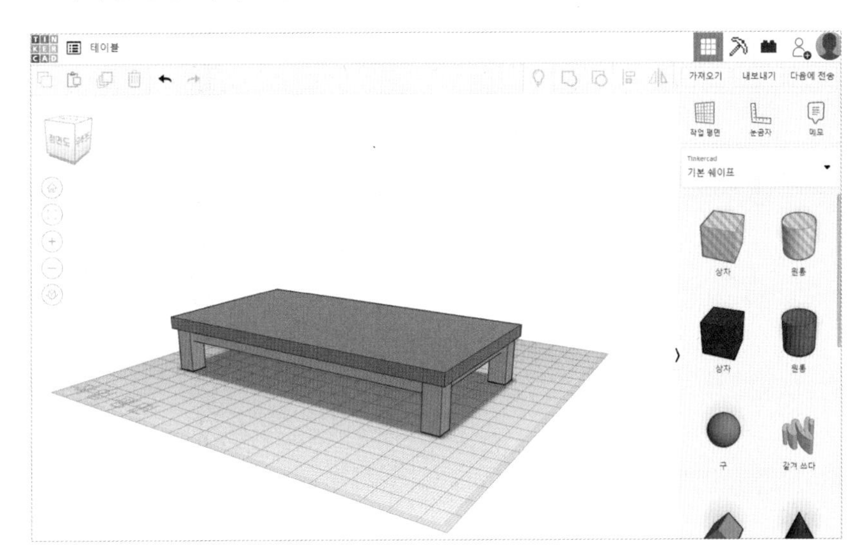

오늘의 요리 13

틴커캐드 파티

우리가 그동안 만든 음식을 한곳에 멋지게 차려봅시다!
테이블 위에 음식을 배치해주세요.

그동안 클릭 하나 하나로 만들어낸 음식을 보니 눈물이 앞을 가립니다.
즐길 준비 되었지요? Let's Party Time!

테이블 복제하기

01 대시보드에서 복제하기

- 대시보드에 있는 '테이블' 디자인을 찾습니다.

❶ 톱니바퀴 모양의 버튼을 누릅니다.
❷ '복제'를 선택합니다.

02 복제된 디자인 열기

- 위의 '복제' 버튼을 선택하는 순간 새로운 디자인 창이 열리면서 자동으로 'Copy of 테이블' 이라는 복제 디자인이 시작됩니다.

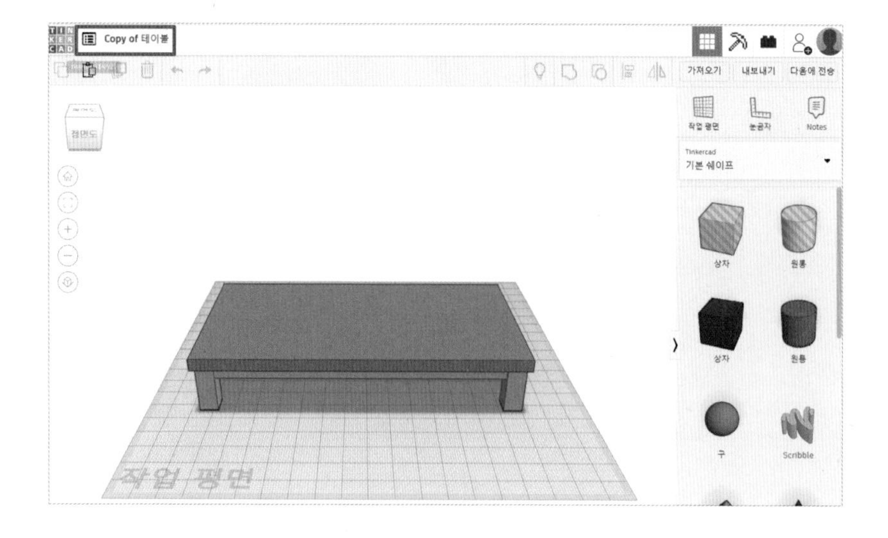

03 디자인 이름 변경

– 디자인 이름을 '틴커캐드 파티'로 변경하고, 본격적으로 디자인을 시작해 봅시다.

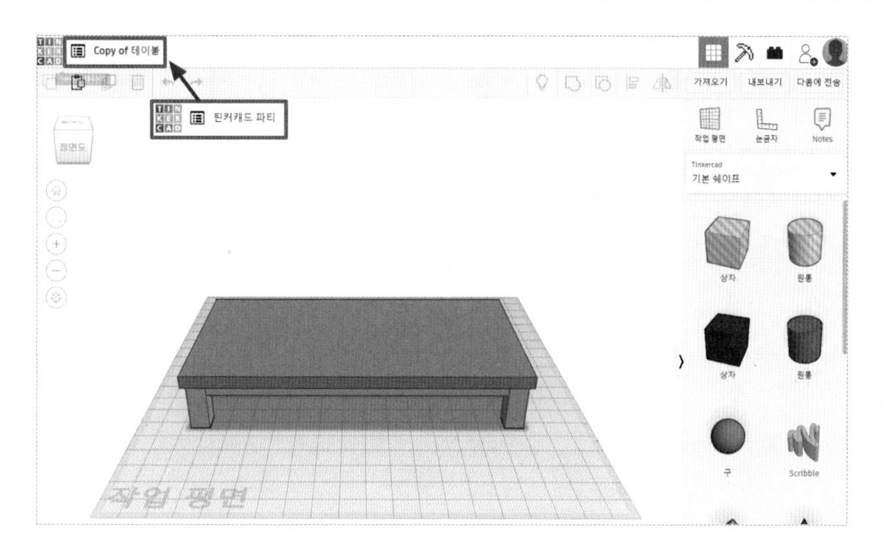

04 크롬에서 '새 탭' 열기

– 작업하는 크롬 브라우저에서 '새 탭'을 눌러 틴커캐드에 접속해주세요.

– 틴커캐드에 접속하면 현재와 같은 계정으로 자동 로그인됩니다.

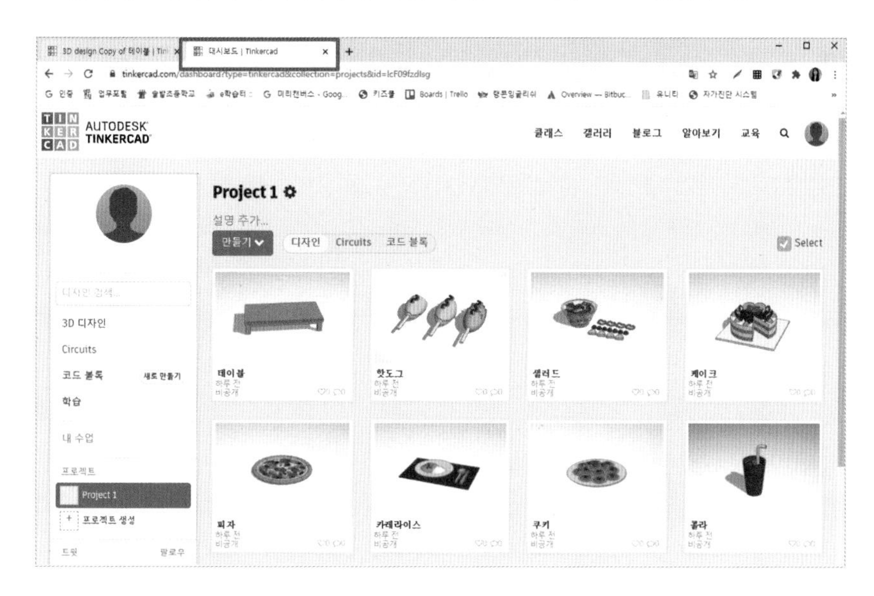

‘토끼 요리사’ 가져오기

05 디자인 가져오기

– 대시보드에 있는 그동안 만들었던 모델링 작품들을 ‘틴커캐드 파티’에 가져오도록 합시다.
– 제일 먼저, 토끼 요리사를 가져오도록 합니다.
– 대시보드의 ‘토끼 요리사’ 디자인을 찾습니다.

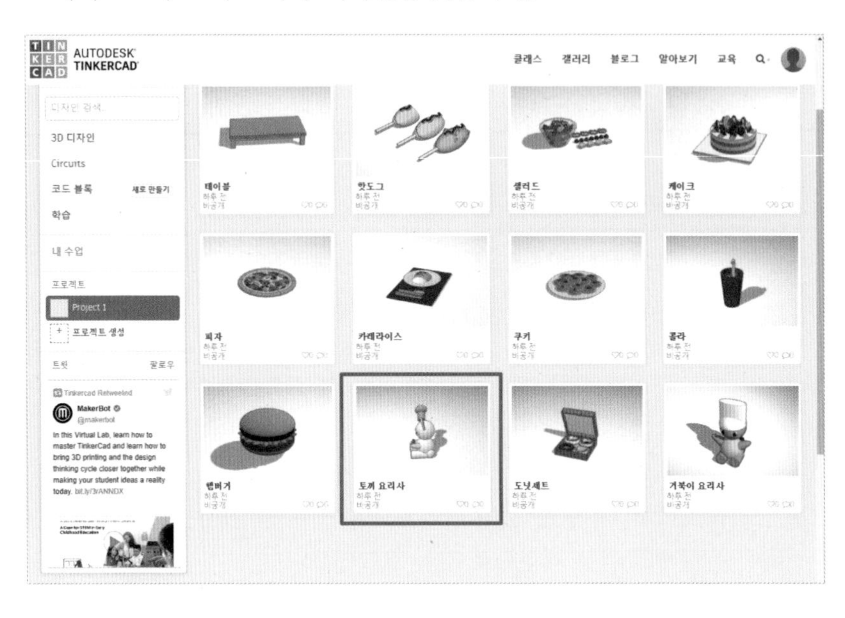

06 ‘토끼 요리사’ 디자인 열기

– 마우스를 디자인 위에 가져가면 ‘이 항목 편집’ 버튼이 보입니다.
– ‘이 항목 편집’을 클릭하면 디자인 창이 열립니다.

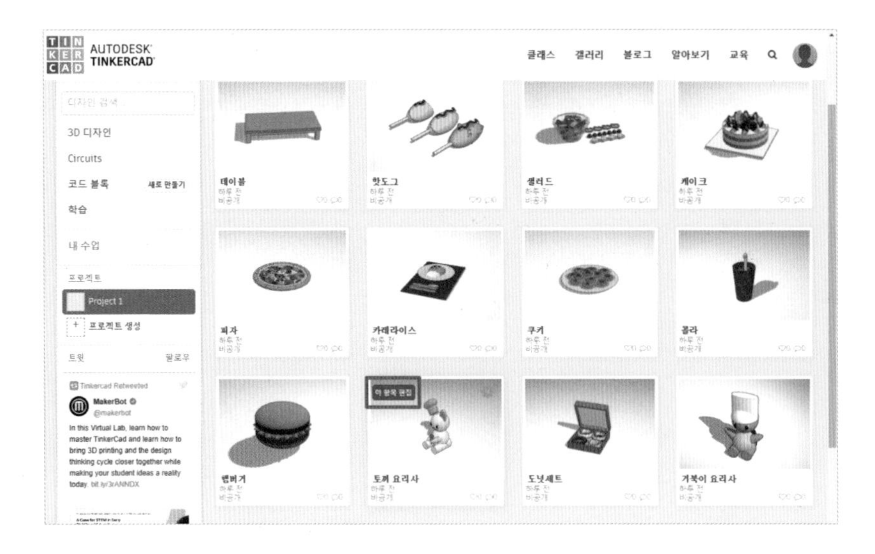

07 '토끼 요리사' 선택하기

❶ 드래그하여 '토끼 요리사' 전체를 선택합니다.
❷ 그룹화(단축키 Ctrl + G)가 되어 있지 않다면 그룹화해줍니다.

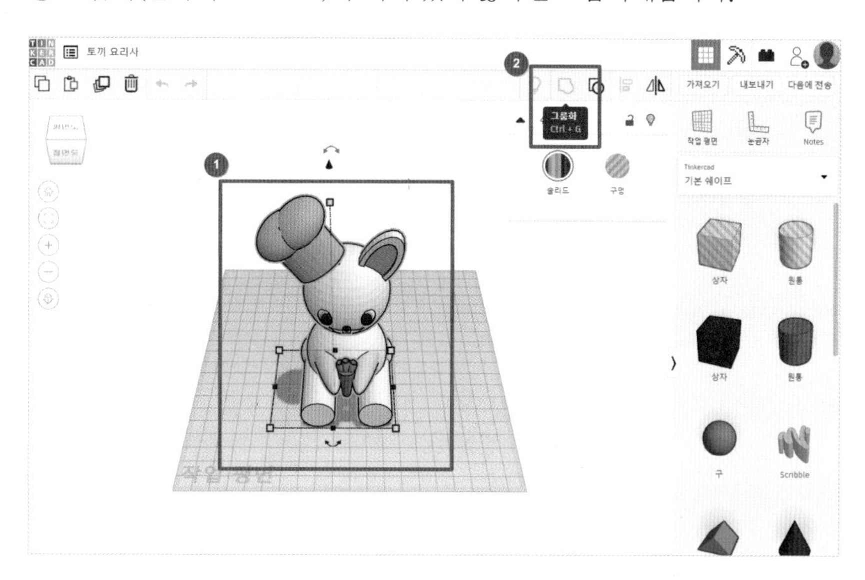

Tip 그룹화가 되어 있지 않으면 이동할 때 쉐이프가 따로 움직여서 불편하답니다.

08 '토끼 요리사' 복사하기

– '토끼 요리사'를 복사하는 것은 매우 간단합니다.
– 이전에 사용했던 복사하기, 즉 Ctrl + C를 입력합니다.
– 아무런 변화가 없는 것처럼 보이지만 클립보드에 '토끼 요리사'가 복사되었습니다.

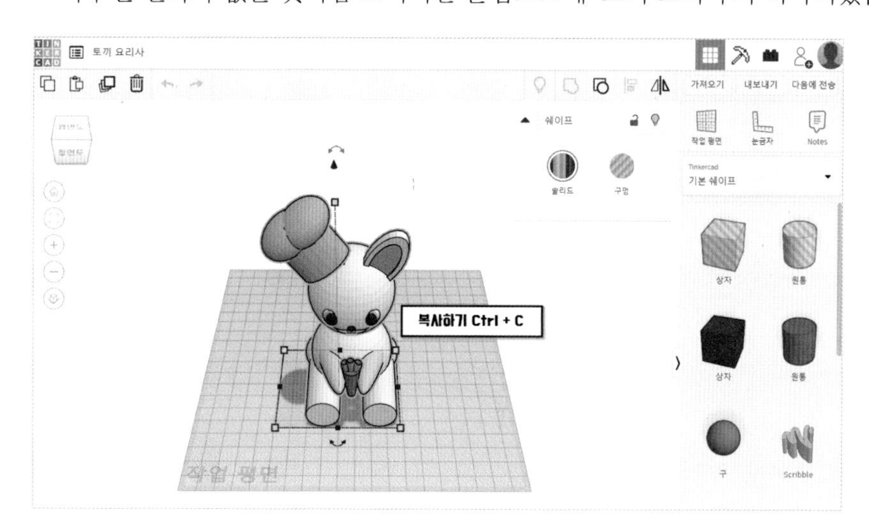

09 '토끼 요리사' 붙여넣기

❶ 다시 크롬의 '틴커캐드 파티' 탭으로 이동합니다

❷ 작업평면 위에서 붙여넣기, 즉 Ctrl + V를 입력합니다. '토끼 요리사'가 등장했습니다. 그런데, 저런! 크기가 맞지 않는군요.

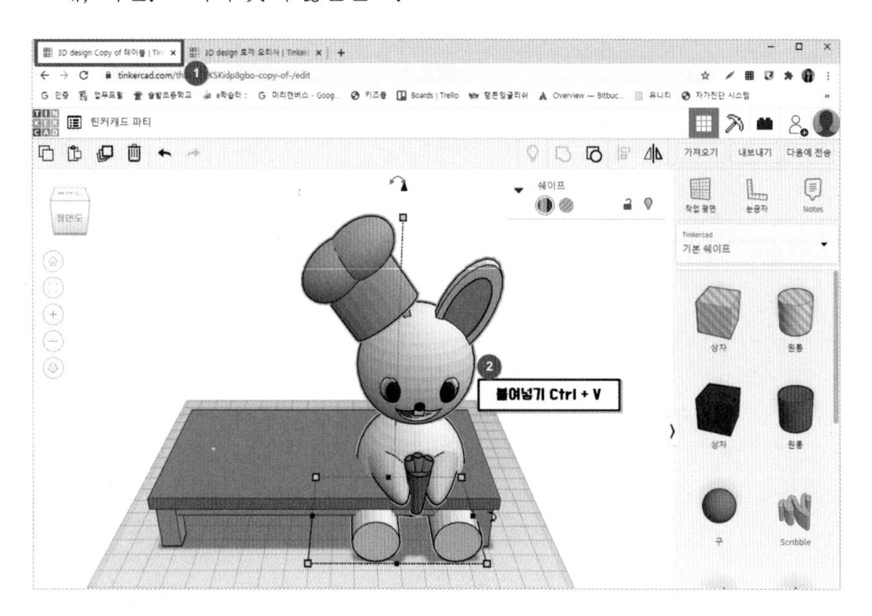

10 쉐이프 크기 조절

– 어울리는 적당한 크기로 '토끼 요리사'를 줄여줍니다.

– 이때 쉐이프 윗면에 있는 핸들러를 잡고, Alt + Shift를 누르고 드래그 해주면 가로, 세로, 높이를 같은 비율로 한번에 축소할 수 있습니다.

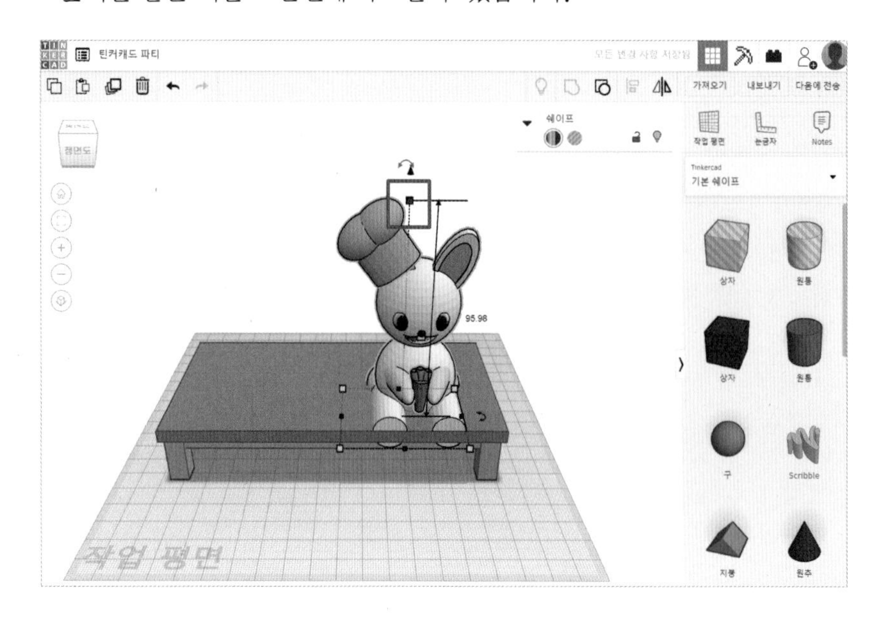

11 쉐이프 높이 확인하기

- 크기를 줄이고 보니, '토끼 요리사'가 작업평면 위에 붕 떠 있습니다.
- 작업평면에 딱! 붙여 줘야 겠죠? 작업평면에 붙이기! 키보드의 **D**를 누릅니다.

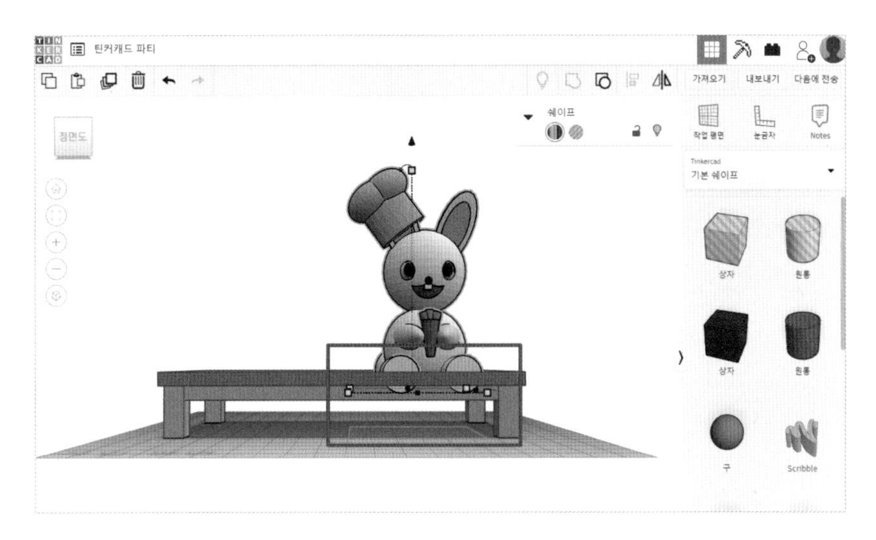

12 쉐이프 이동하기

- '토끼 요리사'를 먼저 자리잡아 줍니다.
- 쉐이프를 선택한 뒤에 드래그하여 이동시킬 수 있습니다. 또는 키보드의 방향키를 누르면서 이동시키면, 원하는 곳에 쉽게 이동시킬 수 있답니다.
- 귀엽게 토끼 요리사 손을 테이블에 걸쳐 주었습니다.

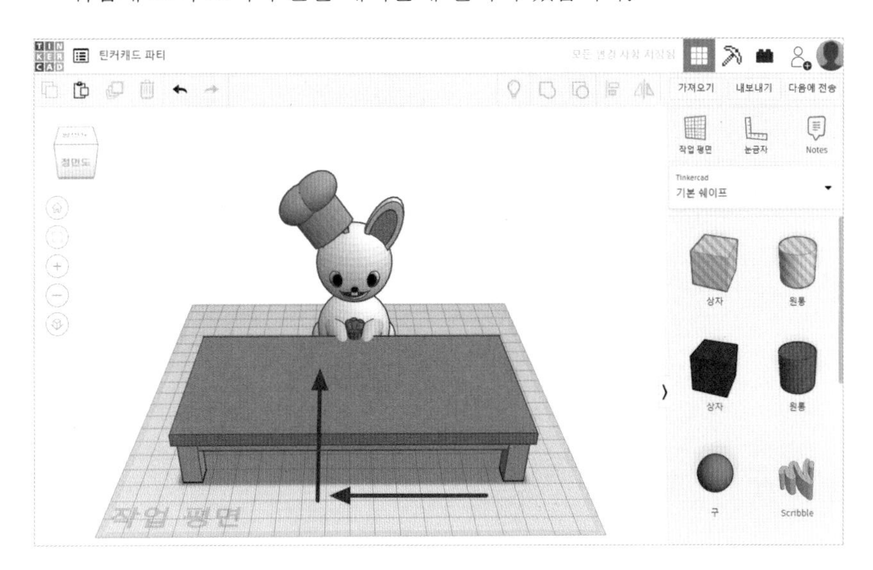

음식 가져오기

13 '케이크' 가져오기

- 메인 음식인 '케이크'를 먼저 가져오려고 합니다.
- 요리사들을 가져올 때와 마찬가지로 복사하기 Ctrl + C, 붙여넣기 Ctrl + V를 사용합니다.

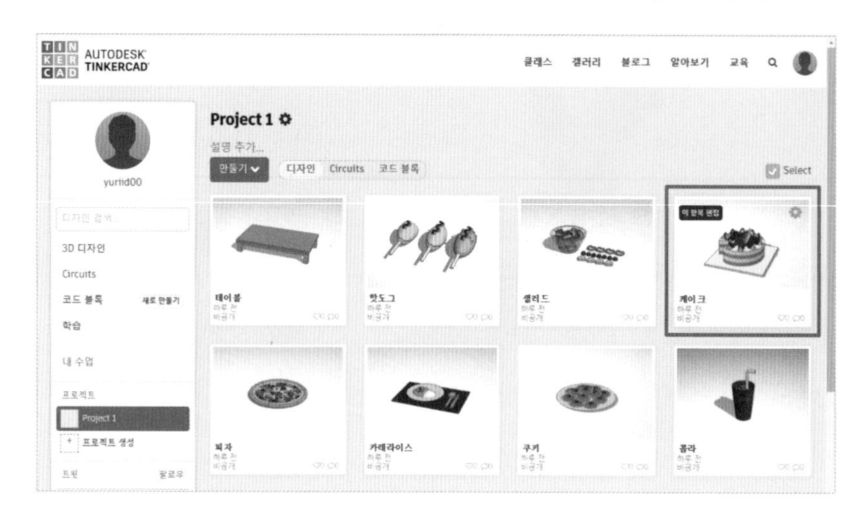

14 '케이크' 붙여넣기

- 저런! '케이크'를 그냥 붙여넣기 Ctrl + V 하면 이렇게 작업평면을 기준으로 가장 밑면이 붙습니다. 그러면, 모든 음식을 상 위에 올라가도록 하나하나 모두 높이 조절을 해줘야 하겠지요?
- 지금 이때, 떠오르는 기능이 있나요? 네, 바로 '작업평면'입니다.

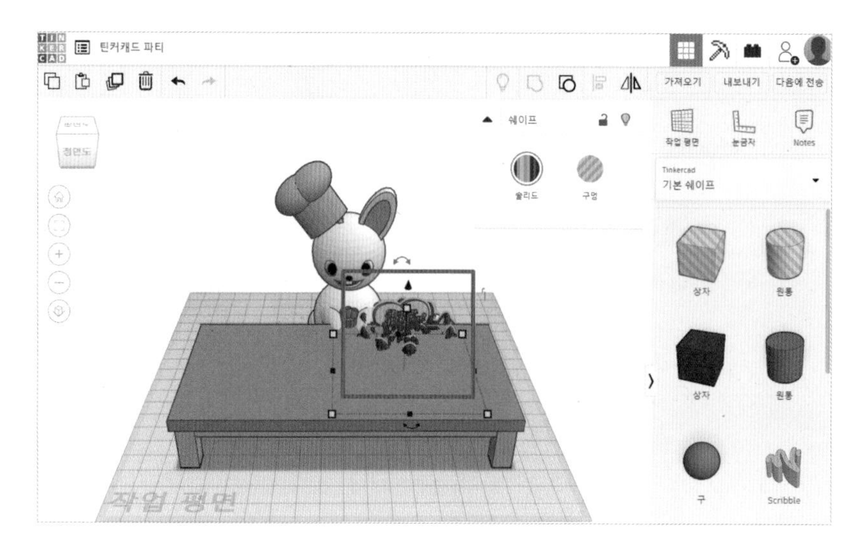

15 '테이블' 위에 새로운 작업평면 만들기

❶ 아까 붙여넣은 '케이크'는 명령취소(단축키 Ctrl + Z)로 잠시 넣어 둡니다.
❷ 오른쪽 위의 작업평면(단축키 W)을 클릭합니다.
❸ '테이블' 상판에 클릭하여 새로운 작업평면을 만들어줍니다. 새로운 작업평면은 주황색으로 표시됩니다.

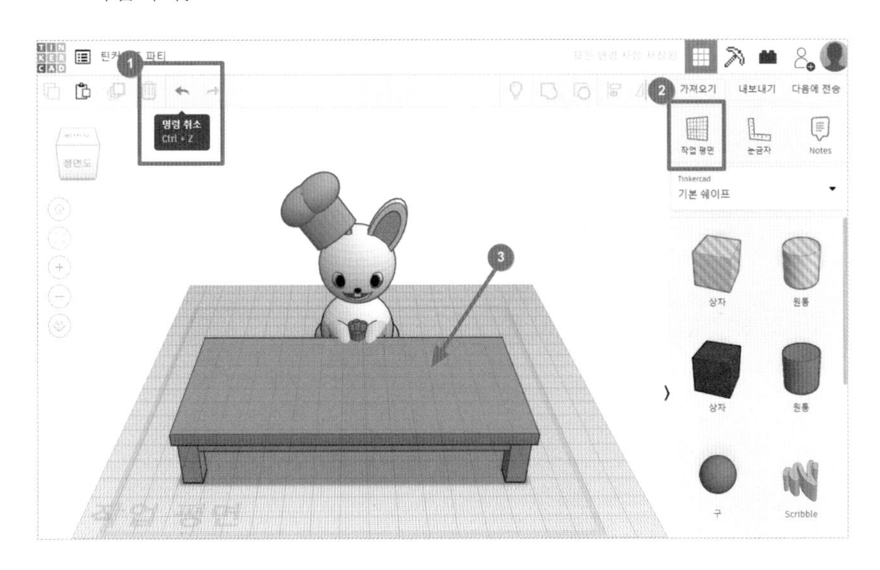

16 '케이크' 붙여넣기

– 이제 붙여넣기(단축키 Ctrl + V)를 하면 작업평면 위에 '케이크'가 예쁘게 올라갑니다.
– 크기를 조절하고 위치도 이동시켜줍니다.

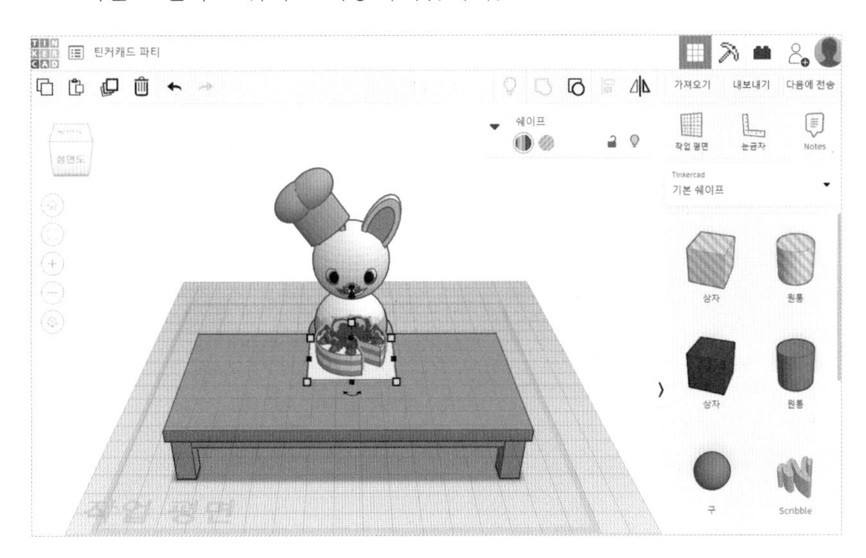

17 '피자', '도넛 세트' 가져오기

– '피자'와 '도넛 세트'도 같은 방법으로 가져옵니다.

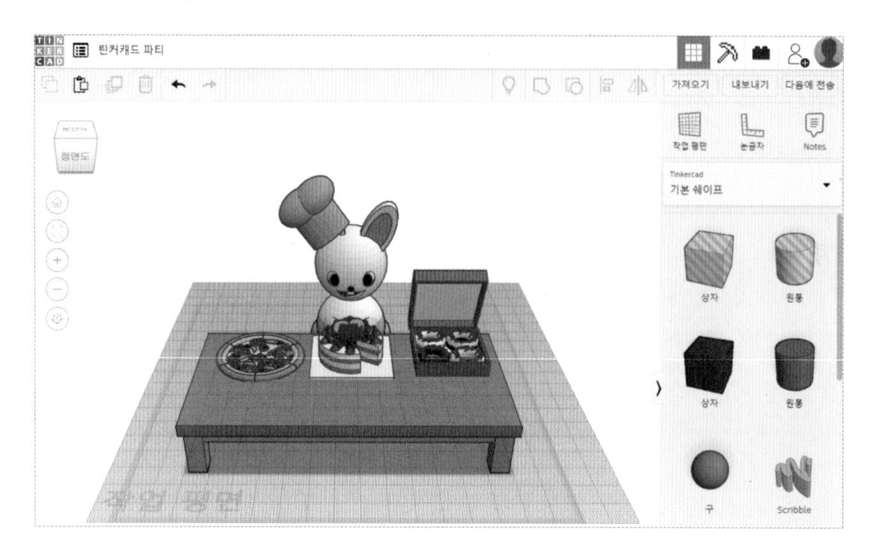

18 '도넛 세트' 회전하기

– 도넛 세트에서 살짝 회전시켜 주는 센스!

– 이렇게 음식들을 배치합니다.

– 가져온 쉐이프들은 평소와 같은 방법으로 크기를 조절하고 이동하며 회전시킬 수 있답니다.

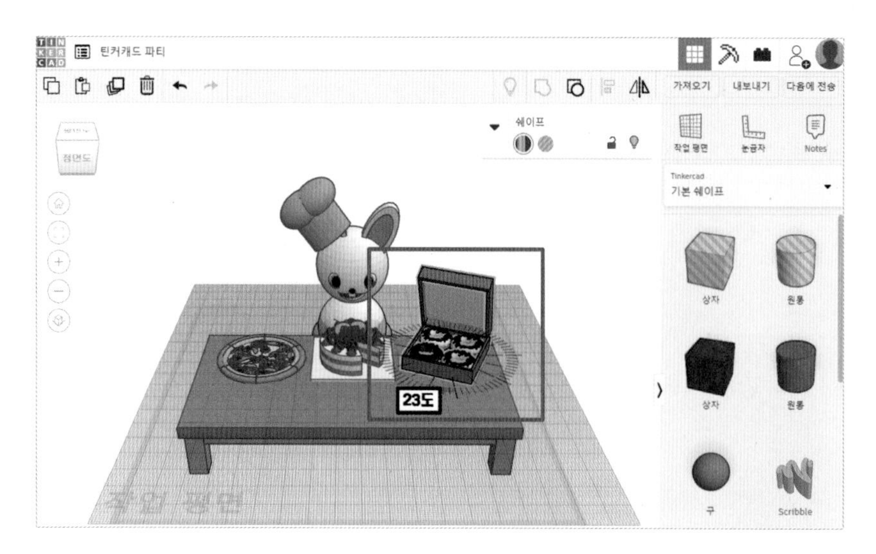

19 다양한 음식들 가져오기

– 같은 방법으로 그동안 만들었던 다양한 음식들 디자인을 가져올 수 있습니다.
– 이 상태에서 새로운 음식들을 바로 만들어 추가하셔도 됩니다.
– 이제 여러분! 마음만 먹으면 다 만들 수 있을 정도의 실력이 되셨잖아요?

20 '틴커캐드 파티' 완성

– 새로 만들었던 작업평면(단축키 W)을 제거하면 '틴커캐드 파티' 완성!

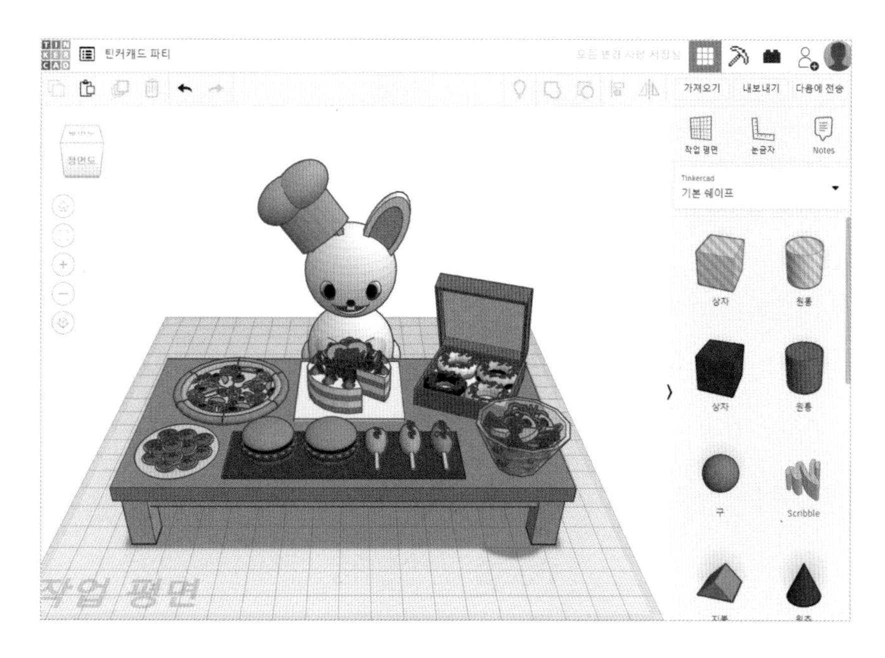

D. 디저트

take-out(출력)을 위한 메뉴

디저트

케이크 토퍼

다음주가 친구 생일인데, 케이크랑 또 어떤 선물을 주면 좋을까요?

음..그렇다면 케이크 토퍼를 직접 만들어보는 건 어떨까요?
틴커캐드에서는 글자를 써서 3D프린터로 출력할 수 있거든요!

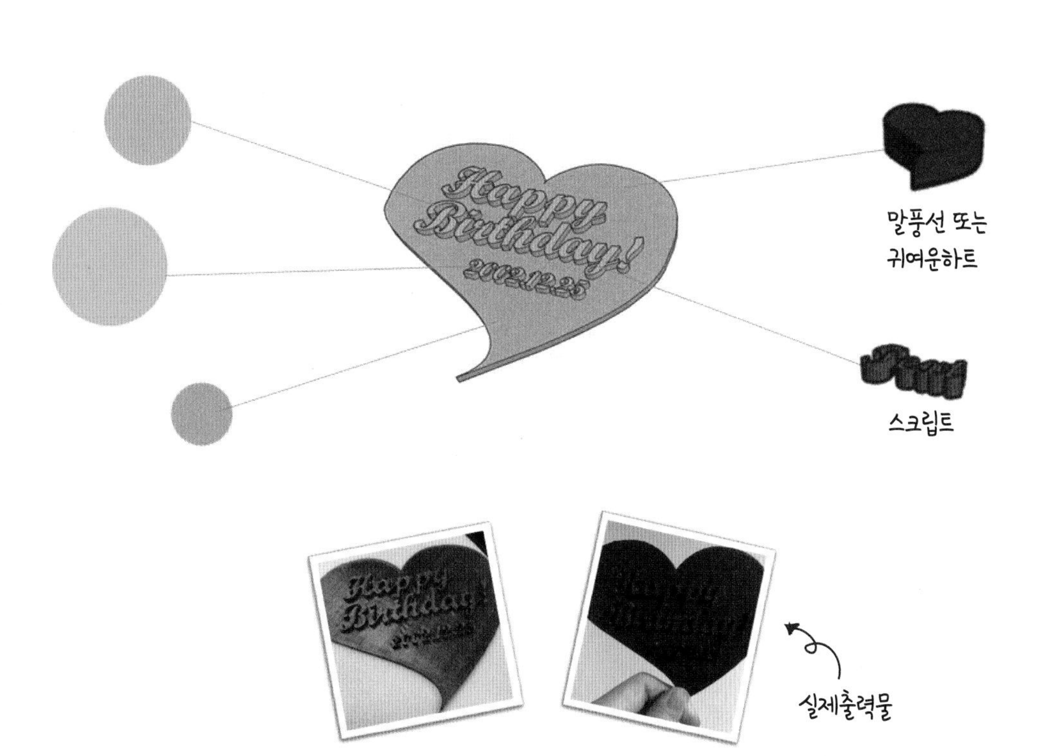

토퍼 만들기

01 '스크립트' 쉐이프 가져오기

❶ 쉐이프 생성기에서 '모두'를 선택합니다.
❷ '스크립트' 쉐이프를 찾아 작업평면으로 가져옵니다.

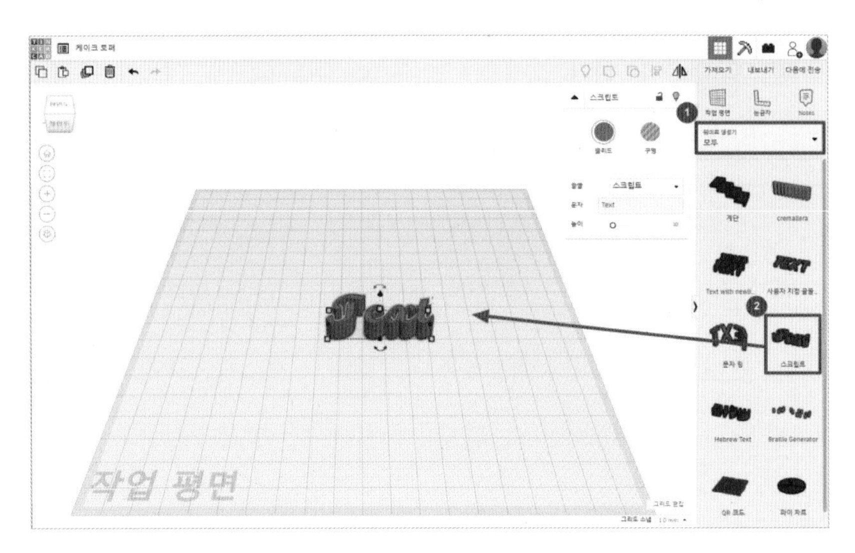

02 'Happy' 만들기

– 문자에 원하는 글자를 적어줍니다.
– 여기에서는 문자는 'Happy'로, 글꼴은 기본 그대로 하였습니다.

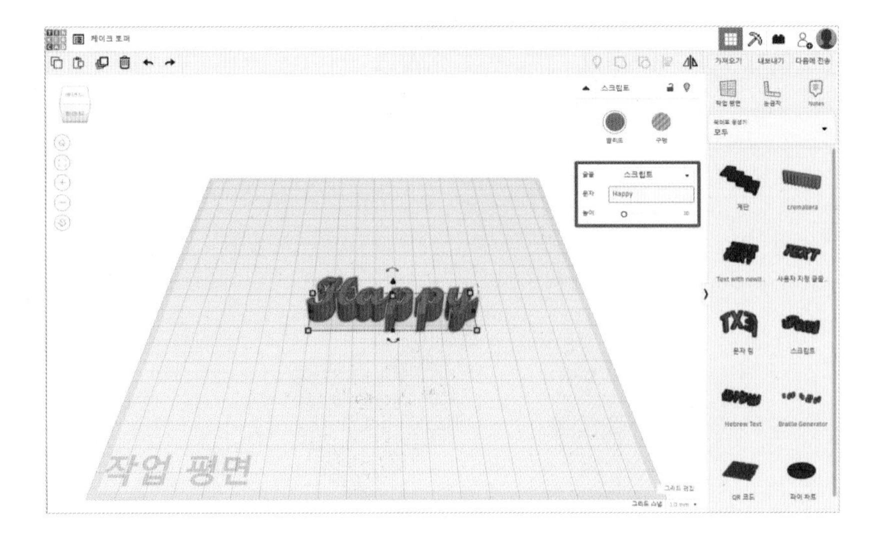

03 'Birthday' 만들기

❶ 'Happy'를 복제(단축키 **Ctrl + D**) 한 뒤, 'Happy' 바로 아래에 배치합니다.
❷ 문자를 'Birthday'로 바꿔줍니다.

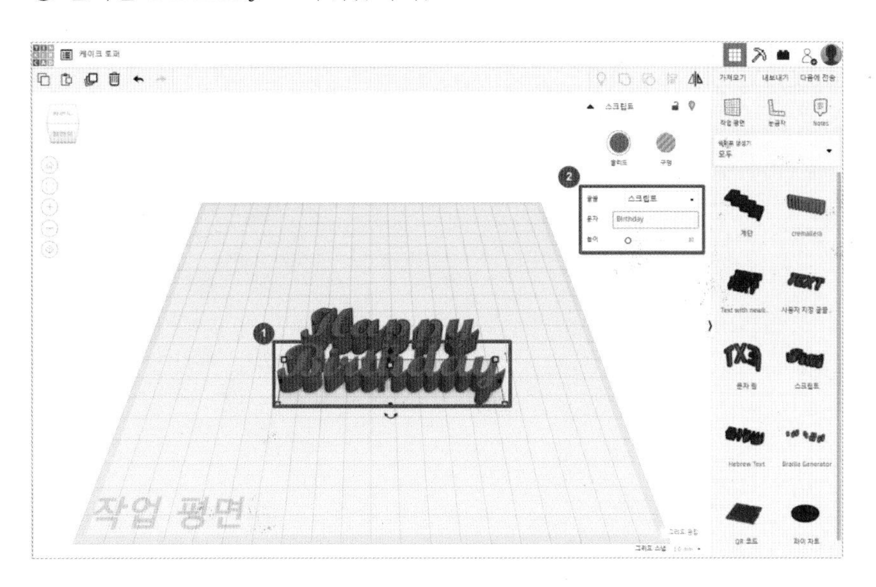

04 '말풍선' 쉐이프 가져오기

– 쉐이프 생성기 '모두'에서 말풍선 쉐이프를 작업평면으로 가져옵니다.
– 'Happy Birthday'가 저 위로 올라가면 되겠네요!

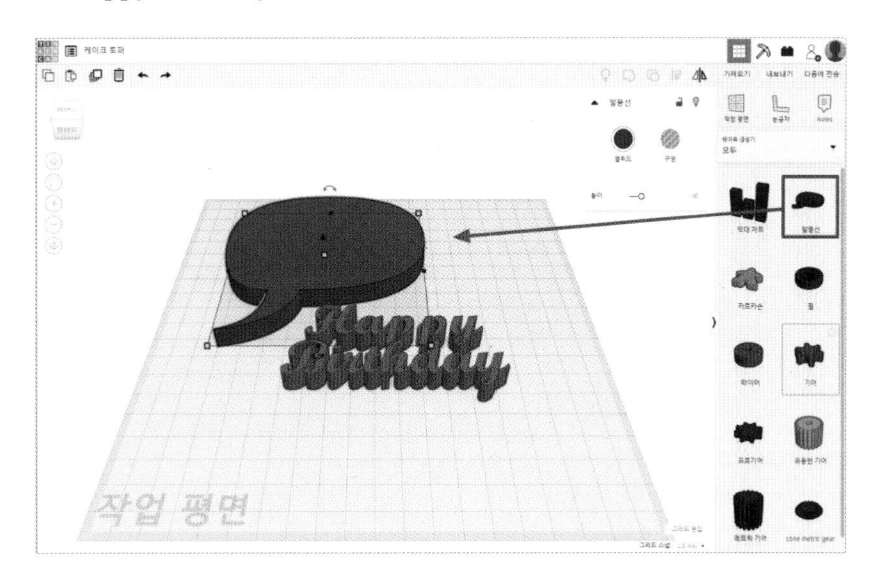

05 쉐이프 이동하기

- **Ctrl** + **위쪽 방향키**로 높이를 조절한 뒤 방향키로 문자 쉐이프들을 이동시켰습니다.
- 작업평면을 말풍선으로 설정한 뒤 문자 쉐이프들을 선택하여 **D**를 눌러도 됩니다.

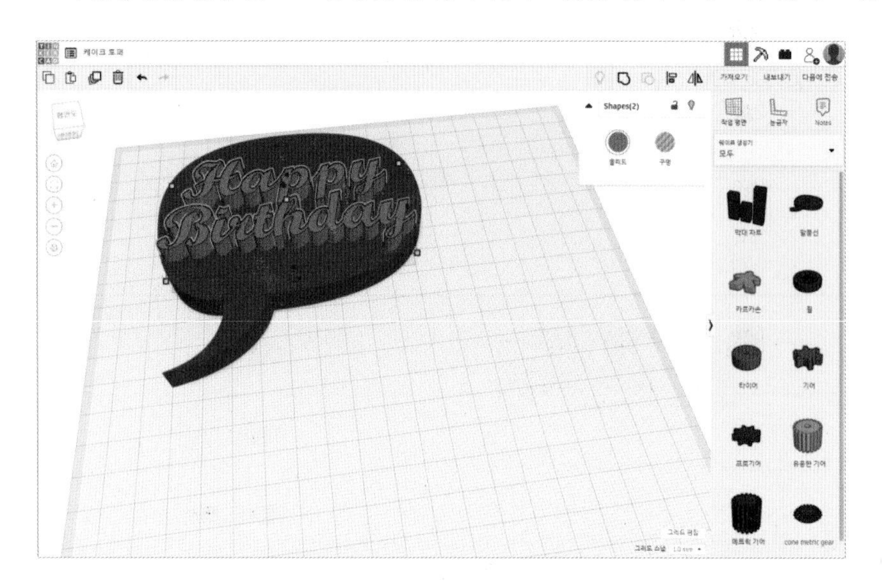

06 색상 설정하기

- 문자 쉐이프의 크기를 줄이고 쉐이프들을 중앙으로 옮겼습니다.
- 말풍선 쉐이프는 연보라색으로, 문자 쉐이프는 노란색으로 바꾸었습니다.

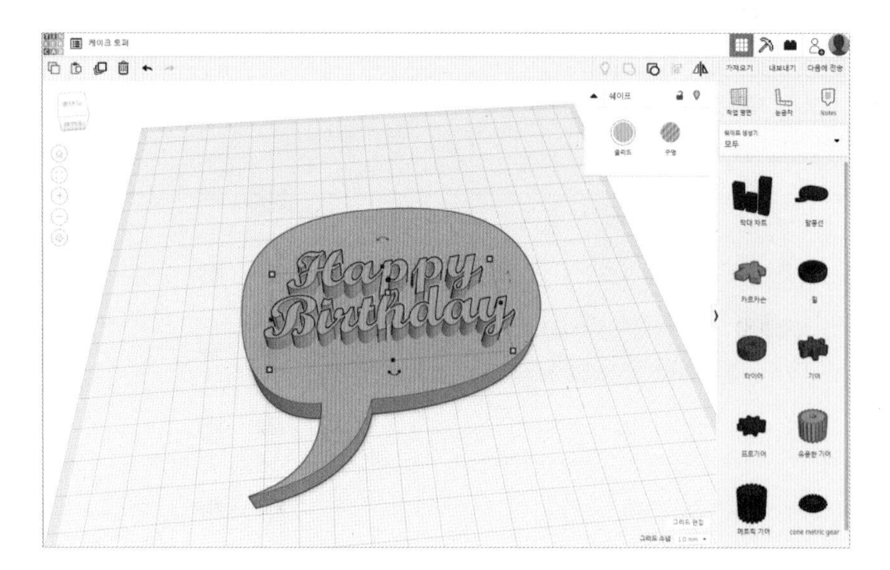

07 작업평면 설정하기

– 문자와 말풍선만으로는 뭔가 밋밋한 느낌이 드네요.
– '작업평면'을 말풍선 위로 설정해줍니다.

08 '귀여운 하트' 쉐이프 가져오기

– 쉐이프 생성기 '모두'에서 '귀여운 하트' 쉐이프를 찾아 가져옵니다.
– 색깔과 쉐이프는 여러분이 원하는 것으로 가져와도 좋아요!

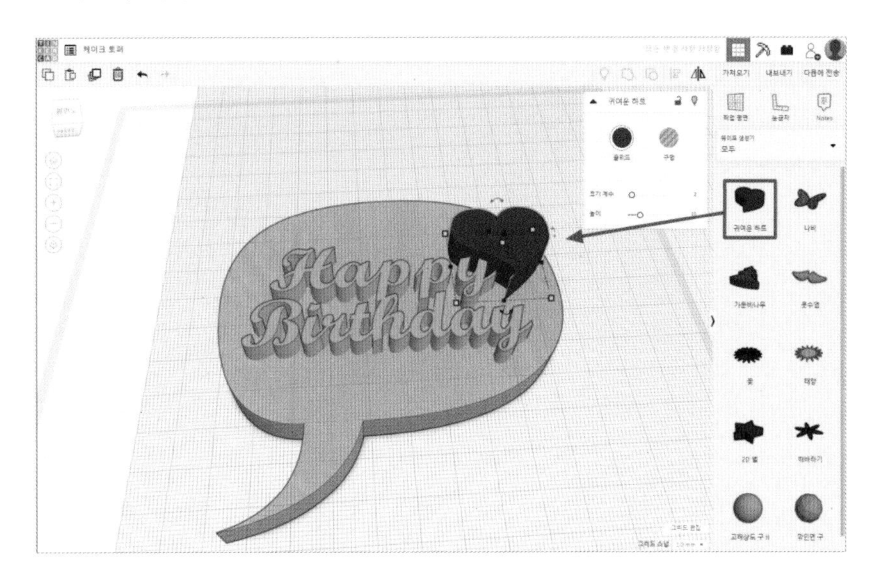

09 하트 크기 설정하기

❶ 먼저 '작업평면'을 원래대로 바꾸어준 다음, 하트의 크기를 설정합니다.
❷ 가로 20, 세로 20, 높이 3

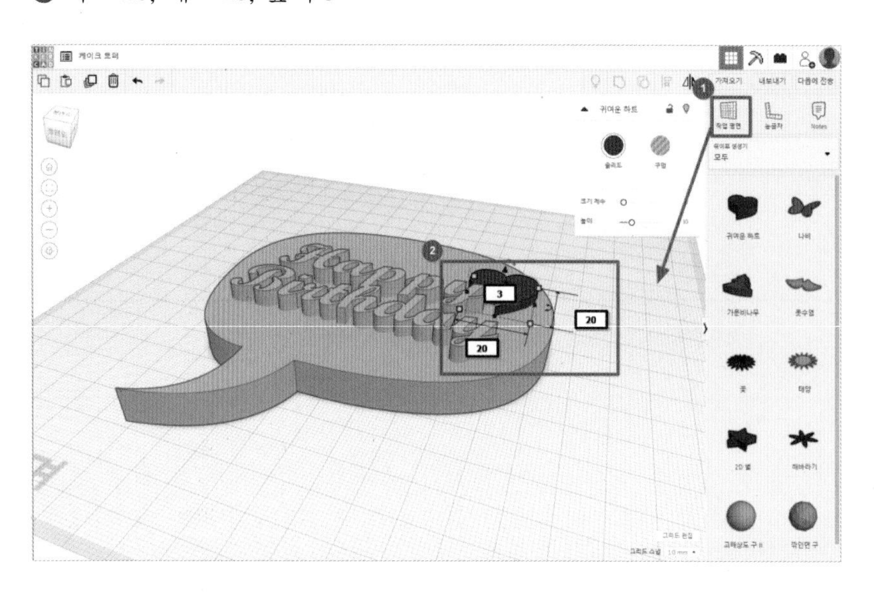

10 그룹화하기

– 모든 쉐이프들을 선택하여 그룹화(단축키 Ctrl + G) 해줍니다.
– 여러 색을 클릭하여 원래 색들이 나타나도록 해주세요.

Tip 실제 출력이 될 때는 3D프린터의 필라멘트 색으로 출력됩니다.

11 케이크 토퍼 완성

– 케이크 토퍼가 완성되었습니다. 출력하면 케이크에 꽂을 수 있겠네요!

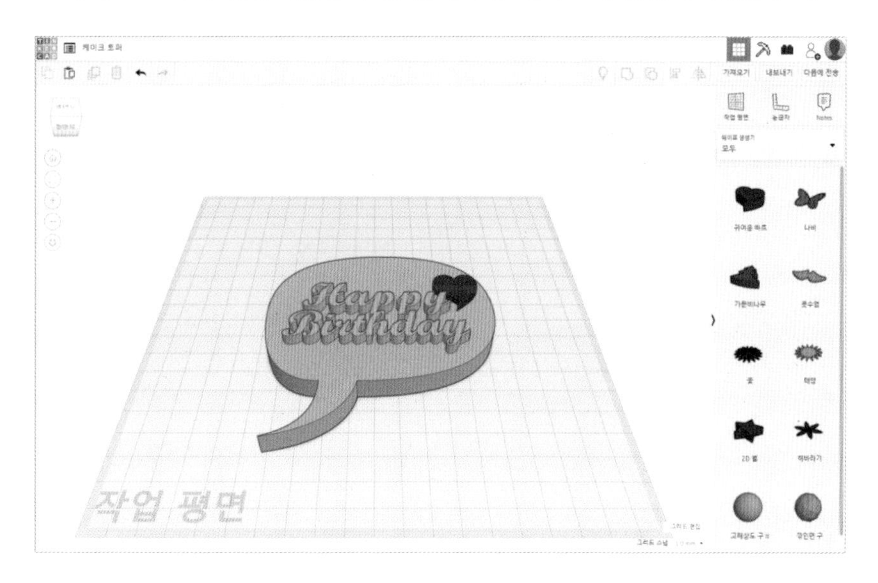

12 나만의 토퍼 만들기

– 배운 것을 떠올리며 여러분만의 케이크 토퍼를 만들어보세요. 저는 이렇게 바꿨습니다.

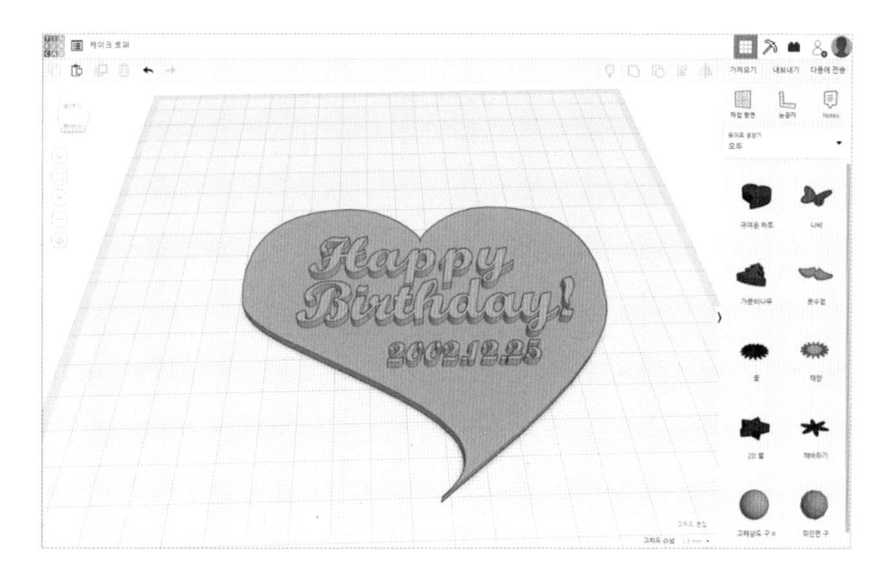

아이스 스쿱

얼음을 집게로 집으려니 자꾸 미끌거려서 떨어지네요!
숟가락이나 젓가락을 써도 힘들고…

그럼 아이스 스쿱을 써보는 건 어때요?
이번엔 아이스 스쿱을 직접 만들어 3D프린터로 출력해봐요!

color

Shape

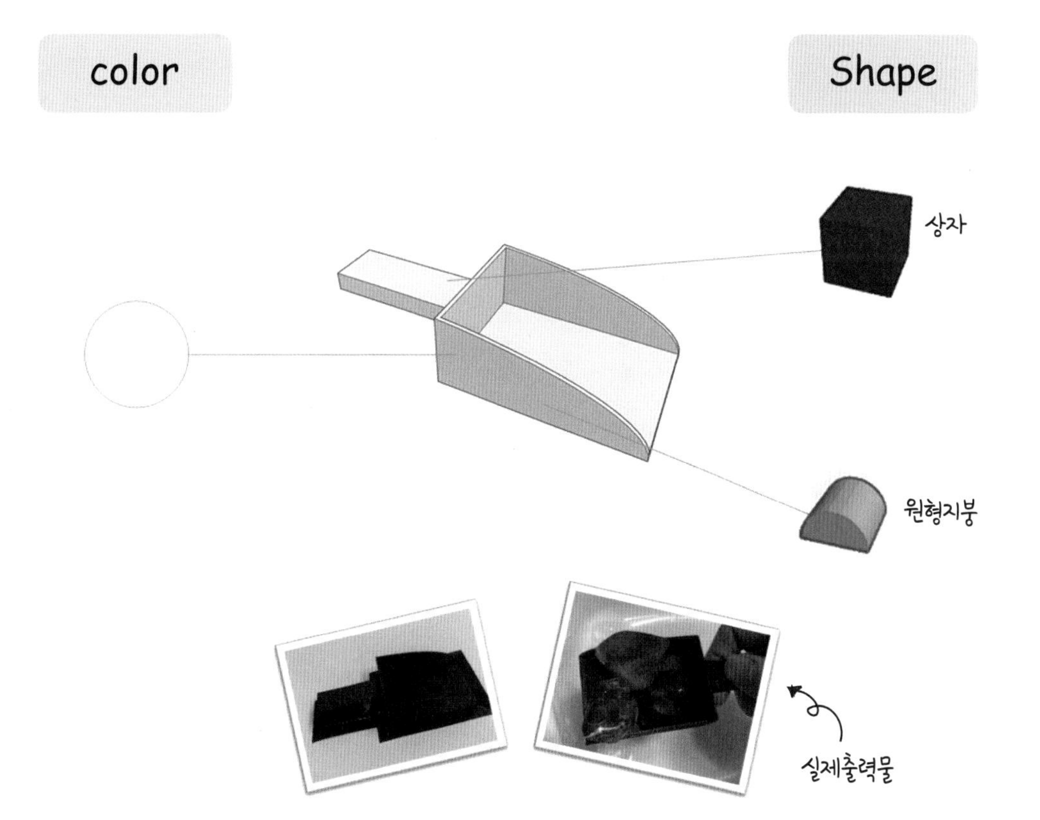

아이스 스쿱 만들기

01 '상자' 쉐이프 가져오기

– 기본 쉐이프 목록에서 '상자' 쉐이프를 작업평면으로 가져옵니다.

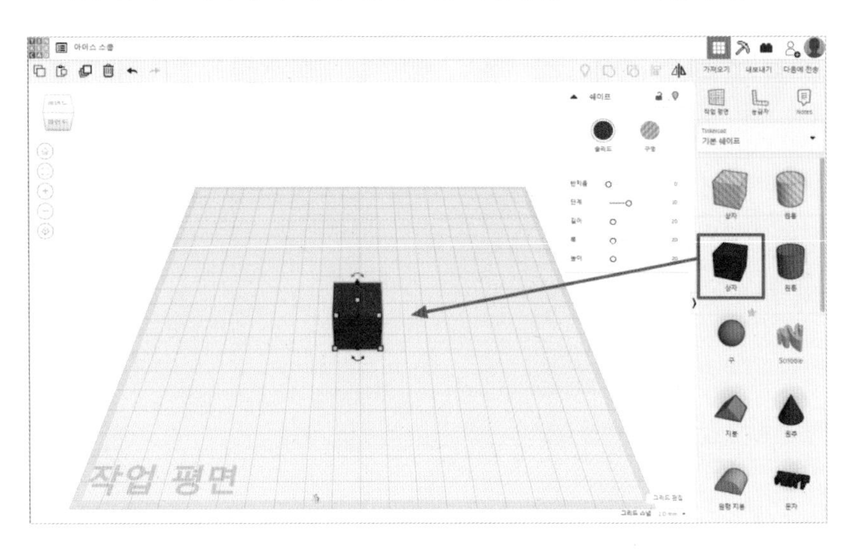

02 크기 설정하기

– 큰 스쿱을 만들고 싶다면 값을 크게 해도 되지만, 완성해본 뒤 다시 만들 때 값을 바꾸어보는 걸 추천해요. 다른 도형들의 크기 값도 모두 바꾸어야 하기 때문이에요.

– 가로 60, 세로 40, 높이 20

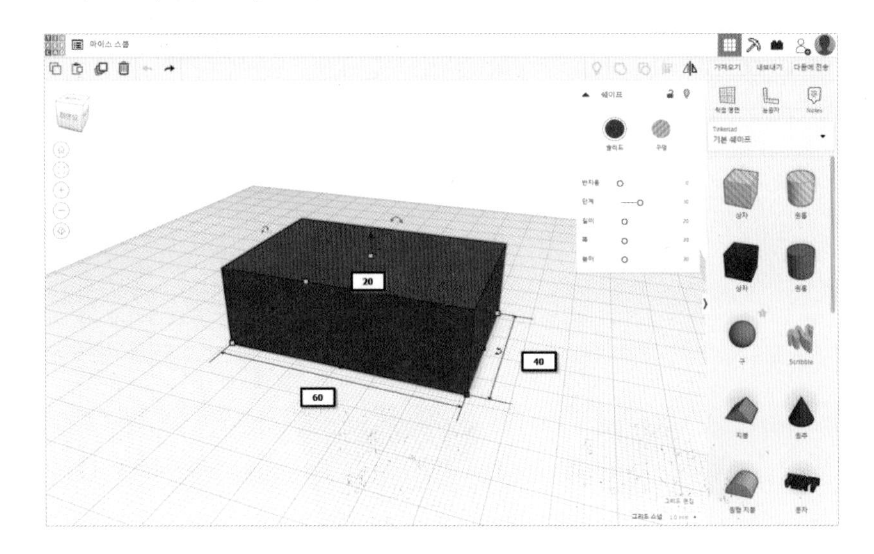

03 '원형 지붕' 쉐이프 가져오기

- 만들어둔 상자 쉐이프를 한 옆으로 치워둡시다.
- '원형 지붕' 쉐이프를 작업평면으로 가져와 크기를 설정합니다.
- 가로 60, 세로 80, 높이 20

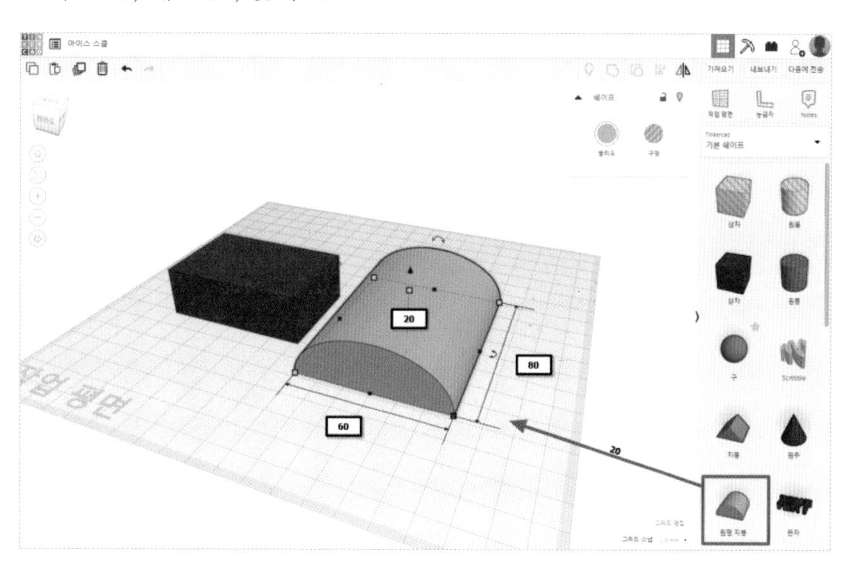

04 '구멍' 쉐이프로 만들기

- 원형 지붕 쉐이프를 '구멍' 쉐이프로 만들어 줍니다.
- 이 '구멍' 쉐이프를 이용해서 바로 절단하지 않을 거에요. 자, 어떻게 진행되는지 볼까요?

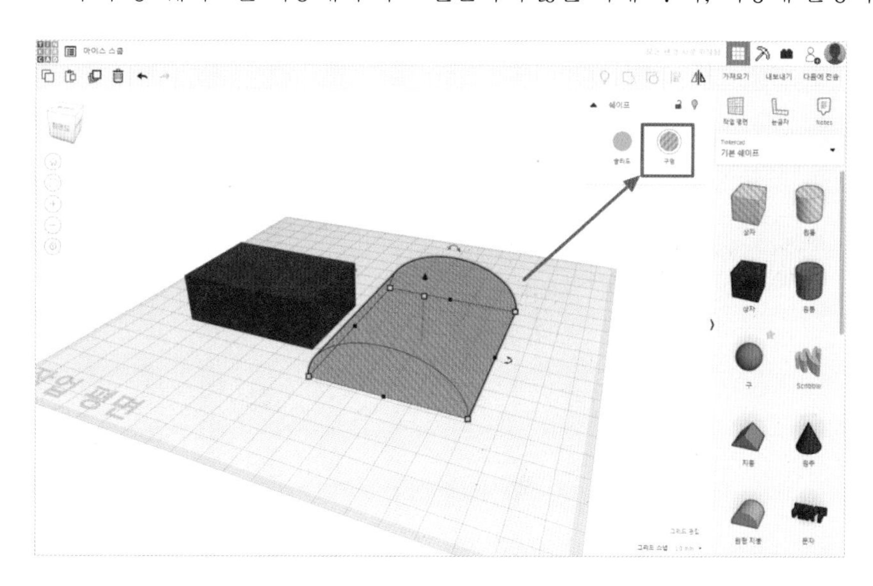

05 '상자' 쉐이프 가져오기

- 상자 쉐이프를 '원형 지붕 구멍' 쉐이프와 겹치도록 가져온 뒤, 크기를 설정합니다.
- 가로 50, 세로 50, 높이 20

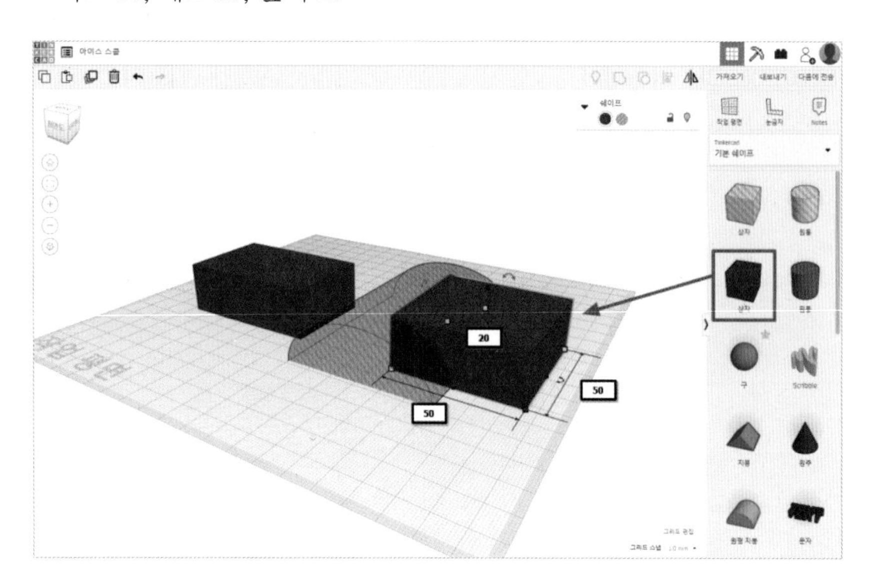

06 그룹화하기

- '구멍' 쉐이프와 '상자' 쉐이프를 선택한 뒤 그룹화(단축키 Ctrl + G)해주세요.
- 그림과 같은 쉐이프가 만들어졌습니다. 점프대 같이 생겼어요.

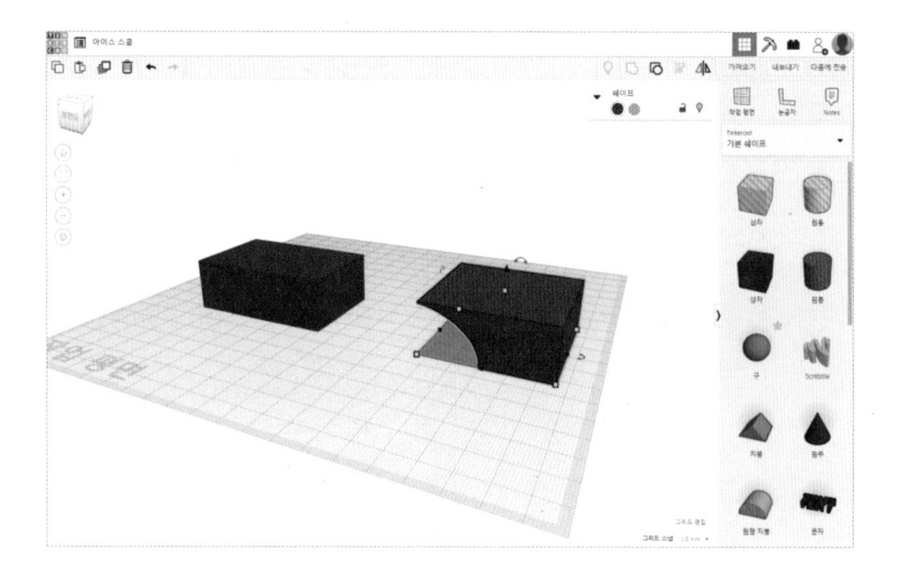

07 '구멍' 쉐이프로 만들기

❶ 점프대처럼 생긴 쉐이프를 '구멍' 쉐이프로 만들어줍니다.

❷ 원래 만들었던 상자 쪽으로 가져갑니다. 근데 이대로 자르면 모양이 어색할 것 같네요!

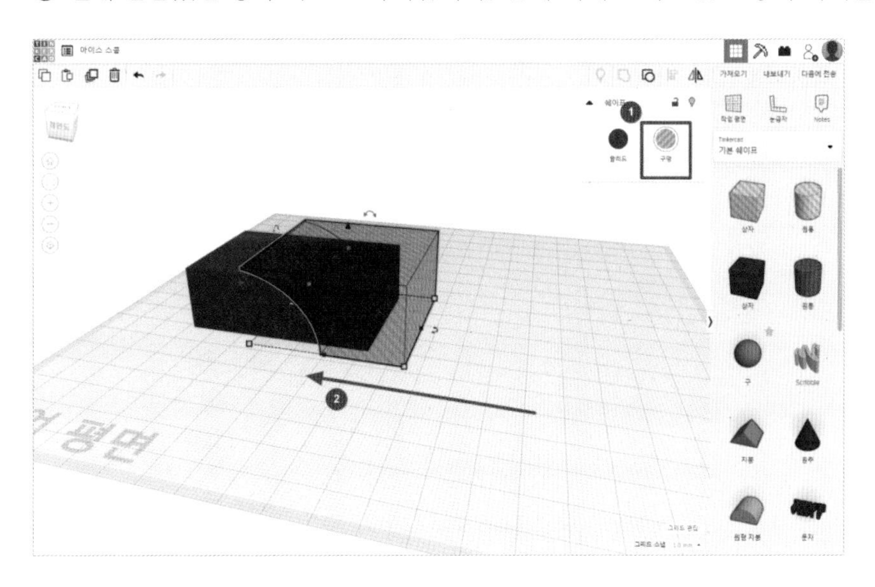

08 크기 조절하기

– 먼저 적당한 크기로 조절합니다.(가로 130, 세로 65, 높이 21)

– 그림처럼 구멍 쉐이프가 상자를 완전히 덮게 해주었어요.

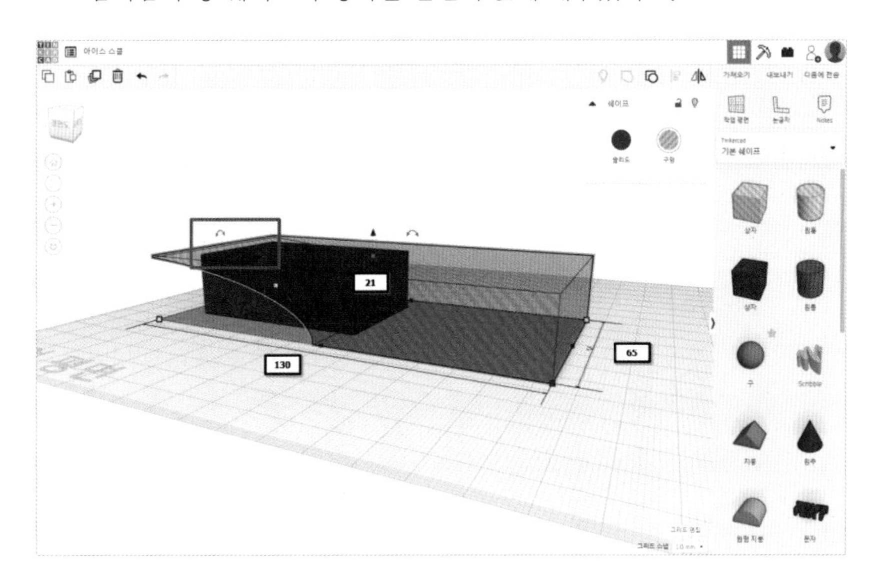

09 그룹화하기

– 두 쉐이프를 선택한 뒤 그룹화(단축키 **Ctrl + G**)하면 이렇게 곡선을 가진 쉐이프가 됩니다.
– 이제 어려운 과정은 모두 끝났어요!

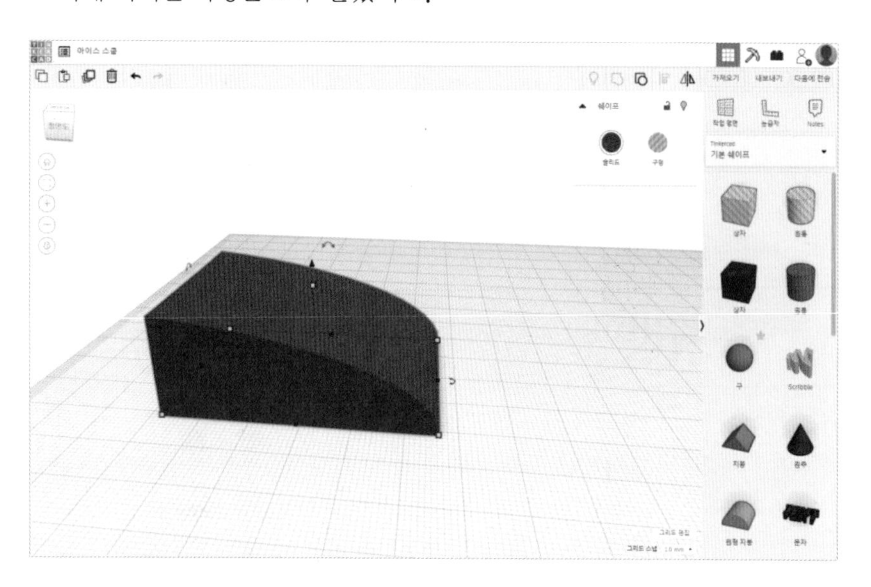

10 복제하여 조절하기

❶ 쉐이프를 복제 (단축키 **Ctrl + D**)한 뒤 꼭지점을 잡아 화살표 방향으로 1칸씩 안쪽으로 드래그 하여 줄여줍니다.
❷ 복제된 쉐이프를 한 칸 화살표 방향으로 이동시켜줍니다.

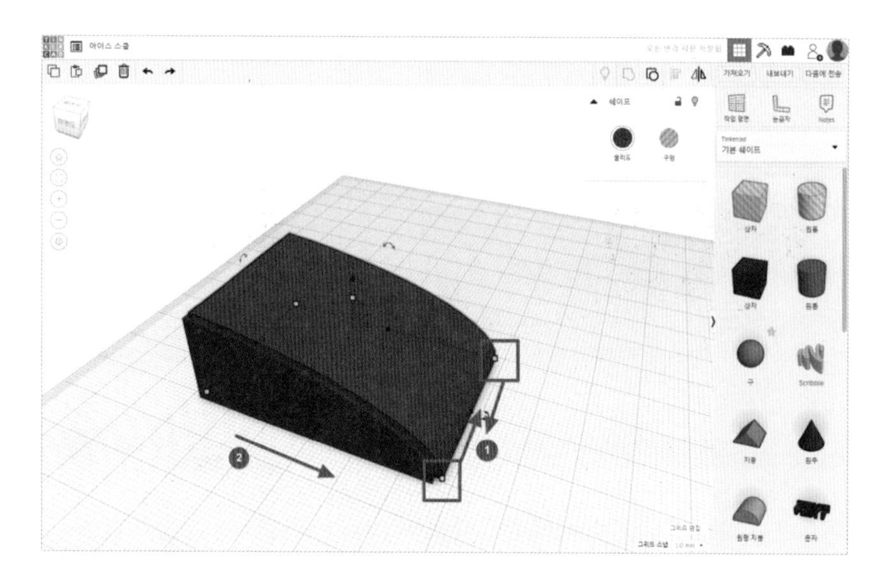

11 구멍 쉐이프로 만들기

- '구멍'을 눌러서 구멍 쉐이프로 만들어줍니다.
- 이제 두 쉐이프를 선택하여 그룹화(단축키 Ctrl + G)해줍니다.

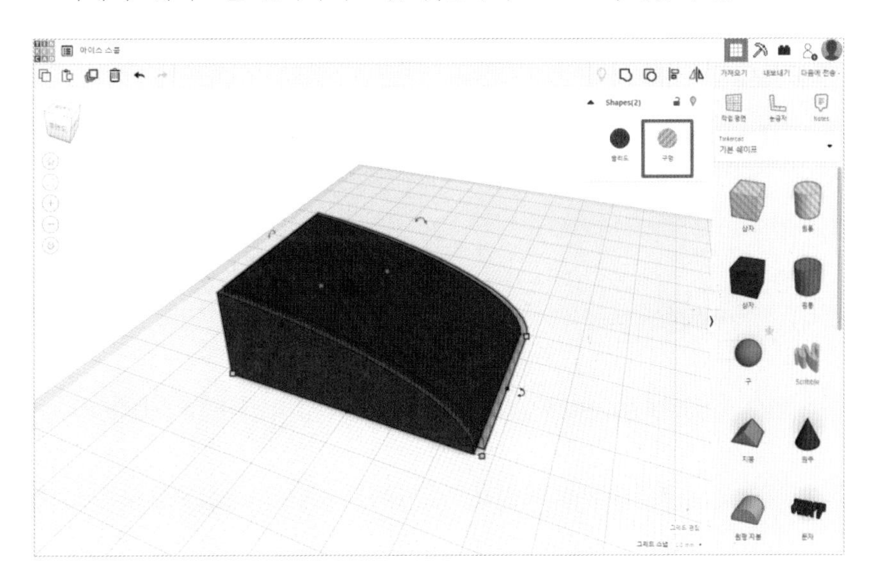

12 색상 설정과 위치 이동

- 쉐이프를 원하는 색으로 바꿉니다. 저는 흰색으로 했어요.
- 위치를 가운데로 이동시킵니다.

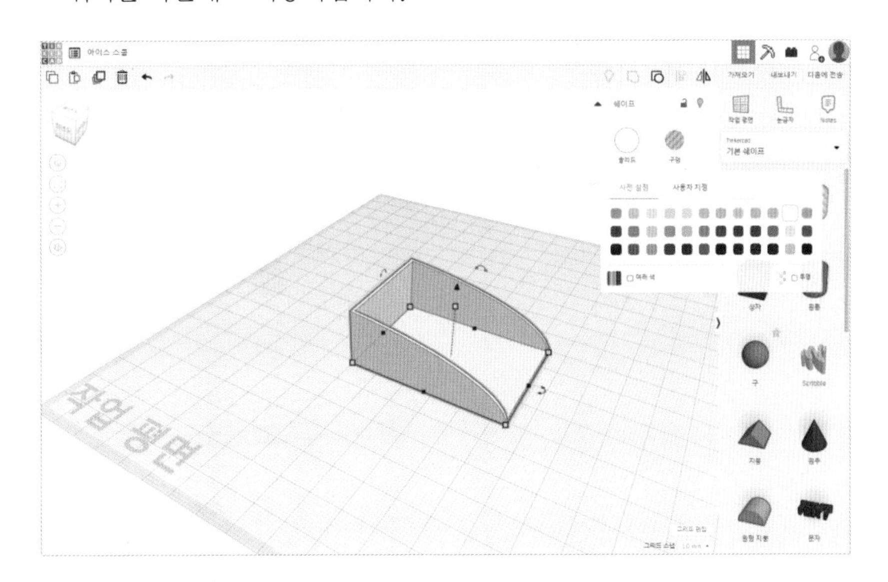

13 '상자' 쉐이프 가져오기

- '상자' 쉐이프를 작업평면으로 가져와 크기를 설정합니다.
- 가로 40, 세로 15, 높이 5

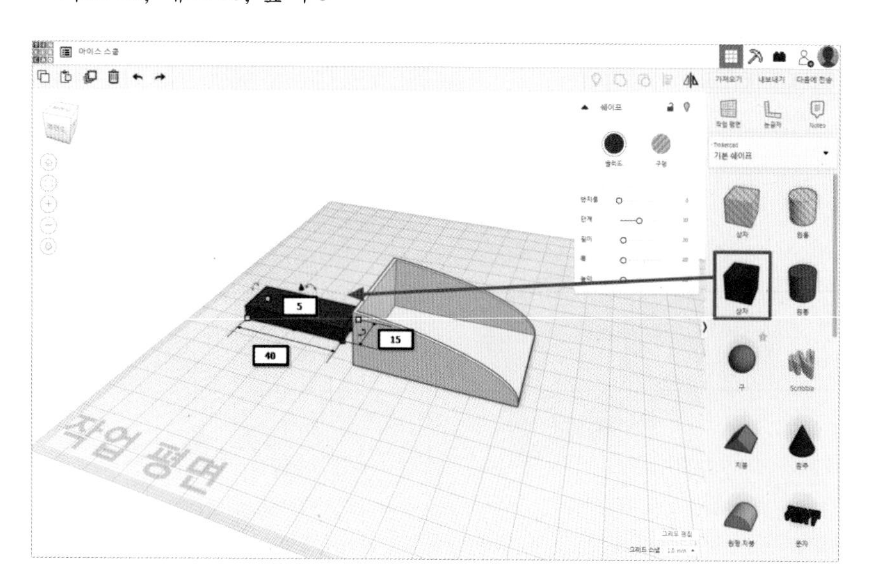

14 색상 설정과 위치 이동

- 기존 쉐이프와 색을 맞춰줍니다.(흰색)
- 손잡이 역할을 하도록 위치를 적절하게 이동시킵니다.

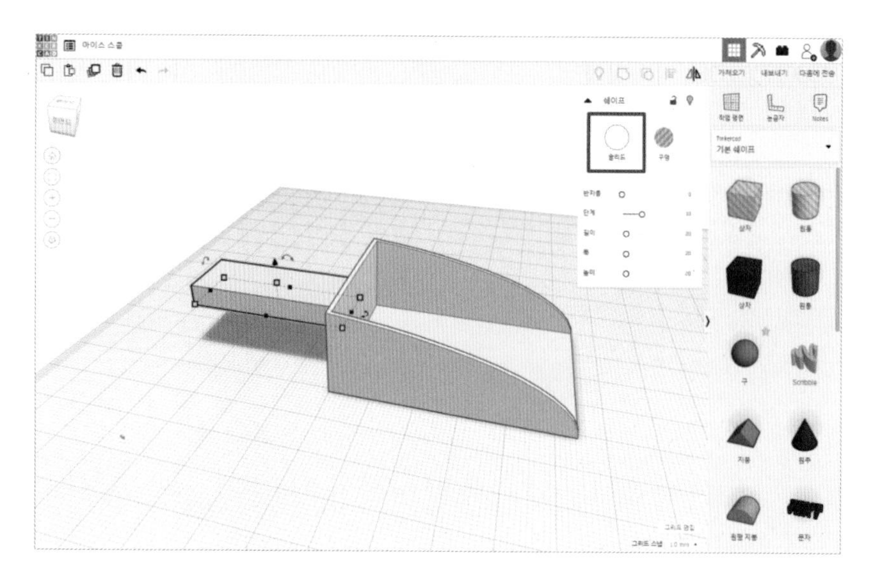

15 정렬하기

❶ 두 쉐이프를 선택하여 정렬(단축키 L) 버튼을 누릅니다.
❷ 그림에 보이는 점을 클릭하여 두 쉐이프를 정렬합니다.

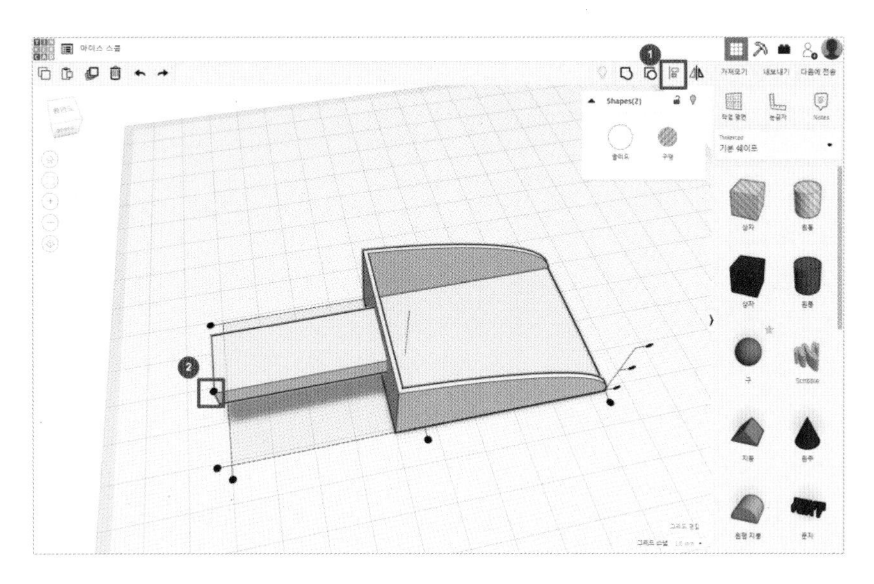

16 아이스 스쿱 완성

– 두 쉐이프를 선택하여 그룹화(단축키 Ctrl + G)합니다.
– 아이스 스쿱이 완성되었습니다. 실제로 출력해서 사용해보세요!

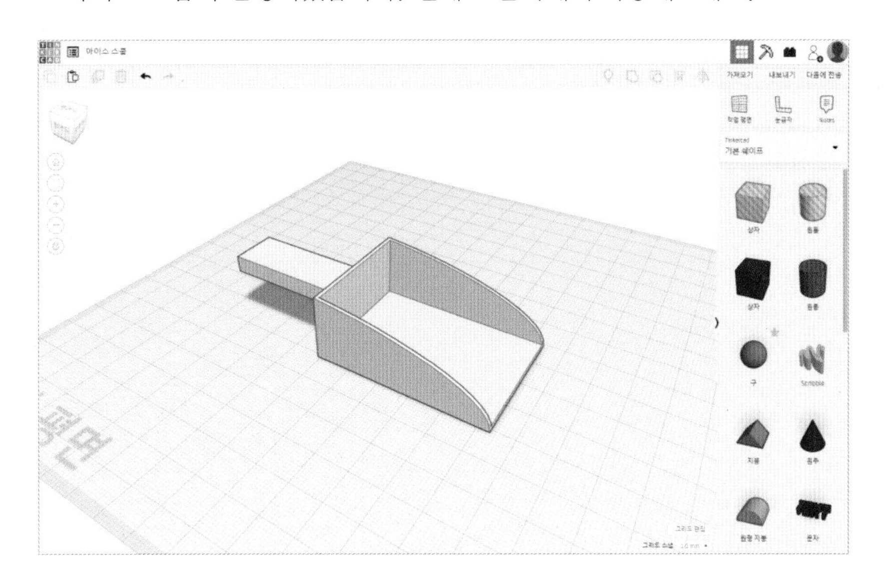

MEMO

MEMO